Springer-Verlag Berlin Heidelberg GmbH

Springer-Verlag Berlin Heidelberg GmbH

Claus Rautenstrauch

Betriebliche Umweltinformationssysteme

Grundlagen, Konzepte und Systeme

Mit 68 Abbildungen
und 8 Tabellen

Prof. Dr. Claus Rautenstrauch
Otto-von-Guericke-Universität Magdeburg
Fakultät für Informatik
Institut für Technische und
Betriebliche Informationssysteme
Universitätsplatz 2
D-39106 Magdeburg

ISBN 978-3-540-66183-2

Die Deutsche Bibliothek - CIP-Einheitsaufnahme
Rautenstrauch, Claus: Betriebliche Umweltinformationssysteme: Grundlagen, Konzepte und Systeme / Claus Rautenstrauch. - Berlin; Heidelberg; New York; Barcelona; Hongkong; London; Mailand; Paris; Singapur; Tokio: Springer, 1999
  (Springer-Lehrbuch)
  ISBN 978-3-540-66183-2   ISBN 978-3-642-58494-7 (eBook)
  DOI 10.1007/978-3-642-58494-7

Dieses Werk ist urheberrechtlich geschützt. Die dadurch begründeten Rechte, insbesondere die der Übersetzung, des Nachdrucks, des Vortrags, der Entnahme von Abbildungen und Tabellen, der Funksendung, der Mikroverfilmung oder der Vervielfältigung auf anderen Wegen und der Speicherung in Datenverarbeitungsanlagen, bleiben, auch bei nur auszugsweiser Verwertung, vorbehalten. Eine Vervielfältigung dieses Werkes oder von Teilen dieses Werkes ist auch im Einzelfall nur in den Grenzen der gesetzlichen Bestimmungen des Urheberrechtsgesetzes der Bundesrepublik Deutschland vom 9. September 1965 in der jeweils geltenden Fassung zulässig. Sie ist grundsätzlich vergütungspflichtig. Zuwiderhandlungen unterliegen den Strafbestimmungen des Urheberrechtsgesetzes.

© Springer-Verlag Berlin Heidelberg 1999

Die Wiedergabe von Gebrauchsnamen, Handelsnamen, Warenbezeichnungen usw. in diesem Werk berechtigt auch ohne besondere Kennzeichnung nicht zu der Annahme, daß solche Namen im Sinne der Warenzeichen- und Markenschutz-Gesetzgebung als frei zu betrachten wären und daher von jedermann benutzt werden dürften.

SPIN 10733469   42/2202-5 4 3 2 1 0 - Gedruckt auf säurefreiem Papier

Vorwort

Betriebliche Umweltinformationssysteme (BUIS) sind noch ein verhältnismäßig junger Gegenstand der Wirtschaftsinformatik. Nach etwa 10 Jahren Forschung und Entwicklung hat sich das Thema BUIS etabliert, auch wenn die meisten Standardlehrbücher der Wirtschaftsinformatik diesem Thema keine bzw. nur wenig Beachtung schenken. Die Etablierung zeigt sich vor allem durch die regelmäßigen Workshops und Publikationen der Fachgruppe BUIS der Gesellschaft für Informatik und die durchaus spürbare Präsenz von BUIS-Themen in der deutschsprachigen Wirtschaftsinformatik-Szene. So konnten ca. 14 Wirtschaftsinformatik-Lehrstühle in Deutschland ausgemacht werden, die Projekte und Publikationen zum Thema BUIS vorweisen. Allerdings sind die meisten Projekte Dissertationsprojekte, deren strategische Bedeutung von den jeweiligen Betreuern offensichtlich unterschiedlich gewichtet wird. Von einer Durchdringung der (universitären) Lehre mit dem Thema BUIS kann momentan noch keine Rede sein. Erst an wenigen Standorten werden hier Lehrveranstaltungen mit BUIS-Inhalten angeboten. Innovativer zeigen sich da einige Fachhochschulen: Beispielsweise ist für 1999 der Beginn eines Modellversuchs an der Fachhochschule für Technik und Wirtschaft (FHTW) in Berlin geplant, in dem ein Diplomstudiengang zur (Betrieblichen) Umweltinformatik aufgebaut wird.

Offensichtlich ist nun die Zeit reif, ein erstes Lehrbuch zum Thema BUIS zu veröffentlichen. Zum Einen besteht die Hoffnung, dass hierdurch die Lehrenden an den verschiedenen Hochschulen motiviert werden, sich diesem Thema stärker zuzuwenden. Zum Anderen sind die gesetzlichen Rahmenbedingungen zumindest in Deutschland so weit gediehen, dass sich auch solche Unternehmen, die weniger der „Öko-Müsli-Strickpullover-Szene" zuzuordnen sind, hiermit befassen müssen. Das Werk spricht daher auch explizit Praktiker an, die sich mit der Materie vertraut machen möchten.

Und die Materie ist nicht gerade trivial. Will man sich mit dem Thema BUIS einigermaßen umfassend vertraut machen, ist die Einarbeitung in verschiedenste Themenbereiche wie z. B. Umweltgesetzgebung, Bilanzierung, Produktionsplanung und -steuerung, Konstruktion, Dokumentverarbeitung, Logistik usw. erforderlich. Weiterhin werden für BUIS im Prinzip alle gängigen Techniken und Technologien der Angewandten Informatik eingesetzt. Der Betriebliche Umweltinformatiker – wenn es ihn denn gibt – ist damit fast zwangsläufig ein „Universaldilettant". Ich hoffe dennoch, dass sich nicht allzu viele Schnitzer aus angrenzenden Fachgebieten eingeschlichen haben. Kritik und Verbesserungsvorschläge sind jederzeit per Email an rauten@iti.cs.uni-magdeburg.de willkommen.

Wenn schon das Thema Schnitzer angesprochen ist: Ich habe mich redlich bemüht, die Regeln der neuen Deutschen Rechtschreibung einzuhalten, da ich hoffe, dass dieses Werk einige Jahre auf dem Markt sein wird. Sollte dem geneigten Leser etwas merkwürdig vorkommen, dann muss dies nicht an mangelnder Schulbildung des Autors oder der Unachtsamkeit der Lektoren liegen. Ein besonders schönes Wort bei Anwendung der neuen Regeln ist „Stoffflusssystem".

Kein Vorwort ohne Dank. Das Verfassen einer Monografie belastet stets das Privatleben, daher gilt der erste Dank meiner Frau *Edeltraud*, die mich bei der Erstellung dieses Werks durch Korrekturlesen und auch sonst in vielfältiger Weise unterstützt hat. Mein besonderer Dank gilt Frau *Kerstin Lange*, die das Werk ebenfalls mit großer Sorgfalt Korrektur gelesen hat. Weiterhin danke ich Herrn *Fred Guse*, der das Material für Kapitel 8.3 zusammengetragen und aufbereitet hat, Herrn *Dr. Werner A. Müller* vom Springer Verlag für die angenehme und professionelle Zusammenarbeit und meinem langjährigen Weggefährten, *Professor Dr. Lorenz M. Hilty* von der Fachhochschule für Wirtschaft in Olten/Schweiz, der mich über viele Jahre in ausgiebigen und konstruktiven Diskussionen immer wieder inspiriert hat. Herrn *Dr. Hans Kürzl* von der LMS Umweltsysteme Ges. m. b. H. in Leoben/Österreich danke ich für die Bereitstellung der Unterlagen zum System E1, das Gegenstand von Kapitel 7 ist.

Magdeburg, im Mai 1999

Claus Rautenstrauch

Inhalt

VORWORT	**V**
INHALT	**VII**
ABBILDUNGS- UND TABELLENVERZEICHNIS	**XII**
ABKÜRZUNGSVERZEICHNIS	**XIV**

1 RAHMENBEDINGUNGEN	**1**
1.1 Unternehmen und Umweltschutz	1
1.2 Gesetze und Vorschriften	2
1.3 Umweltmanagement	4
1.4 Umweltinformationsmanagement	8
1.5 Betriebliche Umweltinformationssysteme (BUIS)	11
1.6 BUIS im Ökocontrolling	12
1.7 Grundlegende Konzepte für BUIS	15
1.8 BUIS-Klassifikation	16
1.9 Literaturempfehlungen zu Kapitel 1	19
1.9.1 Grundlagen	19
1.9.2 Weiterführende Literatur zu BUIS	20

2 ÖKOBILANZIERUNG	**21**
2.1 Grundlagen der Ökobilanzierung	22
2.2 Ökobilanzierung mit BUIS	25
2.2.1 Informationsquellen	25
2.2.2 Aufstellen einer Betriebsökobilanz	30
2.2.3 Prozessbilanzen	31

2.2.4 Produktlebenswegbilanzen ... 35

2.3 Bilanzbewertung ... **38**
  2.3.1 ABC-Analyse ... 38
  2.3.2 Umweltbelastungspunkte (UBP) ... 42
  2.3.3 Relativbewertungsverfahren ... 46
  2.3.4 Die SETAC-Methode ... 49
  2.3.5 Die MIPS-Methode ... 51

2.4 Schwachstellenanalyse ... **52**

2.5 Systeme für die Ökobilanzierung ... **54**

2.6 Empfohlene Literatur zu Kapitel 2 ... **56**

3 PRODUKTIONSNAHE BUIS ... **57**

3.1 Aufbau von PPS-Systemen ... **57**
  3.1.1 Produktionsprogrammplanung ... 58
  3.1.2 Materialwirtschaft ... 59
  3.1.3 Zeit- und Kapazitätswirtschaft ... 59
  3.1.4 Fertigungssteuerung ... 61

3.2 Umweltschutz im Produktionsbereich ... **63**

3.3 Konzepte des computergestützten Recycling ... **65**
  3.3.1 Recycling als additive Umweltschutzmaßnahme ... 65
    3.3.1.1 Rechnergestützte Demontageplanung ... 66
    3.3.1.2 BUIS für die rechnergestützte Demontageplanung ... 76
      3.3.1.2.1 Vorausschauende und reaktive Demontageplanung ... 76
      3.3.1.2.2 Multimediale Demontageplanung ... 76
      3.3.1.2.3 Demontage von Elektronikschrott und Gebäuderückbau ... 77
      3.3.1.2.4 Massenrecycling ... 77
      3.3.1.2.5 Demontageplanung in Entsorgungsbetrieben ... 77
      3.3.1.2.6 Demontageplanung für Demontagefamilien ... 78
  3.3.2 Recycling als Maßnahme des produktionsintegrierten Umweltschutzes ... 80
    3.3.2.1 Recyclinginformationssysteme ... 81
    3.3.2.2 PRPS-Systeme ... 83
      3.3.2.2.1 Grunddaten der PRPS ... 84
      3.3.2.2.2 Bedarfsgesteuerte Materialdisposition ... 88
      3.3.2.2.3 Nettobedarfsberechnung ... 91
      3.3.2.2.4 Terminierung bei unmittelbarem Recycling ... 93

3.4 Umwelt-PPS-Systeme und -Leitstände ... **94**

3.4.1 Konzepte der Umwelt-PPS 95
3.4.2 Umwelt-Leitstände für die Fertigungssteuerung 98

3.5 CAD-Systeme für den Entwurf umweltgerechter Produkte   **102**

3.6 Integration produktionsnaher und bilanzorientierter BUIS   **105**

3.7 Klassifikation produktionsnaher BUIS   **107**

3.8 Empfohlene Literatur   **107**

4 UMWELTBERICHTERSTATTUNG   109

4.1 Freiwillige und gesetzliche Berichterstattungspflichten   **109**

4.2 Computerunterstützung der Umweltberichterstattung   **110**

5 META-INFORMATIONSSYSTEME   115

5.1 Umweltdatenkataloge   **115**

5.2 Verweis- und Kommunikationsservices   **118**

6 BUIS FÜR DIE ZWISCHENBETRIEBLICHE LOGISTIK   121

6.1 Ökologistik   **122**

6.2 Entsorgungslogistik   **123**

6.3 BUIS für Verwertungsverbunde   **126**
   6.3.1 Recyclingbörsen   126
      6.3.1.1   Von konventionellen zu elektronischen Recyclingbörsen   126
      6.3.1.2   OSKAR – Online System of Konstanz Advanced Recycling   127
   6.3.2 Recyclingnetze   130
      6.3.2.1   Grundlagen   130
      6.3.2.2   Informationserfordernisse in einem regionalen
                     Recyclingnetz   132
      6.3.2.3   Beispiel eines regionalen Recyclingnetzes   132
      6.3.2.4   Beratungsdienstleistungen in einem Recyclingnetz   135
      6.3.2.5   Konzept eines Informationssystems für eine
                     Verwertungsagentur   135

6.4 Klassifikation von zwischenbetrieblichen UIS   **139**

6.5 Empfohlene Literatur ... 139

7 BEISPIEL: EIN KOMMERZIELLES BUIS ... 141

7.1 Emissionsmonitoring ... 141

7.2 Ökobilanzierung ... 142

7.3 Produktionsnaher Bereich – Abfallbewirtschaftung ... 142

7.4 Gefahrstoffmanagement ... 144

7.5 Bescheid- und Auflagenmanagement ... 145

7.6 Unterstützung des Umweltmanagements ... 146

7.7 Zusammenfassung ... 148

8 (UMWELT-)INFORMATIONSSYSTEME UND UMWELTSCHUTZ ... 151

8.1 Wie „sauber" ist die Informationstechnologie? ... 151

8.2 Technikfolgenabschätzung ... 154

8.3 Fallstudie: Der PC – ein ökologisches Produkt? ... 156

9 AUSBLICK: WIE GEHT ES MIT BUIS WEITER? ... 159

9.1 Integrationsanforderungen an BUIS ... 159
   9.1.1 Innerbetriebliche Integration ... 159
   9.1.2 Zwischenbetriebliche Integration ... 161

9.2 Migration ... 161

9.3 Eine langfristige Perspektive für BUIS ... 162

GLOSSAR ... 163

LITERATUR ... 167

INDEX ... 179

Abbildungs- und Tabellenverzeichnis

Abbildung 1: Umweltmanagement gemäß EMAS	6
Abbildung 2: Umweltmanagementsystem des BMW-Motorenwerks in Steyr	7
Abbildung 3: Informationsinfrastruktur	10
Abbildung 4: Fachliche Einordnung der BUIS	11
Abbildung 5: Ökocontrolling-Kreislauf und BUIS	12
Abbildung 6: Informationsbedarf des Ökocontrolling	13
Abbildung 7: Vorgehensmodell des Stoffstrommanagements	14
Abbildung 8: Idealtypisches Integrationsmodell für BUIS	16
Abbildung 9: Morphologischer Kasten für BUIS	18
Abbildung 10: Morphologischer Kasten für BUIS-Konzepte	19
Abbildung 11: Systematik der Ökobilanzierung	24
Abbildung 12: Erzeugnisstruktur	27
Abbildung 13: Erzeugnis- und Fertigungsauftragsstruktur	30
Abbildung 14: Stoffstromnetz	34
Abbildung 15: Stoff- und Energiebilanz (vereinfachte Darstellung)	34
Abbildung 16: Produktpfad und Umsystem bei CUMPAN	35
Abbildung 17: Stoff- und Energietransportprozesse	36
Abbildung 18: Mengenkoeffizienten im Produktpfad	37
Abbildung 19: Portfolio zur Kombination von XYZ- und ABC-Analyse	41
Abbildung 20: Gegenüberstellung von Toxizität und Menge	42
Abbildung 21: Abfallbewertungsmodell	48
Abbildung 22: cosap/Elwira-Architektur	53
Abbildung 23: Klassifikation von BUIS für die Ökobilanzierung	54
Abbildung 24: Elektronische Plantafel	62
Abbildung 25: Additiver Umweltschutz	63
Abbildung 26: Produktionsintegrierter Umweltschutz bei der BASF	64
Abbildung 27: Input des Recycling	66
Abbildung 28: Recycling als additive Umweltschutzmaßnahme	66
Abbildung 29: Erzeugnisstruktur versus Baustruktur	68
Abbildung 30: Strukturbild	68
Abbildung 31: Demontagegraph unter Annahme 1	69
Abbildung 32: Demontagegraph unter Annahme 2	70
Abbildung 33: Output des Recycling	70
Abbildung 34: Demontagestruktur	78
Abbildung 35: LaySiD-Vorgehensmodell	79
Abbildung 36: Relevanter Betriebstyp als morphologischer Kasten	81
Abbildung 37: PPS-Daten und Reyclinginformationen	82
Abbildung 38: Integrierte Produktions- und Recyclingprozesse	83
Abbildung 39: Produktions- und Recyclingerzeugnisstruktur	85
Abbildung 40: a) lineare Funktion b) Z-Funktion	87
Abbildung 41: Gozintograph mit Berücksichtigung von Entsorgungsbedarfen	89
Abbildung 42: Erweitertes Berechnungsschema für Nettobedarf	92

Abbildung 43: Kombinierte Recycling- und Beseitigungsbedarfe 93
Abbildung 44: Trichtermodell der BOA 100
Abbildung 45: Emissionstrichter 101
Abbildung 46: Recyclinggraph 103
Abbildung 47: Architektur von REGRED und RecyKon 104
Abbildung 48: Architektur von ZerMat 105
Abbildung 49: Integrationskonzept von OPUS 106
Abbildung 50: Morphologischer Kasten für produktionsnahe BUIS 108
Abbildung 51: Konzeptioneller Rahmen der Umweltberichterstattung 111
Abbildung 52: Morphologischer Kasten für die Umweltberichterstattung 112
Abbildung 53: Begriffshierarchie in einem Thesaurus 117
Abbildung 54: Architektur eines VKS 118
Abbildung 55: Morphologischer Kasten für Meta-Informationssysteme 119
Abbildung 56: JAM-Simulationsmodell 122
Abbildung 57: Architektur von RDS-RLog 125
Abbildung 58: Architektur von OSKAR 129
Abbildung 59: Recyclingnetz Steiermark (Stand 1996) 134
Abbildung 60: Funktionshierarchie von RECIS 138
Abbildung 61: Morphologischer Kasten für zwischenbetriebliche UIS 140
Abbildung 62: Ablauf der Dokumenterstellung beim Gefahrstoffmanagement 144
Abbildung 63: Datenbank-Pyramide 146
Abbildung 64: Von Aspekten über Ziele zu Maßnahmen 147
Abbildung 65: Klassifikation von El 148
Abbildung 66: Integration von Steuerungs- und Stoffstromsichten 155
Abbildung 67: Lebenzyklusweiter Ressourcenverbrauch beim PC in MIPS 157
Abbildung 68: Modulstruktur von ECO-Integral 160

Tabelle 1: Stückliste zu Abbildung 12 29
Tabelle 2: Kriterien und Zuordnungen der ABC-Analyse 39
Tabelle 3: Stoffe und Gewichtungsfaktoren 45
Tabelle 4: Abfallbilanz mit gewichteten Mengen 47
Tabelle 5: Wertzuordnungen 48
Tabelle 6: Software für die Ökobilanzierung 55
Tabelle 7: Abgrenzung von Recyclingbörsen und -netzen 132
Tabelle 8: Öko-Kontenrahmen von EI 142

Abkürzungsverzeichnis

AK	Arbeitskreis
ARIS	Architektur integrierter Informationssysteme
BDE	Betriebsdatenerfassung
BImSchG	Bundes-Immissionsschutzgesetz
BIS	Betriebliches Informationssystem
BOA	Belastungsorientierte Auftragsfreigabe
BUDK	Betrieblicher Umweltdatenkatalog
BUIS	Betriebliches Umweltinformationssystem
BUWAL	Schweizer Bundesamt für Umwelt, Wald und Landschaft
BVKS	Betrieblicher Verweis- und Kommunikations-Service
CAD	Computer Aided Design
CGI	Common Gateway Interface
ChemG	Chemikaliengesetz
CIRP	Collège International pour l'Etude Scientifique des Techniques de Production Mécanique
CUMPAN	Computergestützte umweltorientierte Produktbilanzierung
DB	Deckungsbeitrag
DFIU	Deutsch-Französisches Institut für Umweltforschung, Karlsruhe
DIHT	Deutscher Industrie- und Handelstag
DLL	Dynamic Link Library
DTD	Document Type Definition
EAK	Europäischer Abfallkatalog
EDV	Elektronische Datenverarbeitung
efeu	Entscheidungsunterstützung für Entsorgungsunternehmen
EH&S	Environment, Health, and Safety
EMAS	Environmental Management and Audit Scheme
EMB	Electronic Mall Bodensee
EPK	Ereignisgesteuerte Prozesskette
EPS	Environmental Priority Strategies
EU	Europäische Union
EUS	Entscheidungsunterstützungssystem
EXCEPT	Expert System Shell for Computer-aided Environmental Planning Tasks
F&E	Forschung und Entwicklung
FCKW	Fluorkohlenwasserstoff
GaBi	Ganzheitliche Bilanzierung
GefStoffV	Gefahrstoffverordnung
GEMIS	Gesamtemissionsmodell für integrierte Systeme
GGVS	Gefahrstoffverordnung Straße
GI	Gesellschaft für Informatik
GIS	Geografisches Informationssystem
HTML	Hypertext Markup Language

IAO	Fraunhofer-Institut für Arbeitswirtschaft und Organisation
ICC	International Chamber of Commerce
IDC	Internet Data Connector
IHK	Industrie- und Handelskammer
IIS	Internet Information Server
IKARUS	Internet-Katalog Betrieblicher Umweltinformationssysteme
IMDG	International Maritime Dangerous Goods Code
IML	Fraunhofer Institut für Materialfluss und Logistik
IKP	Institut für Kunststoffprüfung und Kunststoffkunde, Stuttgart
IÖW	Institut für ökologische Wirtschaftsforschung
IS	Informationssystem
ISO	International Standardisation Organisation
IT	Informationstechnik
IWF	Institut für Werkzeugmaschinen und Fertigungstechnik, Berlin
IWF	Institut für Werkzeugmaschinen und Fertigungstechnik, Braunschweig
JAM	Just A Model
KOZ	Kürzeste Operationszeit
KrW/AbfG	Kreislaufwirtschafts- und Abfallgesetz
LaySiD	Layout Simulation for Disassembly
LCA	Life Cycle Assessment
LMN	Minimale Liegeemission
LMX	Maximale Liegeemission
LRB	Längste Restbearbeitungszeit
ME	Mengeneinheiten
Meta-IS	Meta-Informationssystem
MIPS	Material-intensity per service-unit
MRE	Minimale Rüstemission
MRP II	MRP Version II = Manufacturing Resource Planning
ODBC	Open Database Connectivity
ooRIS	Objektorientiertes Recyclinginformationssystem
OPUS	Organisationsmodelle und Informationssysteme für den produktionsintegrierten Umweltschutz
OSKAR	Online System of Konstanz Advanced Recycling
PN	Petri-Netz
PPS	Produktionsplanung und -steuerung
Pr/T-Netz	Prädikat-Transitionen-Netz
PRPS	Produktions- und Recyclingplanung und -steuerung
RECIS	REcycling Information Center Information System
RecyKon	Recyclinggerechte Konstruktion
REGRED	RecyclingGRaphEDitor
RIS	Recyclinginformationssystem
SE	Schadschöpfungseinheiten
SETAC	Society for Environmental Toxicology and Chemistry

SGML	Standard Generalized Markup Language
SQL	Structured Query Language
TA	Technikfolgenabschätzung
TA-Luft	Technische Anleitung zur Reinhaltung der Luft
Te	Toxizitätsäquivalent
TRGS	Technische Regeln für Gefahrstoffe
TUL	Transport, Umschlag, Lagern
TxÖk	Ökotoxikologische Bewertungszahl
TZI	Technologiezentrum Informatik, Bremen
UBF	Umweltbelastungsfaktor
UBP	Umweltbelastungspunkt
UCS1	Umwelt-Controlling System 1
UDE	Umweltdatenerfassung
UDK	Umweltdatenkatalog
UGR	Umweltökonomische Gesamtrechnung
UIS	Umweltinformationssystem
UmweltHG	Umwelthaftungsgesetz
URL	Uniform Resource Locator
VCI	Verband der chemischen Industrie
VDI	Verband Deutscher Ingenieure
VDI-Z	VDI Zeitung
VKS	Verweis- und Kommunikations-Service
WBK	Institut für Werkzeugmaschinen und Betriebstechnik, Karlsruhe
wf	Gesellschaft zur Förderung der schweizerischen Wirtschaft
WGK	Wassergefährdungsklasse
WHG	Wasserhaushaltsgesetz
WiSt	Wirtschaftswissenschaftliches Studium
WISU	Das Wirtschaftsstudium
WWW	WorldWideWeb
XML	eXtensible Markup Language
ZE	Zeiteinheiten
ZerMat	Zerlege- und Materialdaten
Zfo	Zeitschrift für Organisation
ZwF	Zeitschrift für wirtschaftliche Fertigung

1 Rahmenbedingungen

1.1 Unternehmen und Umweltschutz

Betriebliches Wirtschaften ist durch Verfügen über Ressourcen geprägt, die – abgesehen von Kapital- und Humanressourcen – stets Ressourcen der ökologischen Umwelt sind. Die (ökologische) Umwelt dient als *Abgabemedium* nicht reproduzierbarer Naturressourcen und als *Aufnahmemedium* für Emissionen fester, flüssiger und gasförmiger Stoffe. Eine Schädigung der Umwelt bedeutet daher zumindest langfristig den Entzug der Basis für wirtschaftliches Handeln. Umweltschutzpolitik ist daher als Langzeitökonomie zu verstehen (Strebel/Hildebrandt 1989, 101).

Das mangelnde Bewusstsein für den Zusammenhang zwischen den wechselseitigen Wirkungen von wirtschaftlichem Handeln und ökologischen Konsequenzen führte dazu, dass betriebliches Wirtschaften zu Umweltbelastungen von in seiner Gesamtheit kaum quantifizierbarem Ausmaß geführt hat und immer noch führt. Diese Belastungen sind folgendermaßen klassifiziert (Steven 1992, 35):

- Ausbeutung von Rohstoffen,
- Eingriffe in natürliche Regelkreise,
- Verschmutzung der Medien Luft, Wasser und Boden und
- allgemeinen Belastungen wie Lärm und Strahlung.

Die auf Unternehmen ausgerichtete Umweltschutzpolitik war früher meist reaktiv auf gesetzliche Maßnahmen ausgerichtet. Das wachsende *Umweltbewusstsein* in der Bevölkerung führte allerdings zur Schaffung eines Markts für umweltschonende Produkte, und der gesellschaftliche Druck auf Umweltverschmutzer kann Unternehmen dazu zwingen, die Unternehmensziele um den Umweltschutz als strategisches Formalziel zu ergänzen. So ordnet eine empirische Untersuchung zur Zielforschung das Unternehmensziel „Umweltschutz" auf Rang 8 hinter Sicherung der Wettbewerbsfähigkeit, langfristiger Gewinnerzielung, Produktivität, Kosteneinsparungen, Mitarbeitermotivation, Image und Erschließung neuer Märkte und vor den Zielen Erhaltung von Arbeitsplätzen, Marktanteil, Umsatz und kurzfristige Gewinnerzielung ein (Meffert/Kirchgeorg 1993, 37ff). Eine Untersuchung der Zielbeziehungen zeigt, dass Umweltschutz in starkem Konflikt zu Kosteneinsparungen und zur kurzfristigen Gewinnerzielung steht sowie ein schwacher Konflikt zur Produktivität gesehen wird, während alle anderen Ziele komplementär zum Umweltschutz stehen.

Aber auch wenn Umweltschutz nicht explizit Bestandteil eines unternehmerischen Zielsystems ist, kann dieses Ziel implizit durch die *Internalisierung externer Ef-*

fekte oder *Auflagen* zur Begrenzung von Umweltschäden in das betriebswirtschaftliche Kalkül einbezogen werden (Adam 1993, 7). Bei der Internalisierung externer Effekte wird umweltschädigendes Verhalten durch Abgaben sanktioniert. Damit wirkt sich aus Sicht des Unternehmens umweltgerechtes Verhalten direkt kostenreduzierend aus. Auflagen zwingen Unternehmen zur ökologischen Anpassung von Produktionsverfahren und Produkten. Da Umweltschädigungen unterhalb der Grenzwerte jedoch kostenmäßig unberücksichtigt bleiben, ist die betriebswirtschaftliche Relevanz von Abgaben auf die Erfüllung gesetzlicher Normen begrenzt. Darüber hinausgehende ökologisch sinnvolle Umweltschutzmaßnahmen wirken sich dann jedoch nicht kostensparend aus.

Unabhängig davon sind für die Durchführung von Umweltschutzmaßnahmen aber auch weitere ökonomische Anreize vorhanden (Steven 1992, 38):

- *Kostensenkungspotenziale* eröffnen sich vor allem durch das Recycling und die Ausschöpfung von Subventionen für umweltschonende Produktionsverfahren.
- Für Unternehmen, die sich aktiv dem Umweltschutz widmen, sind auf Grund wachsenden Umweltbewusstseins in der Bevölkerung *Imagegewinne* zu erwarten.

Es kann daher keine Zweifel mehr daran geben, dass sich heute im Prinzip jedes Unternehmen dem Umweltschutz widmen muss. Betriebliche Umweltinformationssysteme (BUIS) unterstützen dabei sowohl das Management wie auch die operativen Unternehmensbereiche bei der Planung, Steuerung und Durchführung von Umweltschutzmaßnahmen. Waren bis 1993 BUIS noch eher Software-Exoten, die von wenigen innovativen Unternehmen eingeführt wurden, folgte danach eine nach außen kaum sichtbare, aber doch stetige Durchdringung der Unternehmen mit solchen Systemen. Die Beschäftigung mit diesen Softwaresystemen erscheint daher lohnenswert.

1.2 Gesetze und Vorschriften

Art und Weise des Wirtschaftens befinden sich im Umbruch. Aufbauend auf der Erkenntnis, dass die natürliche Umwelt auf der Input-Seite bezogen auf Rohstoffentnahmen und auf der Output-Seite für die Emission flüssiger und gasförmiger Stoffe sowie die Deponierung von Abfällen begrenzt ist, sind die Tage einer Einwegwirtschaft gezählt. An ihre Stelle tritt unter dem Leitbild des *Sustainable Development* (nachhaltige Entwicklung) eine Kreislaufwirtschaft, die auf die Schonung natürlicher Ressourcen im Hinblick auf die Nutzung dieser durch nachfolgende Generationen ausgerichtet ist.

1.2 Gesetze und Vorschriften

Sustainable Development besagt, dass die Bedürfnisse der Gegenwart befriedigt werden, ohne die Möglichkeiten nachfolgender Generationen zu beschränken. Der Umbau der sozialen, gesamtwirtschaftlichen und ökologischen Rahmenbedingungen gilt als größte Herausforderung für Politik, Gesellschaft und Wirtschaft des beginnenden 21. Jahrhunderts. Allerdings bedeutet die Implementierung von Sustainable Development nicht die hemmungslose „Ökologisierung" der Wirtschaft, vielmehr soll eine langfristig stabile wirtschaftliche Grundlage sichergestellt werden. Hierzu gehört vor allem, in Zukunft von den „Zinsen" der natürlichen Umwelt zu leben statt wie bisher in unvertretbarem Maße das „Kapital" der Natur anzugreifen. Wachstumspotenziale sind dann durch eine verstärkt qualitative Orientierung, als durch vornehmlich quantitatives Wachstum zu erschließen (forum info 2000 1998, 9ff).

Unternehmen belasten die natürliche Umwelt sowohl auf der Input- wie auf der Output-Seite. Auf der Input-Seite belastet der Verbrauch an Rohstoffen und Energie die natürliche Umwelt. Auf der Output-Seite sind es ungewollte gasförmige und flüssige Emissionen sowie feste Abfälle. Weiterhin belastet aber auch der gewollte Output, d. h. die Produkte, die Umwelt. Produktbezogene Umweltbelastungen entstehen durch Beseitigung (Transport, Deponierung) wie auch Produktgebrauch (Abgase, Materialverbrauch für Ersatzteile usw.). Eine Unternehmensentwicklung im Sinne des Sustainable Developments muss daher darauf ausgerichtet sein, natürliche Ressourcen so effizient wie möglich zu nutzen und die Produkte so zu entwickeln, dass die aus Gebrauch und Entsorgung verursachten Umweltbelastungen so gering wie möglich sind.

Der Weg in eine hierauf ausgerichtete Kreiswirtschaft ist in Deutschland durch Inkrafttreten des *Kreislaufwirtschaftsgesetzes* (KrW/AbfG) 1996 geschaffen worden (Jaeckel 1996). Die Eckpfeiler dieses Gesetzes sind zum Einen die erweiterte Produkthaftung und zum Anderen die Priorisierung der Entsorgungsoptionen. Mit *erweiterter Produkthaftung* ist gemeint, dass ein Hersteller für alle (ökologischen) Schäden verantwortlich gemacht werden kann, die während des gesamten Produktlebenszyklusses von der Herstellung bis zur Deponierung auftreten können. Für die Entsorgungsoptionen gilt die Priorität von „Vermeidung vor Verwertung vor Beseitigung". Die Operationalisierung des KrW/AbfG erfolgt durch eine Fülle von Vorschriften und anderen nachgeordneten Gesetzen von der Bundesebene über die Länder bis in die kommunalen Zuständigkeitsbereiche. Dabei haben und nutzen die gesetzgebenden Institutionen die Möglichkeit, mit Sanktionen (z. B. Strafen für die Überschreitung bestimmter Grenzwerte) oder Subventionen (z. B. die gezielte Förderung von Umweltschutzmaßnahmen) aus Unternehmenssicht bislang externe Effekte zu internalisieren (Adam 1993). Weiterhin wird von den Unternehmen eine Offenlegung von Umweltwirkungen in Form einer Umweltberichterstattung gefordert (Schraml 1996).

Dies gilt auch, wenn ein Unternehmen die (freiwillige) Zertifizierung des Umweltmanagements gemäß *EMAS-Verordnung* (Environmental Management and Audit Scheme) der EU, die auch Grundlage der ISO-14000-Norm ist, anstrebt. Eine freiwillige Zertifizierung des Umweltmanagements ist zum Einen ein Beitrag zur Verbesserung des Unternehmensimages, zum Anderen kann sie sich vorteilhaft bei eventuellen Regressforderungen nach Umweltschäden auswirken. Eine Zertifizierung verpflichtet das Unternehmen zu einer Festlegung umweltpolitischer Ziele, der Installation eines Umweltmanagements und der regelmäßigen Durchführung von Umweltbetriebsprüfungen. Eine Zertifizierung stellt damit sicher, dass eine Formulierung von Umweltzielen durch geeignete Maßnahmen untermauert wird, deren Eignung regelmäßig überprüft wird.

Eine weitere relevante Rechtsgrundlage ist das *Umwelthaftungsgesetz* (UmweltHG) (Arndt 1997, 23ff). Hierin ist geregelt, dass ein Unternehmen auch dann für Umweltschäden haftet, wenn kein Verschulden vorliegt. Hierdurch soll ein gerechter Schadensausgleich auf der Grundlage des Verursacherprinzips und die Motivation zu Umweltvorsorge und Ressourcenschonung in den Unternehmen geschaffen werden.

Es wäre diesem Werk wenig zweckdienlich, alle relevanten Umweltgesetze in extenso zu behandeln. Folgende Aufzählung soll jedoch zumindest beispielhaft einen Überblick geben, welche relevanten Gesetze heute für Unternehmen in Bezug auf durchzuführende Umweltschutzmaßnahmen zu beachten sind:

- Bundes-Immissionsschutzgesetz (BImSchG)
- Technische Anleitung zur Reinhaltung der Luft (TA-Luft)
- Technische Anleitung Abfall (TA-Abfall)
- Wasserhaushaltsgesetz (WHG)
- Gefahrstoffverordnung Straße (GGVS)
- International Maritime Dangerous Goods Code (IMDG)
- Chemikaliengesetz (ChemG)
- Gefahrstoffverordnung (GefStoffV)
- Technische Regeln für Gefahrstoffe (TRGS)

1.3 Umweltmanagement

Aufgrund gesetzlicher Regelungen wie dem Kreislaufwirtschaftsgesetz, einer (freiwilligen) Zertifizierung gemäß EMAS-Verordnung oder der Erkenntnis, dass sich umweltgerechtes Verhalten positiv auf den Unternehmenserfolg auswirken kann, wird Umweltschutz zunehmend als strategisches Formalziel in den Kanon der Unternehmensziele aufgenommen. Für die Erreichung der Umweltziele ist ein *Umweltmanagement* (eigentlich Umwelt*schutz*management) erforderlich, das die umweltschutzbedingten Veränderungen der Rahmenbedingungen für ein Wirt-

1.3 Umweltmanagement

schaften unter Sicherung der Voraussetzungen des zukünftigen Unternehmenserfolgs antizipiert und somit die langfristigen Voraussetzungen für den ökologischen und wirtschaftlichen Ablauf zukünftiger Wertschöpfungsaktivitäten schafft (Hummel et al. 1995, 104f). Der Aufbau eines Umweltmanagements nach EMAS umfasst folgende Schritte (siehe Abbildung 1) (Haasis 1995):

- *Umweltpolitik*: Zunächst werden die strategischen Umweltziele als langfristige Umweltpolitik des Unternehmens festgelegt.

- *Istanalyse*: Hierbei werden alle relevanten Standortfaktoren wie Gesetze und Verordnungen sowie Umweltbelastungen und -risiken analysiert und bewertet. Beispielsweise werden relevante Grenzwerte für Emissionen aus entsprechenden Verordnungen den tatsächlichen Emissionen gegenübergestellt.

- *Umweltprogramm*: Die Vorgaben aus der Umweltpolitik und die Ergebnisse der Istanalyse müssen in Form kurz- und mittelfristiger Ziele und Maßnahmen operationalisiert werden.

- *Umweltmanagementsystem*: Alle im Rahmen des Umweltmanagements wiederkehrenden Abläufe müssen als Umweltverfahrens- und -arbeitsanweisungen definiert werden (Ablauforganisation). Weiterhin sind Zuständigkeiten und Verantwortlichkeiten der Mitarbeiter zu regeln (Aufbauorganisation). Ablauf- und Aufbauorganisation des Umweltmanagements werden im Umweltmanagementhandbuch dokumentiert. Auch Form und Inhalte der Umwelterklärung sind festzulegen, da hiermit die Vorgaben für eine unternehmensinterne Betriebsprüfung festgelegt werden.

- *Umweltbetriebsprüfung*: Die in der Umwelterklärung zu veröffentlichenden Umweltinformationen sind systematisch und kontinuierlich im Rahmen einer unternehmensinternen Überprüfung zu sammeln und zu erfassen.

- *Umwelterklärung*: Die Ergebnisse der Umweltschutzmaßnahmen sind in einer standortbezogenen Umwelterklärung zu veröffentlichen.

- *Externe Umweltprüfung (Audit):* Die Umwelterklärung ist dann Grundlage für die externe Überprüfung des Umweltmanangementsystems durch einen offiziell zugelassenen externen Umweltgutachter. Hierbei wird überprüft, ob das Umweltmanagement für die Erreichung der umweltpolitischen Ziele des Unternehmens geeignet ist, wie weit die gesetzten Ziele tatsächlich erreicht wurden (insbesondere im Hinblick auf die Einhaltung gesetzlicher Umweltvorschriften) und ob die unter Berücksichtigung wirtschaftlicher Restriktionen bestmöglichen Techniken und Technologien eingesetzt wurden.

- *Gültigkeitserklärung*: Nach erfolgreicher externer Prüfung wird die ggf. nachgebesserte Umwelterklärung in die Liste zertifizierter Erklärungen aufgenommen und im Amtsblatt der EU durch die Europäische Kommission veröffentlicht. Die Auditierung wird periodisch wiederholt.

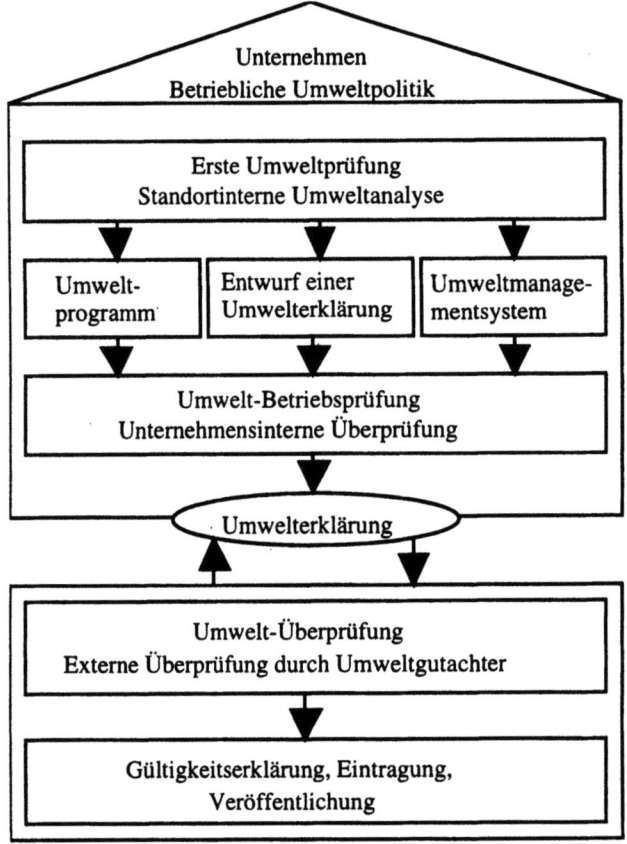

Abbildung 1: Umweltmanagement gemäß EMAS (Gärtner 1994)

Konkrete Implementierungen des Umweltmanagements können durchaus leicht von diesen Vorgaben abweichen. Abbildung 2 zeigt beispielsweise das Umweltmanagement-Konzept des Motorenwerks der BMW AG in Steyr (Österreich) (Moser/Wallner 1995, 156).

Die unterschiedlichen Zeithorizonte der Zieldefinitionen in der Umweltpolitik und der Maßnahmenplanung implizieren, dass Umweltmanagement, genau wie das Unternehmensmanagement, auf unterschiedlichen Planungsebenen stattfindet. Hierbei werden strategische und operative Ebene unterschieden. Eine Explizierung einer taktischen bzw. administrativen Ebene unterbleibt beim Umweltmanagement in der Regel. Während das Ziel des strategischen Umweltmanagements

1.3 Umweltmanagement

die Schaffung der langfristigen Voraussetzungen für den ökologischen und wirtschaftlichen Ablauf zukünftiger Wertschöpfungsaktivitäten ist, geht es beim operativen Umweltmanagement um die kontinuierliche Verminderung der Umweltbelastungen bei allen Tätigkeiten des unternehmerischen Wertschöpfungsprozesses bei gleichzeitiger Einhaltung aller Umweltvorschriften. Damit konzentriert sich das operative Umweltmanagement auf die Lenkung der tagtäglichen Arbeitsabläufe bei der betrieblichen Leistungserstellung in möglichst umweltverträgliche Bahnen.

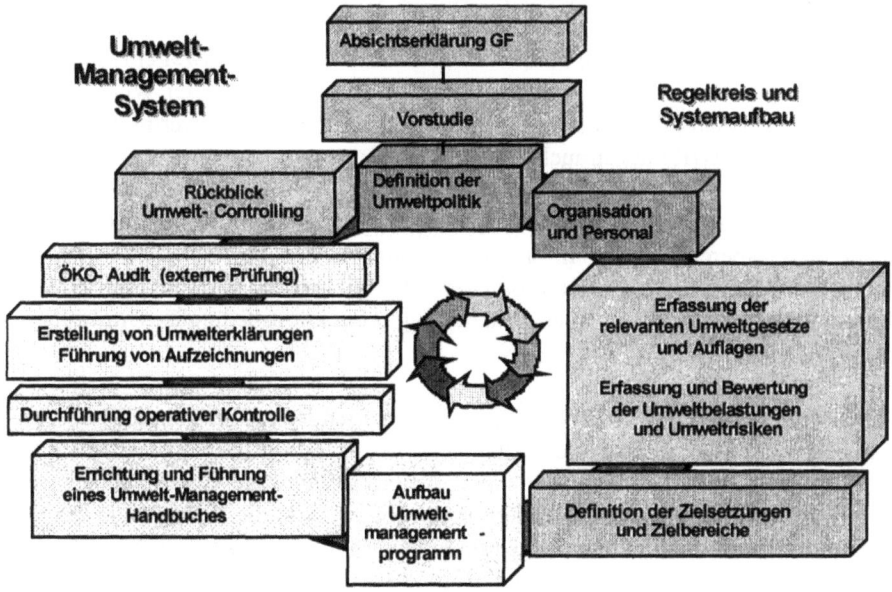

Abbildung 2: Umweltmanagementsystem des BMW-Motorenwerks in Steyr

Das langfristig ausgelegte strategische Umweltmanagement betrachtet insbesondere Produktlebenszyklen und die hiermit verbundenen Erfolgs- und Risikopotenziale. Wichtiges Hilfsmittel ist hier die Produktlebensweganalyse, in der alle ökologischen Lasten und Risiken von der Produktentwicklung bis zur Entsorgung („von der Wiege bis zur Bahre") aufgezeichnet und bewertet werden. Ein anderes wichtiges Hilfsmittel sind Umweltberichte, an Hand derer das Management konkrete Fortschritte im Hinblick auf die erfolgreiche Implementierung der Umweltpolitik nachvollziehen kann.

Im operativen Umweltmanagement sind primär die konkreten Stoff-, Energie- und Güterflüsse mit ihren Betriebszuständen und Stoffkonzentrationen zu beobachten. Hierfür können Ökobilanzen, Umweltberichte, Emissionberichte u. ä. geeignete Hilfsmittel sein.

1.4 Umweltinformationsmanagement

Damit werden *Umweltdaten und -informationen* für weite Teile des Unternehmens, insbesondere aber auch das Management entscheidungsrelevant. *Umweltdaten* geben unmittelbar Auskunft über den Zustand der Medien Boden, Wasser oder Luft. Werden diese mit Bezug zu Raum und Zeit sowie einem fachlichen Kontext interpretiert, spricht man von *Umweltinformationen* (z. B. ist die Emission eines bestimmten Schadstoffs im Vergleich zum zulässigen Grenzwert über einen bestimmten Zeit- und Ausbreitungsraum eine Umweltinformation) (Pillmann 1995, 43). Im Kontext des betrieblichen Umweltschutzes sind zudem die *umweltrelevanten Informationen* wesentlich, die nur mittelbaren Bezug zu Umwelteinwirkungen haben. Beispiel für ein umweltrelevantes Datum ist ein verwendeter Werkstoff für ein bestimmtes Bauteil, da hierdurch auch die spätere Wiederverwertbarkeit determiniert wird (Hilty/Rautenstrauch 1997, 385).

Interne Adressaten von Umweltinformationen ziehen sich quer durch (fast) alle Unternehmensbereiche. Die Informationen dienen *betriebsintern* zur Planung, Entwicklung, Steuerung und Kontrolle der betrieblichen Abläufe, mit dem Ziel der Vermeidung, Verringerung oder Beseitigung produktionsbedingter Umweltbelastungen.

Die *Unternehmensführung* benötigt querschnittsorientierte, übersichtlich aufbereitete Informationen, welche die Problemerkennung und Alternativenauswahl im strategischen Umweltmanagement unterstützen. Strategische Entscheidungen erfordern dabei im Sinne eines integrierten Umweltschutzes die Betrachtung des Gesamtunternehmens und der Umweltbedingungen sämtlicher Funktionsbereiche.

Auch unterhalb der Führungsebene beeinflussen Umweltinformationen Entscheidungen und Handlungen. Für die *Umweltschutzabteilung* sind sie zentrale Aktionsgrundlage, um z. B. Umweltschutzbestrebungen einzelner Betriebsstätten zu koordinieren, Neuinvestitionen möglichst früh auf Umweltverträglichkeit zu prüfen oder Schwachstellen- und Risikoanalysen sowie die Überwachung und Einhaltung gesetzlicher Bestimmungen durchzuführen. Die *Marketingabteilung* kann auf Basis von Umweltinformationen vielfältig reagieren. Dies kann von der Imagewerbung über die Verringerung umweltschädigender Nebenwirkungen von Produkten, der Vermeidung unnötiger Verpackungen bis zur Ausweitung von Marktanteilen durch eine ökologische Ausrichtung der Produkte gehen. Die *Materialwirtschaftsabteilung* spielt im integrierten Umweltschutz eine Schlüsselrolle. Materialbezogene Informationen sind hierfür so aufzubereiten, dass die vielfältigen Konsequenzen der Materialauswahl einschließlich der Auswirkungen auf die Recyclingfähigkeit der Produkte, auf die Entsorgungskosten und auf den für Beschaffung und Entsorgung notwendigen Gütertransport erkennbar werden (Wicke et al. 1992).

1.4 Umweltinformationsmanagement

Im betrieblichen *Rechnungswesen* werden etwa für eine umweltschutzorientierte Kosten- und Leistungsrechnung zur Ergänzung des Mengen- und Wertgerüsts Informationen über Emissionsmengen, Abwasserfrachten und Abfallmengen sowie über internalisierte externe Kosten (Emissionsabgaben, Deponiekosten, Abwasserabgaben) benötigt. Zur demontagefreundlichen Konstruktion oder zur Erstellung umweltverträglicher Rezepturen sind für die *F&E-Abteilung* Informationen über geeignet aufarbeitbare Bauteile/Module oder Umweltwirkungen interner Stoffe/ Stoffgruppen (Gefahrstoffdatenbanken) unentbehrlich.

Dieser bereichsübergreifende interne Informationsbedarf wird insbesondere dann offensichtlich, wenn Betriebe im Sinne der EMAS-Verordnung ihr Management umweltorientiert erweitern.

Adressaten von Umweltinformationen sind nicht nur interne (z. B. Marketing, Werksschutz oder Fertigungsleiter), sondern auch verschiedene externe Stakeholder. Die von BUIS bereitgestellten Informationen haben u. a. folgende *externe* Adressaten (in Anlehnung an Wicke et al. 1992):

- Gegenüber *Behörden* haben Unternehmen Informations- und Auskunftspflichten in Bezug auf betriebliche Umweltdaten.

- *Versicherungen* stehen heute vor der Aufgabe, die wachsenden Haftungsrisiken im Umweltbereich zu identifizieren und zu bewerten.

- *Investoren* (Anteilseigner und Kreditgeber) berücksichtigen vermehrt auch Umweltaspekte. Beispielsweise achten Banken bei der Beleihung von Grundstücken auf potenzielle Altlasten. Umweltbewusste Anleger entscheiden sich bei gleichen Renditeerwartungen für das am wenigsten die Umwelt belastende Unternehmen.

- *Lieferanten* und *Abnehmer* benötigen auf Grund ihrer Erwartungen über die Dauerhaftigkeit der Geschäftsverbindungen Umweltdaten ihres Marktpartners. Der Abnehmer, der seine Umweltbelastungen und Entsorgungsprobleme reduzieren möchte, braucht insbesondere umweltrelevante Angaben über die bezogenen Roh-, Hilfs- und Betriebsstoffe sowie Baugruppen und Teile.

- *Konsumenten* berücksichtigen ökologische Kriterien immer häufiger bei der Wahl von Produkten und Dienstleistungen; daraus ergibt sich ein steigender Bedarf an produkt- und unternehmensbezogenen Umweltinformationen.

Aus Sicht der Unternehmen ist Information eine Ressource, deren Einsatz für sie in hohem Maße erfolgsrelevant ist. Dies gilt unter den oben angegebenen Rahmenbedingungen auch zunehmend für Umweltinformationen. Damit werden die Umweltziele, die das Wesen der Umweltpolitik ausmachen und die vom Top-Management festgelegt werden, zur Vorgabe für das Management der Ressource Information – das *Informationsmanagement*. Wird Informationsmanagement tatsächlich in der Form durchgeführt, dass ausgehend von der strategischen Unternehmensplanung, innerhalb der u. a. auch die strategischen Unternehmensziele festgelegt werden, zunächst Ziele, Strategien und Maßnahmen des strategischen Informationsmanagements entwickelt werden, die dann im weiteren Planungsverlauf die Vorgaben für die Durchführung des administrativen und operativen Informationsmanagements sind, dann spricht man von einem *leitungszentrierten Ansatz* des Informationsmanagements (Heinrich 1998, 8). Dieser klassische Ansatz des Informationsmanagements, der vor allem durch eine Topdown-Vorgehensweise bei der Gestaltung der *Informationsinfrastruktur* gekennzeichnet ist, wird in zahlreichen wissenschaftlichen Veröffentlichungen und auch Lehrbüchern vertreten. Zur Informationsinfrastruktur gehören insbesondere die Anwendungssysteme, die Basissysteme und das Personal, das Anwendungs- und Basissysteme einsetzt, plant und administriert (siehe Abbildung 3). Die Informationsinfrastruktur ist damit das Erkenntnisobjekt des Informationsmanagements.

Anwendungssoftware		Personal
Standardsoftware • horizontal • vertikal	Individualsoftware • Eigenentwicklung • Fremdsoftware	Informations- manager Systemplaner Projektleiter
Basissysteme		Benutzer Entwickler Systemservice DBA Techniker ...
Entwicklungsumgebungen Betriebssysteme Datenbanksysteme Hardware Netzwerk		

Abbildung 3: Informationsinfrastruktur (Rautenstrauch 1997a, 13)

Das *betriebliche Umweltinformationsmanagement* befasst sich mit der Operationalisierung der Ziele des betrieblichen Umweltschutzes, der Integration von umweltschutzrelevanten Informationen in bestehende Informationstechniken sowie in bestehende organisatorische Strukturen (Rautenstrauch/Schraml 1995). Das Umweltinformationsmanagement nimmt damit eine Brückenfunktion zwischen der betriebswirtschaftlichen Disziplin Umweltmanagement und der Umweltinformatik ein. Angesichts der von den Stakeholdern verursachten Informationsbedarfe über alle Planungsebenen muss das Umweltinformationsmanagement als Querschnittsfunktion über alle betrieblichen Funktionsbereiche angesehen werden. Allerdings sind für das Management von Umweltinformationen weder besondere Managementtechniken, noch spezielle Basissoftware oder Personal erforderlich, auch wenn das Personal durchaus über spezielle Kenntnisse verfügen sollte. Daher konzentrieren sich die weiteren Ausführungen auf die Anwendungssoftware zur Unterstützung des betrieblichen Umweltmanagements, die *Betrieblichen Umweltinformationssysteme* (BUIS).

1.5 Betriebliche Umweltinformationssysteme (BUIS)

Ein *Betriebliches Umweltinformationssystem (BUIS)* ist ein organisatorisch-technisches System zur systematischen Erfassung, Verarbeitung und Bereitstellung umweltrelevanter Informationen in einem Betrieb. Es dient in erster Linie der Erfassung betrieblicher Umweltbelastungen und der Planung und Steuerung von Umweltschutzmaßnahmen (Hilty/Rautenstrauch 1997, 385). Dabei sind BUIS eng mit den anderen betrieblichen Informationssystemen verzahnt, was insbesondere daran liegt, dass ein großer Teil umweltrelevanter Informationen bereits in Anwendungssystemen vorliegen, auch wenn sie in der vorliegenden Form nicht *direkt* in BUIS verarbeitet werden können. Beispielsweise findet man eine Vielzahl umweltrelevanter Informationen wie z. B. verwendete Werkstoffe, Ausschussquoten oder eingesetzte Montageverfahren (die wiederum später die Demontage im Recycling vorzeichnen) in Produktionsplanungs- und -steuerungssystemen (PPS-Systemen).

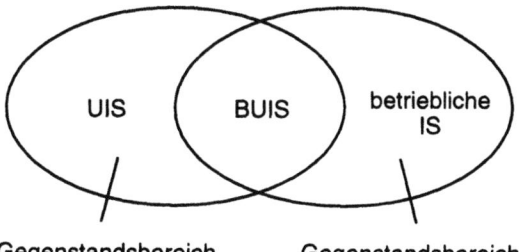

Abbildung 4: Fachliche Einordnung der BUIS (Hilty/Rautenstrauch 1995, 295)

In der Forschungslandschaft sind BUIS im Überlappungsbereich von Wirtschafts- und Umweltinformatik angesiedelt (siehe Abbildung 4). Forschungsgegenstand der Wirtschaftsinformatik sind betriebliche Informationssysteme, zu denen auch BUIS gehören. Forschungsaktivitäten der Umweltinformatik liegen unter anderem in der informationstechnischen Realisierung von Umweltinformationssystemen, die Behörden und Forschungsinstitutionen von der kommunalen bis zur Bundesebene Aufschluss über Umweltbelastungen verschiedener Art geben. *Umweltinformationssysteme* dienen neben der Erfassung von Umweltdaten auch der Unterstützung von Maßnahmen zur Vermeidung, Begrenzung und Beseitigung von Umweltschäden (Page/Hilty 1995, 17).

1.6 BUIS im Ökocontrolling

Mit *Ökocontrolling* wird die Analyse, Planung und Kontrolle aller ökologisch relevanten Aktivitäten eines Unternehmens bezeichnet (Hummel et al. 1995, 113). Einige Autoren heben besonders die vorausschauende Funktion des Ökocontrollings als Frühwarnsystem zur Identifizierung von Umweltrisiken hervor (Wicke et al. 1992). BUIS sind in den betrieblichen Funktionskreis des Ökocontrolling eingebettet. Der *Ökocontrolling-Kreislauf*, der hier als vereinfachtes Idealmodell für die funktionale Zuordnung von BUIS in den Kontext des Ökocontrolling dient (siehe Abbildung 5), beginnt mit einer Zielfestlegung auf Basis der Umweltschutzergebnisse aus der Vorperiode sowie der Vorgaben und Erwartungen externer und interner Stakeholder. Darauf folgt eine ökologische Istanalyse, in der auf Basis der Analyse von Stoffströmen und der Heranziehung von umweltrelevanten Informationen aus anderen betrieblichen Informationssystemen *Ökobilanzen* erstellt werden.

Abbildung 5: Ökocontrolling-Kreislauf und BUIS

Im Ökocontrolling fließen zahlreiche umweltrelevante Informationen zusammen. Dabei sind quantitative Informationen, die zunächst dokumentierenden Charakter haben, von den qualitativen, die der Bewertung dienen, zu unterscheiden. Abbildung 6 zeigt, welche Informationen in das Ökocontrolling einfließen (Hunscheid 1994). Die qualitativen Informationen sind dabei grau unterlegt.

Ein umfassendes Konzept zur rechnergestützten Operationalisierung des Ökocontrolling ist das Stoffstrommanagement. Mit *Stoffstrommanagement* wird die Modellierung, Analyse und Bewertung von Stoffströmen im Hinblick auf eine Dokumentation und Verbesserung der zu Grunde liegenden Produktionsprozesse be-

1.6 BUIS im Ökocontrolling

zeichnet (Kraus et al. 1995, 99). Erster Schritt der Istanalyse ist die Entwicklung eines Modells, das Aufschluss darüber gibt, welchen Weg Stoffe und Energie durch einen Betrieb nehmen, welche Transformationen auf dem Weg stattfinden und welche Umweltwirkungen aus den Stoff- und Energieströmen resultieren. Mit Hilfe des Modells lassen sich für diesen Prozess auf einfache Weise Input-/Output-Bilanzen erstellen. Ökobilanzen lassen sich aber auch mit speziellen *BUIS zur Ökobilanzierung* erarbeiten. Hierauf wird in Kapitel 2 näher eingegangen.

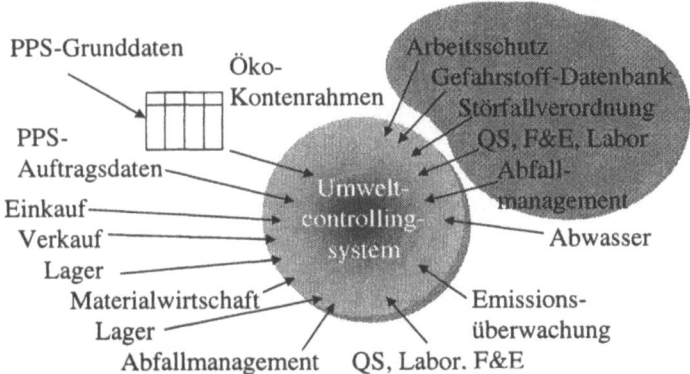

Abbildung 6: Informationsbedarf des Ökocontrolling (Rautenstrauch 1997b, 8)

Derartige Sachbilanzen weisen in der Regel einen hohen Detaillierungsgrad mit sehr vielen Bilanzpositionen aus. Weiterhin erschwert in der Regel die Verwendung unterschiedlicher Mengeneinheiten die Interpretation. Es ist deshalb notwendig, im nächsten Schritt die Informationen aus den Sachbilanzen zu Umweltkennzahlen zu aggregieren, die als Kontroll-, Planungs- und Steuerungsgrößen des betrieblichen Umweltmanagements dienen können. Für die Bilanzbewertung und insbesondere die Kennzahlenberechnung werden *Meta-Informationssysteme* (Meta-IS) und (*wissensbasierte*) *Bewertungssysteme* herangezogen. Bewertungsmethoden und -systeme werden ebenfalls in Kapitel 2 und Meta-IS in Kapitel 5 behandelt.

Auf Basis einer Schwachstellenanalyse des Prozessmodells können danach Maßnahmen zur Verbesserung der Prozesse formuliert werden. Mit diesen Maßnahmen wird dann das Stoffstromnetz modifiziert und mit Hilfe simulativer und analytischer Verfahren näher untersucht. Auf Basis dieser Analysen werden wieder Input- und Outputbilanzen sowie die daraus resultierenden Kennzahlen erstellt. Diese Werte können dann mit den vorher berechneten Kennzahlen verglichen werden und für den Fall, dass sich tatsächlich positive Umweltwirkungen ergeben, in einen Maßnahmenbeschluss zur Korrektur des Umweltprogramms umgesetzt werden. Abbildung 7 illustriert den Analysezyklus des Stoffstrommanagements (Hilty/Rautenstrauch 1997, 387 in Anlehnung an Schmidt 1997, 23).

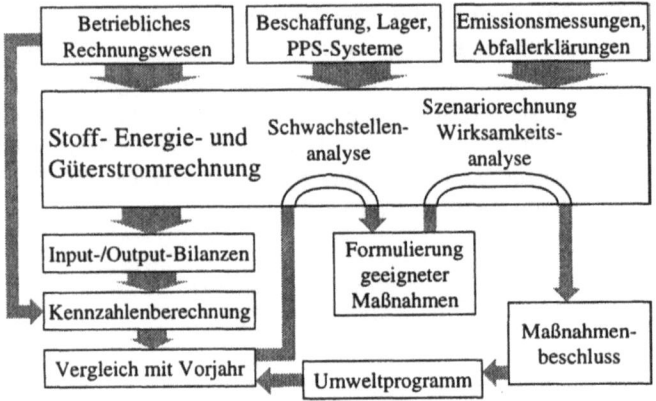

Abbildung 7: Vorgehensmodell des Stoffstrommanagements

Die Stoff- und Energiestromrechnung, welche die Mengenströme möglichst wertfrei in physikalischen Einheiten darstellt, wird ergänzt um eine Güterstromrechnung, welche die Ströme in betriebswirtschaftlich bewerteter Form darstellt. Da einige Stoffe negativ zu bewerten sind, weil sie Entsorgungskosten verursachen, andere mit Null bewertet werden, kann man in dieser Darstellung die drei Kategorien „Gut", „Übel" und „Neutrum" unterscheiden (Dyckhoff 1994, 6). In dieser *Bilanzbewertung* werden Kennzahlen für die Maßnahmenplanung ermittelt. In Ökobilanzen werden zur Darstellung von Stoff- und Energieflüssen häufig reine Stromrechnungen verwendet. Sinnvoller ist jedoch, auch aus Gründen der Kompatibilität mit dem betrieblichen Rechnungswesen, eine integrierte Strom- und Bestandsrechnung, wie sie im Ansatz der Stoffstromnetze vorgesehen ist (Möller 1994).

Darauf folgt die Umsetzung und Steuerung der geplanten Maßnahmen in die betriebliche Praxis. Die Ergebnisse werden dokumentiert und dienen dann wieder der Zielfestlegung für die nächste Planungsperiode. Für die Umsetzung der Maßnahmen sind *produktionsnahe BUIS* und hier insbesondere *Planungs- und Steuerungssysteme für Demontage und Recycling* sowie Systeme zur Unterstützung einer *recyclinggerechten Konstruktion* entwickelt worden, die in Kapitel 3 erläutert werden. Die *computergestützte Umweltberichterstattung*, der sich Kapitel 4 widmet, unterstützt die Kontrollfunktion des Ökocontrollings und basiert ebenfalls auf Meta-Informationssystemen, die in Kapitel 5 behandelt werden. *Zwischenbetriebliche UIS*, die insbesondere zur Koordination der *inner- und zwischenbetrieblichen Logistik* und *Verwertungsverbunden* eingesetzt werden, sind Gegenstand von Kapitel 6. In Kapitel 7 wird dann exemplarisch ein kommerzielles BUIS vorgestellt. Das Buch schließt mit einigen Bemerkungen zur Umweltfreundlichkeit von Informationssystemen in Kapitel 8. Kapitel 9 gibt einen Ausblick auf zukünftige BUIS-Entwicklungen

1.7 Grundlegende Konzepte für BUIS

Unabhängig vom fachlichen Kontext, in dem BUIS eingesetzt werden, können einige Eigenschaften identifiziert werden, die für BUIS allgemein relevant sind. Bezüglich der Verarbeitung von Umweltdaten müssen BUIS in der Lage sein, folgende Arten von Daten effizient und effektiv verarbeiten zu können:

- *Messdaten* sind einfach strukturierte numerische Daten, die in großen Mengen anfallen. Ein Beispiel hierfür sind Messwertreihen zu Schadstoffemissionen, die an Luft oder Wasser abgegeben werden.

- *Faktendaten* haben eine feste komplexe Struktur (z. B. Stoff- und Abfalldaten). Sie werden typischerweise in (Umwelt-)Datenbanken abgelegt.

- *Dokumentationsdaten* sind komplex und nicht strukturiert, d. h. sie haben kein fest definiertes Format. Dies können z. B. Literaturstellen oder Rechtsvorschriften sein, die als Textdokumente angelegt sind.

Für die Bearbeitung dieser Daten kommen verschiedene Verfahren und Methoden zum Einsatz:

- *Administration von Datenbeständen*: Wie bei den meisten betrieblichen Anwendungssystemen besteht ein signifikanter Anteil der Funktionalität von BUIS aus Eingabemasken für die Datenerfassung (Forms) und formatierten Druckausgaben für Berichte (Reports).

- *Datenauswertung*: Auf Grund der Vielfältigkeit, in der betriebliche Umweltdaten vorliegen können, sind ebenfalls vielfältige Auswertungsmethoden relevant. Hierzu gehören Methoden der neueren Künstlichen Intelligenz wie Neuronale Netze, Fuzzy Logik etc. genauso wie die „klassische" Datenanalyse mittels statistischer Verfahren oder die Dokumentenanalyse.

- *Modellrechnungen und Simulationen*: Für die Analyse dynamischer Zustandsänderungen und What-If-Analysen sind weiterhin Modellrechnungen und Simulationen zweckmäßig.

- *Visualisierung*: Insbesondere für die Analyse komplexer Prozesse ist die grafische Visualisierung von Prozessmodellen zweckmäßig. Weiterhin ist die diagrammatische Visualisierung von Ergebnissen der Datenanalyse insbesondere im Bereich der Entscheidungsunterstützung gefordert.

Eine besondere Anforderung an BUIS stellt die Integrationsfähigkeit in die betriebliche Anwendungslandschaft dar. BUIS können grundsätzlich konzipiert sein als:

- *Stand-Alone-Systeme* mit (standardisierten) Schnittstellen zur Kopplung dieser Systeme an andere betriebliche Informationssysteme,
- *Add-on-Systeme*, die eine wohldefinierte Schnittstelle zu bestimmten betrieblichen Informationssystemen haben und ohne diese nicht „lebensfähig" sind,
- *Integraler Bestandteil* (Modul, Komponente o. ä.) eines bestimmten betrieblichen Informationssystems.

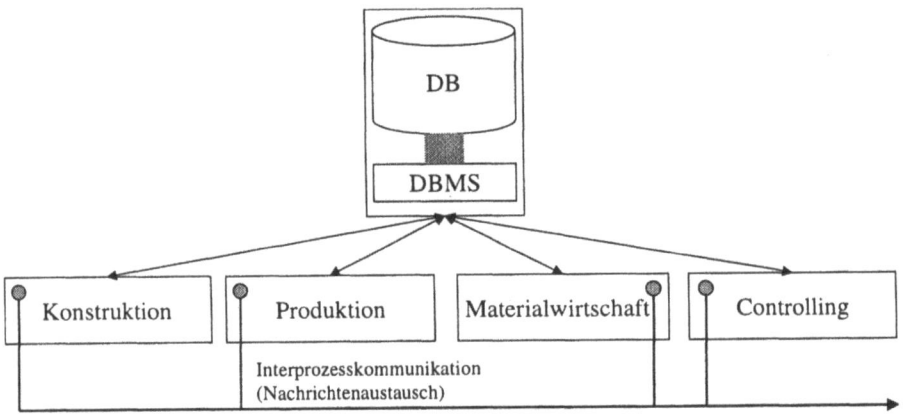

Abbildung 8: Idealtypisches Integrationsmodell für BUIS

In (Bullinger et al. 1998) sind verschiedene Integrationsansätze für BUIS mit Betrieblichen Informationssystemen (BIS) diskutiert. Als „typische" Integrationsform wird die Datenintegration von BUIS und BIS durch die Nutzung einer gemeinsamen Datenbank nach dem Client-Server-Prinzip ausgemacht. Da in Client-Server-Systemen die Kommunikation grundsätzlich vom Client ausgeht (Rautenstrauch 1997a, 84), kann der Austausch zwischen BIS und BUIS nur nach dem Hol-Prinzip erfolgen. Dies erscheint angesichts der engen Integrationsbeziehungen zu anderen BIS jedoch nicht ausreichend zu sein. Daher wird eine direkte Interprozesskommunikation zwischen verschiedenen BIS und BUIS (siehe Abbildung 8) und die Integration der Benutzerschnittstellen als angemessenes Integrationskonzept vorgeschlagen.

1.8 BUIS-Klassifikation

BUIS sind in der Regel komplexe und komplizierte Systeme, die zudem eng in die betriebliche Informationsverarbeitung eingebunden sind. Für die Systematisierung von BUIS ist daher die Angabe eines Klassifikationsschemas zweckmäßig. Auf Basis einer empirischen Studie ist hierfür am Fraunhofer IAO in Stuttgart ein solches Schema als morphologischer Kasten (siehe Abbildung 9) auf Basis einer empirischen Studie zur Verfügbarkeit von BUIS (Rey et al. 1998) entwickelt worden.

1.8 BUIS-Klassifikation

Ein *morphologischer Kasten* ist ein zweidimensionales Schema, bei dem in der Vertikalen Merkmale und in der Horizontalen die möglichen Ausprägungen dieser Merkmale abgetragen werden (Schomburg 1980). Er wird verwendet, indem die für ein Systemtyp oder Konzept zutreffenden Merkmalsausprägungen grau unterlegt werden.

Der morphologische Kasten in Abbildung 9 ist für die Klassifikation einzelner BUIS entwickelt worden. Weiterhin liegt diesem Klassifikationsschema ein sehr weit gefasster BUIS-Begriff zu Grunde, da hier offensichtlich jedes System, das in irgendeiner Weise umweltrelevante Informationen verarbeitet, hinzugezählt wird. Hierzu gehören z. B. auch Gefahrstoffmanagement- oder Arbeitsschutzsysteme, die allerdings weniger zum Zweck des Umweltschutzes, als zur Erfüllung gesetzlicher Auflagen mit gewissem Umweltbezug dienen. Weiterhin ist das Schema auch in einigen Details problembehaftet. Die Ausprägungen des Merkmals „Funktionalität" beschreiben eher Methoden und die Ausprägungen des Merkmals „Einsatzbereich" erscheinen insofern problematisch, da nicht alle BUIS hier Merkmalen zugeordnet werden können (wozu gehört z. B. Recycling?).

Für die Klassifikation von BUIS-Konzepten, die in den Kapiteln 2 bis 6 vorgestellt werden, wird daher ein eigenes Klassifikationsschema verwendet, das in Abbildung 10 dargestellt ist. An Stelle des Merkmals „Organisationseinheit" wird das Merkmal „Adressaten" verwendet, dessen Ausprägungen an die in Kapitel 1.4 vorgestellten Adressaten angelehnt sind. Die Einsatzbereiche entsprechen der funktionalen Zuordnung von BUIS gemäß Gliederung der Kapitel 2 bis 6, wodurch das Merkmal „Aufgaben" überflüssig wird. An die Stelle des Merkmals „Funktionalität" tritt das Merkmal „Methode", dessen Ausprägungen an das Klassifikationsschema aus (Page/Hilty 1995a, 20ff) angelehnt sind. Das Merkmal „Systemgrenze" wird um die Ausprägung „Zwischenbetrieblich" ergänzt. Die Merkmale der Klasse „IT" entfallen, da sie systemspezifisch sind.

Merkmal	Ausprägung							
Umweltorganisation								
Strategie	präventiv				nachsorgend			
Unternehmensziel	EMAS/ISO-Zertifizierung		Umweltoptimierung/Ökoeffizienz		Erfüllen gesetzlicher Umweltauflagen		Darstellung der Umweltleistung	
Zeithorizont	Strategisch langfristig		Taktisch mittelfristig			Operativ kurzfristig		
Organisationseinheit	Management		Fachbereich		Umweltbeauftragter		Dezentrale Verantwortung	
Einsatzbereich	Abfallwirtschaft	Gewässerschutz	Emissionsschutz	Energiemanagement	Gefahrstoffmanagement	Stoffdatenverwaltung	Anlagenverwaltung	Stoffstrommanagement
BUIS-spezifische Aspekte								
Aufgaben	Berichterstellung	Unterstützung der Prozessplanung	Unterstützung der Prozesssteuerung	Unterstützung der Prozessüberwachung	Vorgehensunterstützung/ Leitfaden	Informationsschnittstelle	Organisationsunterstützung	Umweltbilanzierung
Funktionalität	Analyse	Modellierung	Simulation	Zeitnahes Monitoring	Dokumentmanagement		Reportgenerator	Workflow-Komponente
Systemgrenze	Bereich/Unternehmen		Prozess			Produkt/LCA		
IT								
Integrationsgrad	Stand-alone		Add-On			Integriertes System		
Betriebssystem	Windows		Unix		OS/2		Sonstige	
Formate	HTML		ODBC		Office-Formate		Sonstige	

Abbildung 9: Morphologischer Kasten für BUIS (Rey/Schnapperelle 1999)

1.9 Literaturempfehlungen zu Kapitel 1

	Merkmal	Ausprägung							
Umweltorganisation	Strategie	präventiv				nachsorgend			
	Unternehmensziel	EMAS/ISO-Zertifizierung		Umweltoptimierung/Ökoeffizienz		Erfüllen gesetzlicher Umweltauflagen		Darstellung der Umweltleistung	
	Zeithorizont	Strategisch langfristig		Taktisch mittelfristig				Operativ kurzfristig	
	Adressaten	Unternehmensleitung	Umweltschutzabteilung	Produktion/Materialwirtschaft	Andere Fachabteilungen	Behörden	Versicherungen	Investoren	Lieferanten und Kunden
BUIS-spezifische Aspekte	Einsatzbereich	Ökobilanzierung	Stoffstrommanagement	Demontage/Recycling	Konstruktion	Meta IS	Umweltberichterstattung	Zwischenbetriebliche Logistik	Verbundkoordination
	Methoden	Datenbanken	Modellbildung und Simulation	Wissensbasierte Systeme	Computergrafik	Dokumentmanagement	Neuro-Fuzzy-Techniken	Metainformationen	
	Systemgrenze	Bereich/Unternehmen		Prozess		Produkt		Zwischenbetrieblich	

Abbildung 10: Morphologischer Kasten für BUIS-Konzepte

1.9 Literaturempfehlungen zu Kapitel 1

1.9.1 Grundlagen

Die Grundlagen zu Kapitel 1 betreffen das Umweltmanagement, das Informationsmanagement, die Umweltinformatik und die betrieblichen Informationssysteme.

Zum Umweltmanagement gibt es mittlerweile eine stattliche Anzahl von Werken. Ein frühes und recht umfassendes Buch mit ersten Hinweisen auf BUIS ist (Wicke et al. 1992). Aktuelle Forschungsergebnisse zum Umweltmanagement sind in (Weber 1997) dokumentiert. Als Lehrbuch sei hier (Haasis 1996) empfohlen.

Ein für dieses Werk wichtiges Teilgebiet des Umweltmanagements ist das Ökocontrolling. Grundlagenwerke hierzu sind (Hallay/Pfriem 1992), (Schaltegger/

Sturm 1992), (Stahlmann 1994) und (Bundesumweltministerium/Umweltbundesamt 1995).

Auch im Bereich des Informationsmanagements mangelt es nicht an Literatur. Stellvertretend für eine Vielzahl von Werken sei hier auf (Heinrich 1998) und (Krcmar 1996) verwiesen.

Die Forschungsergebnisse der deutschsprachigen Umweltinformatik sind in den Tagungsbänden des seit 1984 alljährlich stattfindenden Internationalen Symposiums „Informatik für den Umweltschutz", das vom gleichnamigen Fachausschuss 4.6 der Gesellschaft für Informatik (GI) veranstaltet wird, dokumentiert. Zu diesem Fachausschuss gehören heute drei Fachgruppen und mehrere Arbeitskreise, deren Workshops in der Regel ebenfalls in Tagungsbänden dokumentiert werden. Die Tagungsbände erscheinen seit 1994 in den Reihen „Umweltinformatik aktuell" und „Praxis der Umweltinformatik" des Metropolis Verlags, Marburg. Einen Überblick über den nun nicht mehr ganz aktuellen Stand der Forschung enthält (Page/Hilty 1995b). Als Lehrbuch wird (Günther 1998) empfohlen, das allerdings BUIS explizit ausspart. Die noch vergleichsweise raren internationalen Aktivitäten der Umweltinformatik sind z. B. in den Tagungsbänden des alle zwei Jahre an wechselnden Orten stattfindenden International Symposium on Environmental Software Systems (ISESS) nachzulesen.

Bewährte Einführungen in betriebliche Informationssysteme sind z. B. (Mertens 1998) und (Stahlknecht/Hasenkamp 1998).

1.9.2 Weiterführende Literatur zu BUIS

Als erste Literaturstelle zu BUIS wird (Haasis et al. 1989) angesehen. Die Literatur zu BUIS bis 1997 ist in (Hilty/Rautenstrauch 1997b) klassifiziert und referenziert.

Das erste Buch zu BUIS ist (Haasis et al. 1995), in dem die Ergebnisse des dritten Workshops des damaligen Arbeitskreises (AK) BUIS der GI dokumentiert. Der AK BUIS wurde 1993 gegründet und 1997 in eine GI-Fachgruppe umgewandelt. Seit Gründung finden alljährliche Workshops statt, die seit 1995 in Tagungsbänden dokumentiert sind.

Weiterhin enthält Heft 5/1997 des UmweltWirtschaftsForums als Themenheft zu BUIS eine Reihe interessanter Artikel zu diesem Thema.

2 Ökobilanzierung

In *Ökobilanzen* werden Input und Output an Stoffen und Energien bezogen auf einen bestimmten Untersuchungsgegenstand gegenübergestellt. Sie können folgendermaßen klassifiziert werden:

- *Betriebsökobilanz*: Die erste große Gruppe von Ökobilanzen hat einen Betrieb oder ein Unternehmen zum Gegenstand (Betriebsökobilanz). Man kann hier von einer Spezialisierung des früheren Konzepts der Sozialbilanz sprechen, die das Ziel hatte, alle in der traditionellen Finanzbuchhaltung und Bilanzierung nicht enthaltenen gesellschaftlichen Wirkungen der Unternehmenstätigkeit abzubilden. Ein erstes vielbeachtetes Konzept für Ökobilanzen ist die bereits in den siebziger Jahren von Müller-Wenk vorgelegte *ökologische Buchhaltung*. Das Konzept wurde inzwischen von Braunschweig und Müller-Wenk wesentlich weiterentwickelt (Braunschweig/Müller-Wenk 1993). Bei einer Betriebsökobilanz wird das Gesamtunternehmen als Black Box angesehen, da die innerbetrieblichen Prozesse nicht näher analysiert werden. Vielmehr werden in der Betriebsökobilanz die Input-Output-Beziehungen des Unternehmens zu seiner Umwelt dokumentiert. Die Betriebsökobilanz dient der Dokumentation ökologischer Belastungen eines Unternehmens nach außen. Sie ist oftmals die Grundlage für die Erstellung von Umweltberichten.

- *Prozessbilanz*: Zur Aufdeckung von Belastungsursachen ist in der Regel eine detaillierte Betrachtung einzelner Produktionsverfahren (Prozess- oder Verfahrensbilanz) erforderlich. Auch wenn Prozessbilanzen prinzipiell betriebsübergreifend durchgeführt werden können, ist hiermit die innerbetriebliche Analyse gemeint.

- *Produktbilanzen (auch: Produktlebenswegbilanzen)*: Eine wichtige Gruppe bilden sogenannte Ökobilanzen für Produkte, genauer als Lebenswegbilanzen (engl. Life Cycle Assessment, LCA) bezeichnet, die alle relevanten Umweltwirkungen eines Produktes „von der Wiege bis zur Bahre", also von der Rohstoffgewinnung über die Produktion bis hin zur Entsorgung, dokumentieren und bewerten (Umweltbundesamt 1992).

Für die Aufstellung von Ökobilanzen ist mittlerweile eine Reihe von Informationssystemen verfügbar.

2.1 Grundlagen der Ökobilanzierung

Im Folgenden werden die genannten Arten von Ökobilanzen genauer erläutert. Die Ausführungen sind eng an das Datenmodell des IÖW (Institut für ökologische Wirtschaftsforschung, Berlin) (Arndt 1997, 172ff) angelehnt. Dort wird eine weitere Bilanzart, die *Substanzbetrachtung*, eingeführt. In dieser Bilanz werden alle in den anderen Bilanzen nicht aufgeführten dauerhaften und umweltwirksamen Aspekte des Unternehmens aufgeführt. Hierzu gehören z. B. Folgen aus der Flächennutzung (wie bebauungsbedingte Bodenversiegelung) oder schleichende Beeinträchtigungen des Grundwassers. Da die Substanzbetrachtung stets unternehmensindividuell zu gestalten ist, können hierfür keine allgemeingültigen Vorgaben angegeben werden.

Die Methodik der Ökobilanzierung ist an die betriebswirtschaftliche Bilanzierung angelehnt. Der Hauptunterschied liegt in den Bilanzobjekten: Während in der betriebswirtschaftlichen Bilanz Aktiva und Passiva gegenübergestellt und monetär bewertet werden, sind die Bilanzobjekte in der Ökobilanz Stoffe und Energie, die als Input und Output eines festgelegten Bilanzraums gegenübergestellt und *mengenmäßig* bewertet werden. Bei Ökobilanzen handelt es sich daher um *Sachbilanzen*. Genau wie bei betriebswirtschaftlichen Bilanzen werden auch bei Ökobilanzen handlungsrelevante Informationen durch eine Bilanzbewertung gewonnen. Eine weitere Analogie zwischen den beiden Bilanzierungsarten ist die Vorstrukturierung durch Kontenrahmen. Im Folgenden ist der Vorschlag für einen *Allgemeinen Ökokontenrahmen* (Bundesumweltministerium und Umweltbundesamt 1995, 620) angegeben:

1 *Input-Werkstoffe*
   1.1 *Rohstoffe*
   1.2 *Betriebsstoffe*
   1.3 *Hilfsstoffe*
   1.4 *Halbfabrikate/Verbundstoffe*: Hierbei handelt es sich um Teile, Baugruppen oder Stoffe, die in Eigenfertigung hergestellt werden und innerhalb der Produktion weiterverarbeitet werden.
   1.5 *Luft*
   1.6 *Wasser*
   1.7 *Büromaterial*: Da Büromaterial nicht in der Produktion verbraucht wird, wird es gesondert aufgeführt, um eine „künstliche" Zuordnung zu Roh-, Hilfs- und Betriebsstoffen zu vermeiden.
   1.8 *Handelswaren* werden beschafft und ohne nennenswerte Veränderung wieder veräußert. Sie sind bezogen auf Mengenbetrachtungen nur ein durchlaufender Posten.

2.1 Grundlagen der Ökobilanzierung

2 *Inputenergien*
2.1 *Primärenergien*: Hierzu gehören insbesondere fossile Energieträger wie Kohle, Erdöl und Erdgas.
2.2 *Elektroenergie*
2.3 *Verkehr*: Die Erfassung des durch Verkehr bedingten Energieeinsatzes beschränkt sich auf PKW und LKW, die auf das zu bilanzierende Unternehmen zugelassen sind.

3 *Output-Produkte*
3.1 *Selbsterstellte Produkte*
3.2 *Kuppelprodukte*: Hierbei handelt es sich um ungewollten Output der Produktion (sogenannte Nebenprodukte), die am Markt veräußert oder in der eigenen Produktion wieder eingesetzt werden können und nicht entsorgt werden müssen.
3.3 *Sekundärprodukte* sind selbsterstellte Produkte, die nicht durch einen Produktions-, sondern durch einen Recyclingprozess entstehen.
3.4 *Handelswaren* („Gegenposition" zu 1.8)

4 *Output-Emissionen*
4.1 *Abfälle* sind ungewollter Output, der entsorgt werden muss und einen festen Aggregatzustand hat.
4.2 *Abluft*
4.3 *Abwasser*
4.4 *Energetische Emissionen* sind z. B. Abwärme oder Lärm.

Einen ähnlich strukturierten Kontenrahmen findet man auch in (Schaltegger/ Sturm 1992, 156). In einer Betriebsökobilanz werden auf der Input-Seite Roh-, Hilfs- und Betriebsstoffe sowie Energie und auf der Output-Seite Produkte, stoffliche Emissionen und Energieabgaben gegenübergestellt. In einer Betriebsökobilanz werden damit Stoffe und Energien gegenübergestellt, die zu den Kontenklassen 1.1, 1.2, 1.3, 2, 3 und 4 gehören. Bei der Betriebsökobilanz ist zu beachten, dass die Bilanzierung nicht auf der Ebene einzelner Teile, Stoffe, Produkte o. ä. stattfindet, sondern auf die verhältnismäßig grobe Sicht der Materialklassen fokussiert. Für jeden zu bilanzierenden Stoff wird je eine Bilanzposition mit folgenden Datenfeldern angelegt:

- Schlüsselattribut ist die *Bilanznummer*, die mit der Positionsnummer gemäß dem Allgemeinen Öko-Kontenrahmen beginnt. Wird beispielsweise ein Rohstoff bilanziert, so beginnt seine Bilanznummer mit „1.1".
- Die *Materialklassennummer* enthält den unternehmensinternen Materialklassenschlüssel. Dieser Schlüssel wird üblicherweise in unternehmensweit gültigen *Nummernkreisen* (Kurbel 1998, 110ff) definiert und auch in anderen betrieblichen Informationssystemen wie PPS- oder Buchhaltungssystemen benutzt.

- Die *Materialklasse* beinhaltet die Bezeichnung der Materialklasse.
- Die *Bezeichnung* beinhaltet den gemäß Öko-Kontenrahmen zugehörigen Oberbegriff.
- Die *Menge* gibt die im Bilanzierungszeitraum angefallene Input- bzw. Outputmenge bezogen auf die Materialklasse an.
- Die Menge wird in der jeweils zutreffenden *Mengeneinheit* erfasst.

In der Prozessbilanz wird diese Sicht bis auf die Ebene der Einzelteile bzw. -stoffe verfeinert. Für die Aufschlüsselung von Einzelteilen und -stoffen werden dabei die Vorgaben aus dem Rechnungswesen wie z. B. Artikelnummer übernommen. Der zunehmende Detaillierungsgrad und die prozessorientierte Sicht der Bilanzierung erweitern den Bilanzraum auf alle Positionen des Allgemeinen Ökokontenrahmens und bedingt eine Erweiterung der Datenfelder einer Bilanzposition, die im Folgenden aufgeführt sind:

- *Materialnummer* des zu bilanzierenden Einzelteils oder -stoffs,
- *Materialbezeichnung*,
- *Menge* bezogen auf die Materialnummer,
- *Handelsname*, der ggf. eine externe Kennzeichnung z. B. eines Lieferanten beinhaltet.

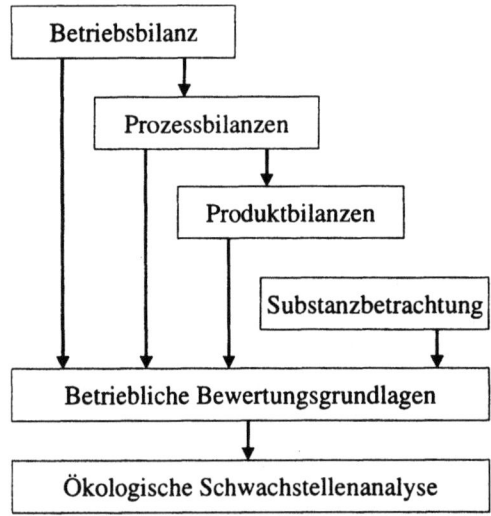

Abbildung 11: Systematik der Ökobilanzierung (Hallay/Pfriem 1992, 59)

Eine weitergehende Detaillierung findet dann in Produktbilanzierung statt. Hier werden die Bilanzpositionen bis zur stofflichen Zusammensetzung verfeinert. Hierfür werden die Datenfelder folgendermaßen ergänzt:

- *Art des Inhaltsstoffs*, der in einen Teil oder Stoff eingeht, der eine Bilanzposition in der Prozessbilanz darstellt,
- *Stoffmenge* bezogen auf den Inhaltsstoff.

Die genannten Bilanzarten bauen aufeinander auf. Die Prozessbilanz kann als Verfeinerung der Betriebsbilanz und die Produktbilanz als Verfeinerung der Prozessbilanz angesehen werden. Der Bilanzierung folgen dann Bilanzbewertung zur Berechnung entscheidungsrelevanter Umweltkennzahlen und Schwachstellenanalyse, worauf später genauer eingegangen wird. In Abbildung 11 sind die Zusammenhänge zusammengefasst.

Im Gegensatz zu Betriebsbilanzen sind Ökobilanzen in der Regel nicht ausgeglichen. Ausgeglichene Ökobilanzen lassen sich in der Regel nur für eng umrissene Betriebsbereiche oder Prozesse erreichen. Die Eigenschaft der nicht gegebenen Ausgeglichenheit lässt sich dadurch erklären, dass Energie- und Materialverluste nicht (z. B. bei Abwärme) oder nur ungenau (etwa bei Reststoffen in der Produktion) angegeben werden, so dass Differenzen zwischen Input- und Output-Seite unvermeidbar sind.

2.2 Ökobilanzierung mit BUIS

2.2.1 Informationsquellen

Im Prinzip kann die Ökobilanzierung zwar in der Form durchgeführt werden, dass alle Informationen systematisch gesammelt und in eine entsprechende Bilanzierungssoftware eingegeben werden, allerdings ist dies extrem aufwendig und auch unzweckmäßig, da eine Vielzahl von Informationen bereits in anderen Informationssystemen verfügbar ist (siehe auch Abbildung 4). Informationen zu Roh-, Hilfs- und Betriebsstoffen sowie Büromaterial und Handelswaren, die als Input in die Produktion eingehen, sind Grunddaten des *Beschaffungswesens* (Einkaufs) (Mertens 1998, 78ff), die dort als Wareneingänge verbucht werden. Die tatsächlichen Wareneingänge werden in der Wareneingangsprüfung durch Abgleich der in Lieferscheinen dokumentierten und tatsächlich gelieferten Warenmengen erfasst.

Informationen zum Energieverbrauch können Abrechnungen von Energieversorgern und protokollierten Zählerständen entnommen werden. Die verkehrsbedingten Energieverbräuche können den Fahrtenbüchern der Flotte entnommen werden.

Die ergiebigste Datenquelle für die Ökobilanzierung sind die Stammdaten der Produktionsplanung und -steuerung (PPS) (siehe auch Abbildung 6):

- Der *Teilestamm* enthält alle Informationen zu Endprodukten, Baugruppen und Einzelteilen sowie Hilfs- und Betriebsstoffen. Hier sind insbesondere auch eigengefertigte Halbfabrikate und Verbundstoffe dokumentiert. Der Begriff *Teil* ist damit Oberbegriff für Produkte, Halbfabrikate (= Baugruppen) und Material (=Kaufteile).

- *Erzeugnisstrukturen* bilden die Zusammensetzung von Teilen aus ihren Bestandteilen ab. Sie dienen als Grundlage für die Erzeugung von Stücklisten und Verwendungsnachweisen. Erzeugnisstrukturen werden üblicherweise als Graphen dargestellt, bei denen Knoten Teile und Kanten die Beziehung „besteht aus" (für *Stücklisten*) oder „geht ein in" (für *Verwendungsnachweise*) symbolisieren. Gängige Darstellungen sind:

    - *(n-äre) Erzeugnisstrukturbäume*: In dieser Darstellung ist jede Vater-Sohn-Beziehung als „Vater-Teil besteht aus Sohn-Teil" zu interpretieren. Kanten können gerichtet oder ungerichtet sein, wobei im letzten Fall die Richtung vom Vater- zum Sohn-Knoten verläuft. Kantengewichte repräsentieren Mengenkoeffizienten, die wiedergeben, aus welchen Mengen eines Sohn-Knotens eine Mengeneinheit eines Vaterknotens besteht. In einem Erzeugnisstrukturbaum dürfen Knoten, die gleiche Teile repräsentieren, mehrmals vorkommen.
    - *Gozintographen*: Gozintographen sind gerichtete Graphen, bei denen eine von einem Knoten X zu einem Knoten Y gerichtete Kante mit Gewicht a als „X geht bei der Herstellung von einer Mengeneinheit von Y mit a Mengeneinheiten ein" zu interpretieren sind. Knoten in Gozintographen sind eindeutige Repräsentanten von Teilen.

- Gozintographen und Erzeugnisstrukturbäume sind zueinander isomorphe Darstellungen. Ein Erzeugnisstrukturbaum wird in einen Gozintographen umgewandelt, indem alle gleichnamigen Knoten zu einem Knoten zusammengefasst werden und die Richtungen der Kanten umgekehrt werden. Einstufige Stücklisten, die lediglich ein Teil und seine direkt damit verbundenen unteren Teile umfassen, werden *Baukästen* genannt. Abbildung 12 zeigt exemplarisch den Ausschnitt einer Erzeugnisstruktur für einen Elektromotor und Tabelle 1 die daraus resultierende Stückliste. In der kontinuierlichen Fertigung werden an Stelle von Erzeugnisstrukturen und Stücklisten Rezepturen verwendet.

- Produktionsprozesse werden im Rahmen der PPS durch Arbeitspläne beschrieben. Ein *Arbeitsplan* ist die Beschreibung einer Prozesskette für die Transformation von Werkstücken vom Rohzustand in den Fertigzustand. Er besteht aus einer Liste oder einem Netz von Arbeitsgängen. Ein Arbeitsgang ist dabei eine elementare Arbeitseinheit. *Stammarbeitspläne* umfassen alle Verrichtungen (Arbeitsgänge), die zur Herstellung von Eigenfertigungsteilen (Endprodukte und Halbfabrikate) erforderlich sind. Sie beschreiben damit

2.2 Ökobilanzierung mit BUIS

Muster von Produktionsprozessen, die Grundlage für die Erstellung von Prozessbilanzen sind.

- *Betriebsmittelstammdaten* enthalten alle Grunddaten zu einzelnen Betriebsmitteln und ggf. Informationen zur hierarchischen Arbeitsplatzorganisation. Als *Betriebsmittel* werden alle für die Produktion notwendigen Ressourcen wie Maschinen, Personal Werkzeuge und Vorrichtungen bezeichnet. Auch die Betriebsmittelstammdaten sind für die Prozessbilanzierung relevant, da Betriebsmittel die maßgeblichen Energieverbraucher sind.

- Weiterhin gibt es *sonstige Stammdaten*, wie z. B. Betriebskalender, Schichtmodelle, Daten zu Werkzeugen und Vorrichtungen, Lagerdaten sowie Daten, die originär angrenzenden Informationssystemen zugeordnet sind (z. B. Kunden-, Lieferanten- und Personaldaten), jedoch häufig wegen fehlender Realisierungen der Informationssysteme oder inkompatibler Schnittstellen PPS-Systemen nicht zur Verfügung stehen.

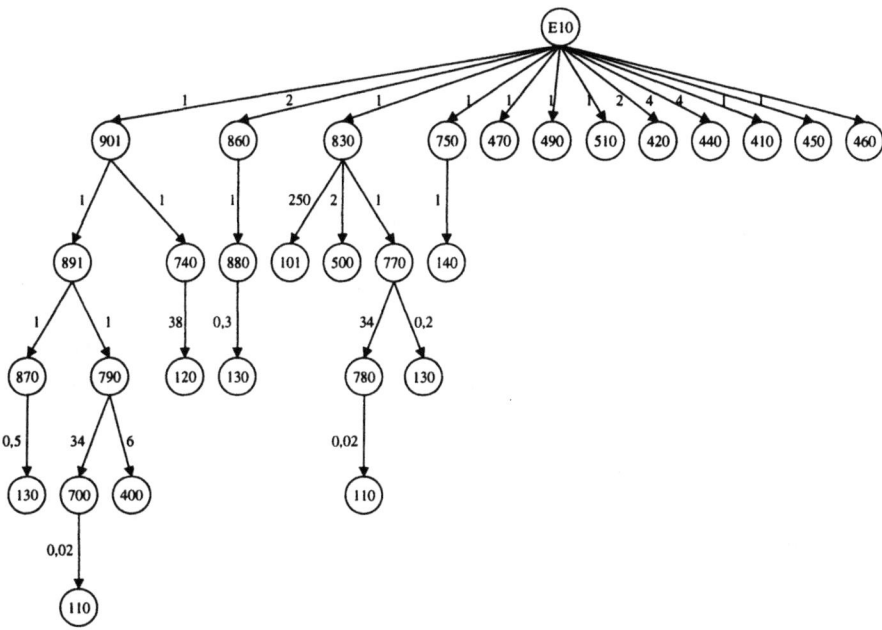

Abbildung 12: Erzeugnisstruktur

Stammdaten beschreiben die wesentlichen Strukturen, sagen allerdings noch nichts über die tatsächlichen Stoff- und Materialströme in der Produktion aus. Diese Informationen findet man in den *Auftragsdaten* der PPS:

- *Kundenaufträge* werden aus dem Vertrieb an die Produktion übergeben. Sie beschreiben den Anteil des Primärbedarfs, d. h. den Bedarf an Endprodukten, der direkt durch Kundenanforderungen ausgelöst wird.

- Wird anstatt oder neben der kundenauftragsorientierten Fertigung auch für einen anonymen Markt auf Lager produziert, ergibt sich der Primärbedarf aus der Produktionsprogrammplanung, die z. B. durch eine Absatzprognose den Bedarf an Endprodukten festlegt. Die Planungsergebnisse werden als *Lageraufträge* dokumentiert.

- Der Sekundärbedarf, d. h. der Materialbedarf an Kauf- und Eigenfertigungsteilen, der als Halbfabrikate für die Befriedigung des Primärbedarfs notwendig ist, wird im Rahmen der *Materialdisposition* ermittelt. Die Materialdisposition kann verbrauchs- und bedarfsgesteuert durchgeführt werden. Bei der *verbrauchsgesteuerten Disposition* werden die zukünftigen Materialbedarfe auf Basis von Vergangenheitsdaten prognostiziert. In der *bedarfsgesteuerten Disposition* werden die Materialbedarfe exakt an Hand der Stücklistenauflösung ermittelt (siehe unten). Für Kaufteile werden *Bestellanforderungen* generiert, die an die Beschaffung weitergegeben und dort weiter bearbeitet werden und für Eigenfertigungsteile werden *Fertigungsaufträge* angelegt. An Hand der Fertigungsaufträge lassen sich für die Prozessbilanzierung die Bedarfsverursacher für Material feststellen. Fertigungsaufträge werden wiederum zu *Fertigungsauftragsstrukturen* verbunden. Fertigungsstrukturen dokumentieren die tatsächlich geplanten und durchgeführten Produktionsprozesse.

Ohne allzu weit ins Detail zu gehen, soll an Hand eines einfachen Beispiels der Zusammenhang zwischen den wichtigsten Datenstrukturen der PPS dargestellt werden. Die Darstellung ist stark vereinfacht, reicht allerdings für die Schaffung eines Grundverständnisses für die Ökobilanzierung aus. Erzeugnisstrukturbäume (wie in Abbildung 12) bzw. Gozintographen geben nicht nur Auskunft über die Zusammensetzung von Teilen, sondern legen auch die Unterscheidung von Endprodukten, Baugruppen (d. h. Halbfabrikaten aus Eigenfertigung) und Material (d. h. zugekauften Teilen) offen. Von Endprodukten geht kein Pfeil ab, auf Kaufteile zeigt kein Pfeil und Knoten, auf die Pfeile zeigen und von denen auch welche abgehen, sind Baugruppen. Für jedes Eigenfertigungsteil, d. h. Endprodukt und Baugruppe, existiert ein Stammarbeitsplan, der wiederum (bei idealisierter Darstellung) eine Kette von Arbeitsgängen repräsentiert. Für die Durchführung von Areitsgängen sind Betriebsmittel erforderlich. Wird nun für ein Endprodukt A in einem Kunden- oder Lagerauftrag ein Primärbedarf von 10 Teilen festgelegt, dann werden die Sekundärbedarfe für die benötigten Baugruppen und Materialien ermittelt. Für die in Abbildung 13 als Gozintograph dargestellte Erzeugnisstruktur lassen sich durch stufenweise Multiplikation der errechneten Bedarfe mit den Mengenkoeffizienten die auftragsbezogenen Bedarfe ermitteln (dieses Verfahren

2.2 Ökobilanzierung mit BUIS

wird *Stücklistenauflösung* genannt). Beispielsweise wäre der Sekundärbedarf für Material C 40 und für die Baugruppe H 20 Mengeneinheiten.

Strukturstückliste Teil: Elektromotor, Teile-Nr.: E10				
Stufe	Teile-Nr.	Bezeichnung	Maßeinheit	Menge
1	901	Gehäuse (komplett)	St	1
.2	891	Gehäuse mit Ständebl. Paket	St	1
..3	870	Gehäuseblock (Alu)	St	1
...4	130	Aluminiumbarren	kg	0,5
..3	790	Ständerblechpaket komplett	St	1
...4	700	Ständerblechlamelle	St	34
....5	110	Elektroblechrolle 200 mm	m	0,02
...4	400	Niete 4x150 mm	St	6
.2	740	Ständerwicklung	St	1
..3	120	Kupferdraht Ø 0,5 mm	m	38
1	830	Welle komplett	St	1
.2	770	Läuferblechpaket komplett	St	1
..3	780	Läuferblechlamelle	St	34
...4	110	Elektroblechrolle 200 mm	m	0,02
..3	130	Aluminiumbarren	kg	0,2
.2	500	Kugellager	St	2
.2	101	Rundstahl 37x30 mm	St	250
1	860	Lagerdeckel m. Durchbruch	St	2
.2	880	Lagerdeckel (Alu)	St	1
..3	130	Aluminiumbarren	kg	0,3
1	750	Fußplatte 30x40 cm	St	1
.2	140	Blechtafel St 37	St	1
1	510	Klemmkastendeckel	St	1
1	490	Klemmbrett 3-polig	St	1
1	470	Mutter M4	St	1
1	460	Festkupplung Ø 14 mm	St	1
1	450	Kondensator 16 µ F	St	1
1	440	Sechskantschraube M 4x200	St	4
1	420	Sechskantschraube M 4x10	St	2
1	410	Sechskantschraube M 8x30	St	4

Tabelle 1: Stückliste zu Abbildung 12

Planungsgrundlage für die Herstellung der Baugruppen und Endprodukte sind Fertigungsaufträge. Sie sind im Prinzip Kopien von Arbeitsplänen, deren Arbeitsgänge um auftragsbezogene Mengen- und Termindaten ergänzt werden. Bei der Durchführung von Fertigungsaufträgen ist die aus der Erzeugnisstruktur vorgegebene Reihenfolge einzuhalten, die durch die Verbindung von Fertigungsaufträgen zu einer Fertigungsstruktur dokumentiert wird. Abbildung 13 zeigt eine Erzeugnisstruktur als Gozintograph und die zugehörige Fertigungsauftragsstruktur.

Informationen zu Output-Produkten sind in Form von *Lieferscheinen* dokumentiert. Die Erstellung von Lieferscheinen gehört zum Funktionsbereich *Versandlogistik* (Mertens 1998, 225ff). Für jedes Output-Gut, welches das Unternehmen verlässt, ist ein Lieferschein anzulegen, auch wenn es – warum auch immer – kostenlos ausgeliefert wird.

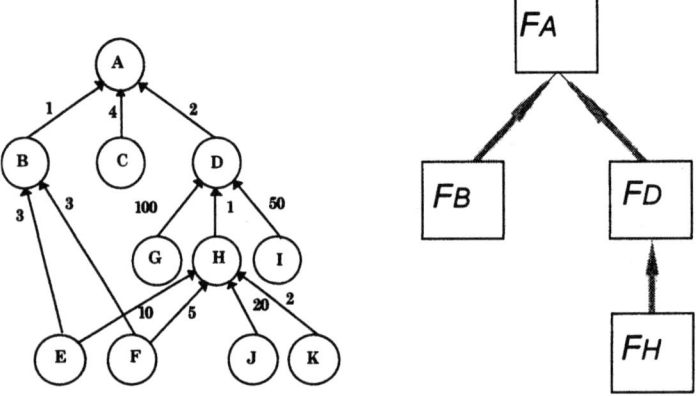

Abbildung 13: Erzeugnis- und Fertigungsauftragsstruktur

Für die Bilanzierung der Output-Emissionen können Informationen aus der Abfallwirtschaft herangezogen werden. Hierzu gehören Emissionsberichte, Entsorgungsnachweise, aber auch Abrechnungen von Entsorgern (z. B. Rechnungen der Kommunalverwaltung für die Klärung von Abwässern). BUIS zur Verwaltung dieser Informationen werden in Kapitel 4 näher behandelt.

2.2.2 Aufstellen einer Betriebsökobilanz

Bei der Aufstellung einer Betriebsökobilanz werden Informationen aus anderen Anwendungssystemen übernommen, bilanzgerecht strukturiert und ggf. ergänzt. Zunächst ist der Kontenrahmen dahingehend zu verfeinern, dass Teile und Stoffe Materialklassen und diese Kontenklassen des Ökokontenrahmens zugeordnet werden. Der Schlüssel einer Bilanzposition, die ein einzelnes Teil repräsentiert, setzt sich damit aus folgenden Teilen zusammen:

2.2 Ökobilanzierung mit BUIS

<Kontenklasse>.<Unterklasse>.<Materialklasse>.<Materialnummer>

aus Ökokontenrahmen   aus Rechnungswesen oder PPS-System

Bilanzposition in Betriebsökobilanz

Bilanzposition in Prozess- und Produktbilanz

Da in einer Betriebsökobilanz nicht Einzelteile oder Stoffe, sondern Materialklassen bilanziert werden, ist eine Aggregation von Einzelinformationen zu klassenbezogenen Informationen notwendig, da in den in Kapitel 2.2.1 genannten operativen betrieblichen Informationssystemen die Daten nur bezogen auf einzelne Vorgänge und Teile abgespeichert sind. Für die Aggregation ist eine Bottom-up-Vorgehensweise zweckmäßig, die hier am Beispiel eines Rohstoffs als Input-Gut erläutert wird. Zunächst werden alle Wareneingänge eines Rohstoffs, für den es eine Teile- oder Materialnummer gibt, summiert. Danach wird dann die Summe über alle Rohstoffe der gleichen Materialklasse gebildet. Formal stellt sich dies wie folgt dar:

Sei K eine Materialklasse, $R^K = \{r_1, ..., r_n\}$ die Menge aller Rohstoffe, die zur Materialklasse K gehören, und $W^{r_i} = \{w_1^{r_i},...,w_m^{r_i}\}$ die Menge aller Wareneingänge in Mengeneinheiten eines Rohstoffs $r_i \in R^K$, i $\in$ 1, ..., n. Die Bilanzmenge B^K der Materialklasse K berechnet sich dann nach folgender Formel:

$$(1) \; B^K = \sum_{i=1}^{n} \sum_{j=1}^{m} r_i w_j^{r_i}$$

In ähnlicher Weise wird auch mit Energien und Output-Gütern verfahren. Die entsprechenden Informationsquellen sind bereits in Kapitel 2.2.1 erläutert worden.

2.2.3 Prozessbilanzen

In der Betriebsökobilanz wird das Unternehmen als Black-Box angesehen, d. h. die betriebsinternen Prozesse bleiben unberücksichtigt. Sie ist damit zwar für die Gesamtdarstellung der Umweltbelastungen eines Unternehmens geeignet, allerdings weniger für die Ursachenforschung. Für letzteres ist eine detaillierte Untersuchung der Stoffströme und der zugrunde liegenden Prozesse erforderlich.

Die *Stoffstromanalyse* ist ein Funktionsbereich des Stoffstrommanagements. Hierbei wird für die zu analysierenden Stoffströme ein (semi-)formales Modell aufgestellt, das dann mit rechnergestützten Analysemethoden ausgewertet werden kann.

Neben anderen werkzeugindividuellen Darstellungsformen, wie sie z. B. in GaBi (einem System zur *Ga*nzheitlichen *Bi*lanzierung von Stoffströmen) verwendet werden (Pfleiderer et al. 1995), sind für die Modellierung von Stoff- und Energieströmen im Produktionsbereich sogenannte *Stoffstromnetze* entwickelt worden (Möller 1994), die auf Prädikat-Transitionen-Netzen (Pr/T-Netzen) basieren. Neuere Ansätze verwenden auch Fuzzy-Petri-Netze, um unscharfes Steuer- und Regelungswissen bzw. unscharfe Strategien adäquat abzubilden (Siestrup et al. 1996). Pr/T-Netze werden vor allem aufgrund der Möglichkeit zur Simulation des dynamischen Systemverhaltens durch Abfolgen von Markierungen anderen Modellierungssprachen vorgezogen. In Stoffstromnetzen werden Material und Energie als Marken unterschiedlichen Typs dargestellt. Die Anzahl der Marken repräsentiert die Menge in jeweils markenindividuellen Mengeneinheiten. Stellen repräsentieren als statische Komponenten eines Pr/T-Netzes (Zwischen-)Lager und Transitionen als aktive Komponenten Transformationsprozesse. Stellen und Transitionen werden dem realen Stoffstrom entsprechend über gerichtete Kanten miteinander verbunden.

Ein Pr/T-Netz ist eine „höhere" Form von Petri-Netzen (PN). PN bestehen grundsätzlich aus aktiven (Transitionen) und passiven Elementen (Stellen). Über gerichtete Kanten (Pfeile) dürfen Stellen mit Transitionen und Transitionen mit Stellen verbunden werden. Damit können PN als bipartite gerichtete Graphen charakterisiert werden. Der Zustand eines PN wird über seine Markierung modelliert. Hierfür können Stellen mit Marken belegt werden. Durch das „Feuern" von Transitionen werden die Markenbelegungen verändert, d. h. Zustandsänderungen herbeigeführt. In Pr/T-Netzen sind unterschiedliche Arten von Marken erlaubt, die zudem mehrfach vorkommen dürfen. Aufgrund dieser Eigenschaft werden Stellen hier Prädikate genannt. Eine Transition schaltet bzw. feuert, indem Marken aus den Prädikaten ihres Vorbereichs abgezogen und in Prädikaten ihres Nachbereichs zugefügt werden. Als Vorbereich wird die Menge der Prädikate bezeichnet, von denen ein Pfeil direkt auf die betreffende Transition zeigt. Analog dazu ist der Nachbereich die Menge aller Prädikate, auf die ein von der betreffenden Transition ausgehender Pfeil zeigt. Die Pfeile werden mit Funktionen beschriftet, sie definieren Schaltregeln, die festlegen, welche Marken in welchen Mengen beim Feuern einer Transition abgezogen bzw. hinzugefügt werden. Eine Transition feuert, wenn hinreichend Marken im Vorbereich verfügbar sind, um die Funktionen zu parametrisieren, und wenn im Nachbereich hinreichend Kapazität zur Aufnahme neuer Marken vorhanden ist. Für eine genauere Beschreibung von Pr/T-Netzen seien hier (Reisig 1986) und (Rosenstengel/Winand 1991) empfohlen.

Um sicherzustellen, dass die Stoffströme auf Basis realitätsnaher Informationen analysiert werden, sind für die Modellierung von Prozessen die in PPS-Systemen gespeicherten Produktionsprozesse in ein Stoffstromnetz abzubilden. Im Folgenden wird die grundlegende Vorgehensweise beschrieben.

2.2 Ökobilanzierung mit BUIS

Alle Vorgänge, bei denen eine Werkstück- oder Stofftransformation stattfindet, werden als Transitionen modelliert. Werkstück- und Stofftransformationen sind in PPS-Systemen als Arbeitspläne abgebildet. Beispielsweise gibt der Arbeitsplan AP_D zu Teil D aus Abbildung 13 an, wie die Werkstücktransformation ausgehend von den Teilen G, H und I zum Teil D abläuft. Für jeden Arbeitsplan lässt sich der Materialbedarf, wenn er nicht explizit im PPS-System angegeben wird, aus der Stückliste des Werkstücks ableiten. So ist der Materialbedarf für ein Teil D direkt aus den Mengenkoeffizienten seines Baukastens ablesbar. Auch der Energiebedarf für die Durchführung einer Werkstücktransformation lässt sich aus dem Arbeitsplan ermitteln, da die zum Arbeitsplan gehörenden Arbeitsgänge Verweise auf die benötigten Betriebsmittelkapazitäten enthalten. Ist der Energieverbrauch eines Betriebsmittels pro Zeiteinheit bekannt, dann kann der Energieeinsatz durch Multiplikation des Kapazitätsbedarfs mit dem Energieverbrauch pro Zeiteinheit berechnet werden.

Vor- und Nachbereiche der Transitionen bilden dann Stellen, die Material-, Stoff- und Energiepuffer darstellen. Pro Material-, Stoff- oder Energieart wird dann je ein Markentyp angegeben, wobei pro (sinnvoll gewählter) Mengeneinheit eine Marke in den Puffer gegeben wird. Beispielsweise ist daher im Vorbereich der Transition t^{AP_D}, die Arbeitsplan AP_D zur Werkstofftransformation von G, H und I in D repräsentiert, ein Prädikat zu platzieren, das Marken der Art M_G, M_H und M_I aufnehmen kann. Weiterhin sollte sie eine weitere Markenart für den Energieverbrauch der Betriebsmittel aufnehmen können. Entsprechend muss im Nachbereich ein Prädikat zur Aufnahme von Marken der Art M_D und auch für die in diesem Transformationsprozess anfallenden Abfälle vorhanden sein.

Während aus Arbeitsplänen die grundlegende Prozessstruktur abgeleitet werden kann, ist die konkrete Belegung der Stellen mit Marken in den Fertigungsaufträgen dokumentiert. Für den Beobachtungszeitraum sind daher die in den Fertigungsaufträgen dokumentierten Sekundärbedarfe zu summieren und als Marken dem Stoffstromnetz hinzuzufügen. Auf der Output-Seite gibt es allerdings ein Problem: In PPS-Systemen wird in der Regel nur der erwünschte Output, aber nicht der unerwünschte Output dokumentiert. Lediglich die Ausschussmengen lassen sich an Hand von Ausschussquoten und Angaben zum Rüstausschuss ermitteln; sonstige Produktionsabfälle (wie z. B. Späne, Stäube o. ä.) werden nicht dokumentiert. Diese Informationen sind auch nicht in Entsorgungsnachweisen o. ä. dokumentiert, da hierin die Beziehung zu erzeugenden Prozessen fehlen. So bleibt in der Regel nichts anderes übrig, als diese Informationen vor Ort in der Produktion zu sammeln und „von Hand" hinzuzufügen.

Abbildung 14 zeigt exemplarisch ein einfaches *Stoffstromnetz*, das mit dem Werkzeug Umberto erstellt wurde (Häuslein et al. 1995). Je nach Konfiguration und Detaillierungsgrad des Modells lassen sich hier einzelne Prozesse oder alle Prozesse eines Betriebs modellieren. Der Stoffstrom als dynamisches Element des

Modells ergibt sich dann aus dem Markenfluss. Beobachtet man den Markenfluss maßstabgetreu zur Realität, dann ist das Stoffstromnetz auch ein Simulationsmodell.

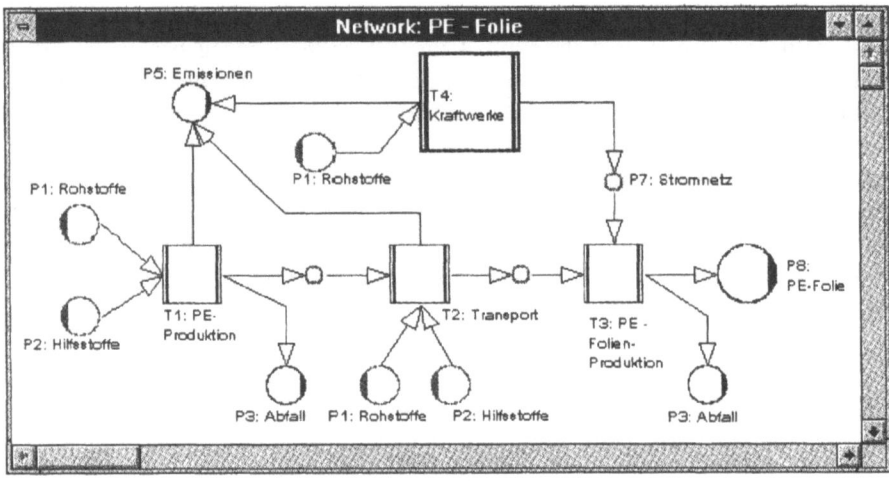

Abbildung 14: Stoffstromnetz

Input

Materials	Mass/Energy
Braunkohle	1.30945E0 kg
Erdgas	1.0999E-1 kg
Erdöl	5.6683E1 1
Hilfsstoffe	8.0315E-2 kg
Kernkraft	3.59239E4 kJ
Steinkohle	6.8709E-1 kg
Verpackung	2.1052E-1 kg
Wasserkraft	9.79743E2 kJ
Wasserstoff	2.5515E-1 kg
Σ Mass: 4.6256E1 kg Energy: 3.69E4 kJ	

Output

Materials	Mass/Energy
Abfälle	7.8126E-1 kg
B(a)P	1.959E-10 kg
Cd	4.0496E-9 kg
CO	8.4438E-3 kg
CO2	6.19811E1 kg
HCl	1.7472E-4 kg
HF	7.6746E-5 kg
Kohlenwasserstoffe	9.5389E-5 kg
NOX	1.9173E-2 kg
Partikel	1.0050E-3 kg
Pb	3.2494E-8 kg
PE-Folie	200 m
Σ Mass: 7.29937E1 kg Energy:	

Abbildung 15: Stoff- und Energiebilanz (vereinfachte Darstellung)

Eine Ökobilanz lässt sich für einen Beobachtungsgegenstand erstellen, in dem man innerhalb des Stoffstromnetzes Bilanzgrenzen festlegt. Durch Stoffstromnetze können prinzipiell beliebige Schnitte gesetzt werden, wobei ein transitionsberandetes Teilnetz, das zwischen den Rändern dieser Schnitte dargestellt ist, einen Produktionsprozess bzw. Teilprozess darstellt. Die Markenarten und -mengen an allen Input-Stellen der Bilanzgrenzen bilden die Input-Seite der Ökobilanz und analog dazu die Markenarten und -mengen an allen Output-Stellen der Bilanzgrenzen die Output-Seite. In Abbildung 14 ist das gesamte Netz innerhalb der Bilanzgrenze dargestellt. Input-Stellen sind dann P1 und P2 und Output-Stellen P7 und P8. Abbildung 15 zeigt exemplarisch eine Ökobilanz als Ergebnis einer Stoffstromanalyse.

Wird als Bilanzgrenze genau die Unternehmensgrenze gewählt, d. h. sind innerhalb der Bilanzgrenze genau alle innerbetrieblichen Prozesse erfasst, dann ist die ermittelte Bilanz auch eine Betriebsökobilanz. Bemerkenswert ist auch, dass ein Stoffstromnetz, das alle Ressourcen und Transformationen, die ein bestimmtes Werkstück (als Marke modelliert) durchläuft, auch zur Lebensweganalyse dieses Werkstücks geeignet ist. Allerdings scheitern Bemühungen, Betriebsöko- oder Lebenswegbilanzen mit Stoffstromnetzen aufzustellen, häufig an der Komplexität der Aufgabenstellung.

2.2.4 Produktlebenswegbilanzen

Produktlebenswegbilanzen sind im Prinzip Verlängerungen der Prozessbilanzen über die Betriebsgrenzen hinaus. Dabei werden die Bilanzobjekte bis auf einzelne Stoffe, aus denen Teile oder andere Stoffe bestehen, heruntergebrochen. Die Bilanzgrenzen bilden dabei natürliche Ressourcen, die Quellen für die Stoffgewinnung oder Senken für die vorläufig endgültige Beseitigung sind.

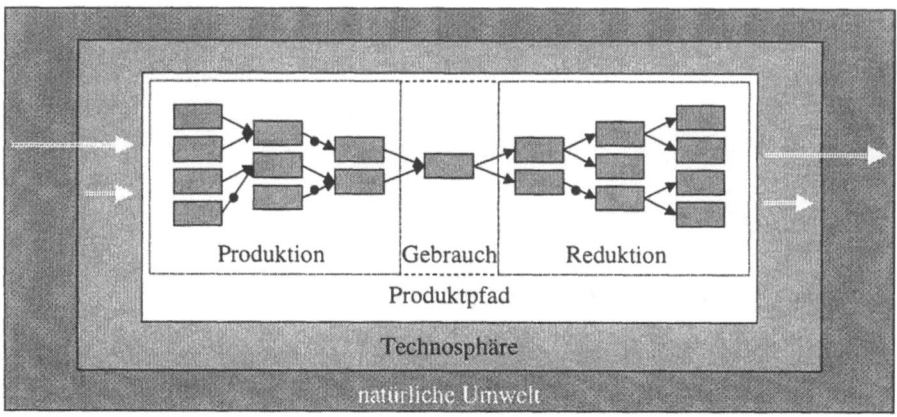

Abbildung 16: Produktpfad und Umsystem bei CUMPAN

Ein umfassendes Konzept für die Produktbilanzierung ist im System CUMPAN (computergestützte umweltorientierte Produktbilanzierung) implementiert (Dold 1996, 143 ff). Hierbei werden alle Stoff- und Energietransformationen eines Produkts über die Lebensphasen Produktion, Gebrauch und Reduktion in einem *Produktpfad* modelliert. Die Stoff- und Energietransformationen sind über Stoff- und Energieflüsse oder Transportvorgänge miteinander verbunden. Die Bilanzgrenze umschließt alle Elemente eines Produktpfads. Die Beziehungen zum Umsystem des Produktpfads, das aus der Technosphäre außerhalb des Produktpfads und der natürlichen Umwelt besteht, werden über Flüsse modelliert. Die einem Produktpfad zu Grunde liegende Prozesskette wird als Prozessbaum modelliert, da Prozessbäume aus Erzeugnisstrukturbäumen abgeleitet werden können. Allerdings werden in Erzeugnisstrukturen Transporte nicht abgebildet, da Transporte Teile nicht verändern. Transporte sind daher explizit in den Prozessbaum zu ergänzen. Abbildung 16 zeigt die Grundstruktur eines Produktpfads und die umgebenden Flüsse.

Die Stoff- und Energietransformationsprozesse lassen sich aus Erzeugnisstrukturen und Arbeitsplänen konstruieren. Kommt kein Transportprozess in einem Arbeitsplan vor, dann repräsentiert ein Rechteck in Abbildung 16 ein Eigenfertigungsteil mit zugeordnetem Arbeitsplan. Gehört ein Transportprozess dazu, dann wird der Prozess an dieser Stelle aufgespalten und mit einem Pfeil für einen Transportprozess verbunden (siehe Abbildung 17).

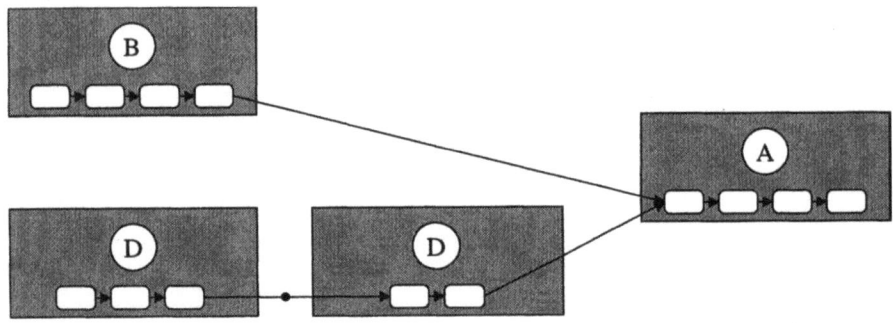

Abbildung 17: Stoff- und Energietransportprozesse

Als Input-Flüsse für jeden Stoff- und Energietransformationsprozess werden Rohstoffe, Energieträger (Kohle, Erdöl, Erdgas o. ä.) und Energie und als Output-Flüsse warenförmige und nicht-warenförmige Kuppelprodukte sowie Abwärme betrachtet. *Kuppelprodukte* entstehen als ungewünschter Output neben dem gewünschten Output (Produkten). Warenförmige Kuppelprodukte sind am Markt veräußerbar, während unter den nicht-warenförmigen Kuppelprodukten Abfälle sowie gasförmige und flüssige Emissionen subsumiert werden. Bei Transportvorgängen werden als Output-Fluss nur die nicht-warenförmigen Kuppelprodukte berücksichtigt.

2.2 Ökobilanzierung mit BUIS

Aus diesem Modell können Sachbilanzen für Produktion, Gebrauch und Reduktion sowie Transport und Energiebereitstellung erstellt werden. Bei der Berechnung der Bilanzmengen wird prinzipiell wie bei der Stücklistenauflösung vorgegangen, was durch die Tatsache begünstigt wird, dass die Stoff- und Energietransformationsprozesse in Produktions- und Reduktionsphase baumartig verbunden sind. Wie in Erzeugnisstrukturen, sind auch hier die Kanten mit Mengenkoeffizienten zu versehen. Bezugsgrößen für diese Mengenkoeffizienten sind die Mengen an Hauptprodukten, die in einem Stoff- und Energietransformationsprozess entstehen (in der Produktion) bzw. eingehen (in der Reduktion). *Hauptprodukte* sind erwünschter warenförmiger Output (in der Produktion) bzw. Input (in der Reduktion). Abbildung 18 zeigt das Prinzip an Hand eines Produktionsprozesses für Hauptprodukt X. Um eine Mengeneinheit von X zu produzieren, müssen aus den Vorgängerprozessen 2 bzw. 4 Mengeneinheiten von deren Hauptprodukten V1 und V2 bereitgestellt werden. Weiterhin werden noch zwei Mengeneinheiten externen Inputs benötigt und 7 Mengeneinheiten externen Outputs erzeugt, von denen 0,5 Mengeneinheiten warenförmiger Output ist.

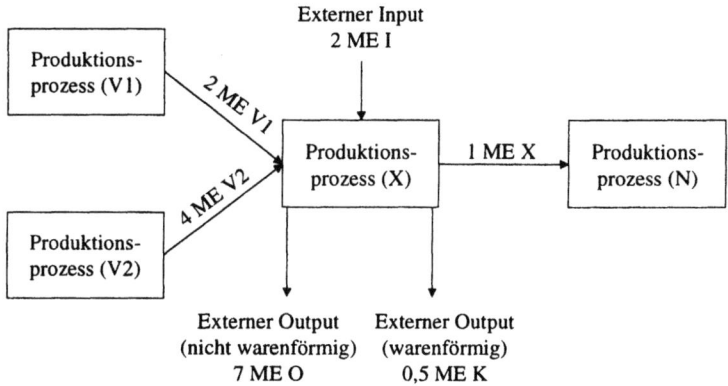

Abbildung 18: Mengenkoeffizienten im Produktpfad

Die Tatsache, dass hier auch Kuppelprodukte explizit berücksichtigt werden, bringt es mit sich, dass sich die Inputmengen nicht nur auf das Hauptprodukt beziehen. Da mit jeder Mengeneinheit des Hauptprodukts, das Gegenstand der Produktbilanz ist, auch noch 0,5 Mengeneinheiten eines warenförmigen Nebenprodukts entstehen, geht im Beispiel ein Drittel des Inputs in das Nebenprodukt ein. Demnach sind die Input-Koeffizienten mit einem Gewichtungsfaktor von 0,66 zu multiplizieren, da nur dieser Anteil des Inputs *umweltbelastend* in das Produkt eingeht.

2.3 Bilanzbewertung

Ökobilanzen haben zumindest bis hierhin nur dokumentierenden Charakter. Für eine Maßnahmenplanung ist jedoch eine Bilanzanalyse erforderlich, deren Ziel die Ermittlung entscheidungsrelevanter Umweltkennzahlen ist. Eine *betriebliche Umweltkennzahl* ist eine umweltrelevante Größe in Form einer absoluten oder relativen Zahl, die gezielt einen betrieblichen Sachverhalt mit erhöhtem Erkenntniswert beschreibt (Kottmann 1997). Umweltkennzahlen können aus Einzeldaten und anderen Umweltkennzahlen berechnet werden, wodurch *Kennzahlensysteme* entstehen. Der Bilanzbewertung folgt die *ökologische Schwachstellenanalyse*. Ziel der Schwachstellenanalyse ist die Identifikation von Betriebsbereichen, in denen Umweltschutzmaßnahmen sinnvoll bzw. notwendig sind.

Der mengenmäßige Wert einer Bilanzposition sagt noch nichts über dessen ökologische Schädlichkeit aus. Für die Bewertung der Schädlichkeit von Stoffen und Material gibt es verschiedene Verfahren, z. B.:

- In der *ABC-Analyse* werden Stoffe bezogen auf bestimmte Bewertungskriterien Gefahrenklassen von A (gefährlich) bis C (harmlos) zugeordnet (Arndt 1997, 175ff).

- Die Berechnung von *Umweltbelastungspunkten (UBP)* durch Multiplikation von Ausbringungsmengen und einem Umweltbelastungsfaktor.

- *Relativbewertungsverfahren* geben dem Entscheider ein Instrument in die Hand, mit dem er die Gewichtungsfaktoren selbst festlegen und über vergleichende Auswertungen interpretieren kann.

- Die *SETAC-* (Society for Environmental Toxicology and Chemistry) und die *MIPS-Methode* (Material-intensity per service-unit) wurden speziell für die Analyse von Produktlebenswegbilanzen entwickelt.

Im Folgenden werden die genannten Verfahren für Bilanzbewertung und -analyse näher betrachtet.

2.3.1 ABC-Analyse

Mit der ABC-Analyse des IÖW werden die einzelnen Bilanzpositionen an Hand von insgesamt 10 Kriterien auf ihre Umweltschädlichkeit hin bewertet. Die Kriterien der ABC-Analyse und ihre Bewertungsgrundlagen für die Zuordnung zu den Kategorien A, B und C sind in Tabelle 2 zusammengefasst.

2.3 Bilanzbewertung

Kriterium	A	B	C
1. Einhaltung umweltrechtlicher Rahmenbedingungen	Werden nicht eingehalten.	Werden eingehalten, allerdings sind Verschärfungen zu erwarten.	Werden eingehalten und es sind keine Verschärfungen zu erwarten.
2. Gesellschaftliche Anforderungen	Starke Kritik bis hin zu direkten Forderungen nach Einschreiten des Staates vorhanden.	Kritik vorhanden.	Keine Kritik vorhanden bzw. bekannt.
3. Umweltbelastungspotenzial			
3.1 Toxizität	Besondere Gesundheitsgefährdung.	Gesundheitsgefährdung besteht.	Nach vorliegendem Kenntnisstand keine Gesundheitsgefährdung.
3.2 Luftbelastung	Gas-, dampf- und staubförmige Umwelteinwirkungen, die zur Zerstörung der Ozonschicht beitragen.	Gas-, dampf- und staubförmige Umwelteinwirkungen, die zur Smog- und Staubbildung beitragen.	Nach vorliegendem Kenntnisstand kein Beitrag zur Umweltbelastung.
3.3 Wasserbelastung	Gehört zur Wassergefährdungsklasse (WGK) 2 oder 3 (wassergefährdend).	Gehört zur WGK 1 (schwach wassergefährdend).	Gehört zur WGK 0 (nicht wassergefährdend).
4. Störfallrisiko	Hohe Störfallgefahr.	Mittlere Störfallgefahr (d. h. ggf. besteht Gefahr für Mensch und Umwelt).	Nach vorliegendem Kenntnisstand besteht keine Störfallgefahr.
5. Lebensstufen Rohstoffgewinnung bis Produktnutzung	Besonders bedeutendes ökologisches Problem.	Ökologisches Problem besteht.	Nach vorliegendem Kenntnisstand besteht kein ökologisches Problem.
6. Entsorgung	Entsorgung als Sonderabfall.	Entsorgung als Siedlungsabfall.	Keine Entsorgung, da Recycling oder Kompostierung.
7. Recyclingfähigkeit	Nicht recyclingfähig (d. h. es existiert kein Recyclingverfahren).	Bedingt recyclingfähig.	Gut recyclingfähig.
8. Internalisierte Umweltkosten	Hohe Kosten.	Mittlerer Aufwand.	Kein bzw. niedriger Aufwand.

Tabelle 2: Kriterien und Zuordnungen der ABC-Analyse

Einige Anmerkungen zu Tabelle 2:

- Die Kriterien Toxizität, Luftbelastung und Wasserbelastung sind zu einem Oberkriterium *Umweltbelastungspotenzial* (ökologisches Normalfallrisiko) zusammengefasst. Hierbei wird das Gefährdungspotenzial unabhängig von der Art des Einsatzes eines Stoffs beurteilt.

- Mit dem Kriterium 5 *Lebensstufen von Rohstoffgewinnung bis Produktnutzung* wird bei Input-Gütern im Wesentlichen die ökologische Belastung bewertet, die durch die Rohstoffgewinnung außerhalb des Einflussbereichs des produzierenden Unternehmens verursacht wird. Die produktionsbedingten Belastungen sind insbesondere für die Bewertung von Output-Gütern relevant. Hier können verschiedene Einzelprobleme heuristisch aggregiert werden, was für die Bewertung von Output-Gütern als ausreichend angesehen wird (Frings/Lehmann 1991, 26f).

- *Bedingt recyclingfähig* als mögliche Ausprägung des Kriteriums 7 sind Güter genau dann, wenn durch das Recycling nur minderwertige Stoffe bzw. Materialien gewonnen werden, nur ressourcenintensive Recyclingverfahren existieren, Recyclingverfahren nachteilige Umweltwirkungen haben oder noch nicht Stand der Technik sind.

- *Internalisierte Umweltkosten* sind solche, die „eigentlich" von der Allgemeinheit getragen werden (also externe Kosten sind) aber durch Auflagen, Strafen, Ökosteuern usw. wieder internalisiert werden. Hierzu gehören insbesondere auch Versicherungen gegen die zivilrechtlichen finanziellen Folgen von Umweltschäden.

Die Kriterien sind nicht unabhängig voneinander. Beispielsweise bedeutet die Nichteinhaltung umweltrechtlicher Rahmenbedingungen stets, dass ein Unterkriterium der Klasse 3 ebenfalls mit A bewertet sein muss. Der Umkehrschluss ist allerdings nicht zulässig, da in der ABC-Analyse Material und Stoffe grundsätzlich mengenunabhängig bewertet werden. Wird z. B. ein extrem giftiger Stoff in so geringem Ausmaß emittiert, dass die vorgeschriebenen Grenzwerte auf lange Sicht nicht erreicht werden, dann wird Kriterium 3.1 mit A und Kriterium 1 mit C bewertet. Ein anderes Beispiel findet sich im Bereich Entsorgung. Kriterium 7 ist gewissermaßen die Fortschreibung von Kriterium 6, da nur solche Güter bedingt oder gut recyclingfähig sein können, für die keine Entsorgung notwendig ist.

Weiterhin ist bemerkenswert, dass die Gewichte der Ausprägungen unterschiedlich sind. Wird Kriterium 1 mit A bewertet, dann ist die Nichteinhaltung gesetzlicher Rahmenbedingungen unzweifelhaft unverzüglich zu beheben und andere Kriterien sind unerheblich, während die Bewertung von Kriterium 7 mit A verhältnis-

2.3 Bilanzbewertung

mäßig harmlos ist, wenn der so bewertete Stoff als Siedlungsabfall beseitigt werden kann.

Damit wird offensichtlich, dass eine Aggregierung der Kriterien problematisch ist. Sie ist in der Bilanzbewertung allerdings auch nicht bzw. nur in bestimmten Fällen gefordert. So ist lediglich in der Prozessbilanzierung eine Gesamtbewertung des Prozesses nach Kriterium 1 gefordert. Für Produktbilanzen wird vorgeschlagen, zur Aufwandsbegrenzung nur die Kriterien 3 und 4 für die Bewertung heranzuziehen und nach vorgelagerten, betrieblichen und nachgelagerten Lebenszyklusphasen aufzuschlüsseln.

Die ABC-Analyse ist z. B. im Ökocontrolling-System UCS1 der PSI AG implementiert (Arndt 1993, 74ff).

Ein wesentlicher Kritikpunkt an der ABC-Analyse ist die Tatsache, dass die Umweltbelastungen mengenunabhängig bewertet werden. Gerade aber z. B. das bereits oben erwähnte Kriterium der Toxizität ist hochgradig mengenabhängig, wie bereits das berühmte Zitat von Theophrastus von Hohenheim, genannt Paracelsus (1493-1541), belegt: „Alle Dinge sind Gift, nur die Dosis bewirkt, dass ein Ding kein Gift ist". Aber auch die Bewertung der Recyclingfähigkeit kann mengenabhängig sein, wenn sich die Demontage z. B. erst ab einer bestimmten Menge an Recyclinggütern lohnt.

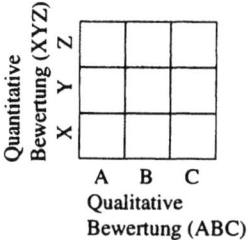

Abbildung 19: Portfolio zur Kombination von XYZ- und ABC-Analyse

Für die Kombination der qualitativen ABC-Analyse mit den bilanzierten Mengen ist die Erweiterung des Verfahrens um eine *XYZ-Einstufung* erforderlich (Stahlmann 1994, 188). Dabei bedeutet X „große Menge", Y „mittlere Menge" und Z „geringe Menge". Dabei ist die Menge immer auf einen Zeitraum bezogen und oftmals auch noch in Beziehung zu einer Aufnahmekapazität (in diesem Fall repräsentiert die Menge eine *Stoffkonzentration*). Stellt man qualitative und mengenmäßige Bewertung in einem Portfolio (Heinrich 1998, 360ff) gegenüber, dann lassen sich daran quantitativ relativierte Aussagen der ABC-Analyse ableiten. Abbildung 19 zeigt das Grundmuster eines solchen Portfolios. Wird es auf die Kriterien Toxizität für einen Stoff, der in geringen Konzentrationen giftig ist (in

Abbildung 20 links) und einen Stoff der erst ab einem recht hohen Grenzwert als giftig gilt angewendet, dann zeigt sich, dass sich im Bereich der mittleren Bewertungen die Ausprägungen verschieben. Grundlage für den Grad der Verschiebung ist ein Normstoff, der so zu wählen ist, dass alle Zeilen „ABC" ergeben (Abbildung 20 mitte). Dieser Stoff hat die Eigenschaft, in großen Konzentrationen hochgradig giftig, in mittlerer Konzentration giftig und in geringen Konzentrationen ungiftig zu sein. Dieser Normstoff kann auch fiktiv sein und muss unternehmensindividuell bestimmt werden.

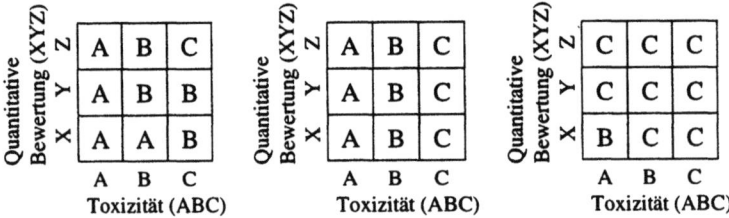

Abbildung 20: Gegenüberstellung von Toxizität und Menge in XYZ/ABC-Portfolio

Für die Ableitung quantitativ relativierter ABC-Bewertungen ist zunächst jedem bilanzierten Stoff das zutreffende Portfolio zuzuordnen. Bezogen auf einen bestimmten Auswertungszeitraum repräsentiert die zutreffende Zelle eines *XYZ/ABC-Portfolios* die konkrete mengenmäßige Bewertung eines Stoffs.

2.3.2 Umweltbelastungspunkte (UBP)

Die Methode zur Berechnung von *Umweltbelastungspunkten* (UBP – auch *Ökopunkte* genannt), im Folgenden vereinfacht *UBP-Methode* genannt, wurde im Auftrag des Schweizer Bundesamtes für Umwelt, Wald und Landschaft (BUWAL) entwickelt (Ahbe et al. 1990). UBP berechnen sich aus der Multiplikation von Bilanzmengen und einem *Umweltbelastungsfaktor* (UBF). Der UBF stellt ein Maß für ökologische Knappheit dar. Dabei werden zwei Arten von Knappheit unterschieden:

- Die *Ratenknappheit* bezieht sich auf Güter, die durch die Medien Wasser, Boden oder Luft innerhalb eines bestimmten Zeitraumes wieder regeneriert werden können. Dabei ist das Regenerationsvermögen nach oben begrenzt. Diese Obergrenze wird *kritische Fracht* F_k bzw. *kritischer Stofffluss* genannt.

- Die *Kumulativknappheit* gilt für nicht-regenerative Güter. Bei diesen Gütern muss man davon ausgehen, dass sie nach einer bestimmten Zeitspanne aufgebraucht sind. Liegt diese Zeitspanne innerhalb von 30 Jahren (d. h. einer Generation), dann wird ein Gut als knapp angesehen. Die kumulative Knappheit

2.3 Bilanzbewertung

berechnet sich dann aus dem Verhältnis zwischen bekannten Vorräten und dem auf 30 Jahre hochgerechneten durchschnittlichem Jahresverbrauch.

Der UBF berechnet sich aus dem Verhältnis von aktueller Fracht F und kritischer Fracht F_k. Mit dem UBF wird allerdings nicht die tatsächlich bilanzierte Menge, sondern ein Standard- oder Durchschnittswert des bilanzierten Stoffs zu UBP multipliziert. Für die Berechnung von UBP hat das BUWAL eine Liste von UBF zusammengestellt, die für die Bilanzanalyse in einigen Informationssystemen für die Ökobilanzierung (z. B. Umberto) verfügbar ist. UBP sind ökologische Kennzahlen ohne Maßeinheit und können daher problemlos zu Gesamtwerten für mehrere Stoffe addiert werden. Auf diese Weise lassen sich UBP für beliebige *Bilanzräume* wie einzelne Stoffe, Stoffgruppen, Prozesse, Betriebe oder Produktlebenswege ermitteln. Sind in einem Bilanzraum B n Stoffe mit Bilanzmenge m_i und Umweltbelastungsfaktor UBF_i für einen Stoff i (i $\in$ 1, ..., n) erfasst, dann berechnen sich die Umweltbelastungspunkte UBP_B hierfür wie folgt:

$$(2) \quad UBP_B = \sum_{i=1}^{n} m_i \cdot UBF_i$$

Wie alle Kennzahlen, sind auch UBP nur dann aussagefähig, wenn sie mit anderen Kennzahlen verglichen werden können. Die Aussage, dass die Betriebsbilanz eines Unternehmens mit 297 Mio. UBP bewertet wurde, sagt allein noch wenig aus. Als Vergleichsmaßstäbe können z. B. Ergebnisse aus anderen Perioden oder auch Erweiterungen bzw. Eingrenzungen des Bilanzraums herangezogen werden. Eine an der Universität Zürich durchgeführte Fallstudie in der Nahrungsmittelindustrie (Alb et al. 1991) zeigt, dass bei einer Eingrenzung des Bilanzraums zunächst auf die Bereiche Energie, Schadstoffe und Boden die flüssigen Schadstoffe einen Anteil von 142 Mio. UBP der 297 Mio. UBP des Unternehmens haben. Bei weiterer Eingrenzung zeigt sich, dass Phosphate hieran mit 116 Mio. UBP beteiligt sind. Die Erweiterung des Bilanzraums auf die Vorstufe Energie und die Nachstufe Abwasser führt zu einer Erhöhung um 743 Mio. UBP, was vor allem auf die Erzeugung von Elektrizität zurückzuführen ist.

Für die Unternehmensleitung stellt sich nun die Frage, welche Maßnahmen zu ergreifen sind. Zwei mögliche Entscheidungsregeln sind:

1. Dort, wo die meisten UBP anfallen, lohnt es sich, Maßnahmen anzusetzen.
2. Maßnahmen sind dort anzusetzen, wo das Unternehmen unmittelbar verantwortlich ist und unmittelbare Einflussmöglichkeiten hat.

Unter der Annahme, dass sich der Energieverbrauch aus welchen Gründen auch immer nicht signifikant reduzieren lässt, wäre gemäß Regel 1 der lohnendste Bereich der Bau von Kraftwerken mit höherem Wirkungsgrad als bisher. Dies liegt allerdings außerhalb des unmittelbaren Einflussbereichs des Unternehmens (Regel 2), so dass als Maßnahme die Verringerung der Phosphatfracht bleibt.

Die UBP-Methode ist in einer Studie der Gesellschaft zur Förderung der schweizerischen Wirtschaft (wf) ausführlich kritisiert worden (Gilgen et al. 1993, 17ff). Insgesamt sind fünf grundlegende Mängel herausgearbeitet worden:

- Die Methode ist einseitig ökologisch ausgerichtet und berücksichtigt insbesondere keine wirtschaftlichen Parameter.

- Für die Bewertung werden ausschließlich Standard- und Durchschnittswerte herangezogen, die nicht zwangsläufig die betriebliche Realität widerspiegeln.

- Die UBP-Methode basiert auf der Grundannahme der Nutzwertanalyse, dass sich der (in diesem Falle negative) Nutzen (=Schaden) aus der Summe aller Einzelschäden ergibt (siehe auch (2)). Hierdurch wird unterstellt, dass die Schäden der bilanzierten Stoffe unabhängig voneinander sind, was allerdings nicht den realen Bedingungen entspricht. Beispielsweise kann eine (ökologisch durchaus sinnvolle) Verringerung des Frischwasserbedarfs in frühen Produktionsstufen dazu führen, dass später im Abwasser unzulässige Schadstoffkonzentrationen vorkommen, da der Verdünnungseffekt ausbleibt.

- Die Berechnung der UBF orientiert sich am momentanen politischen Konsens und ist damit zeitabhängig. Kenntnisse um Schädlichkeit und Knappheit unterliegen aufgrund der wissenschaftlichen Fortschritte oder auch politischer Einsicht jedoch einem stetigen Wandel, der in der Methode jedoch unberücksichtigt bleibt. So galt z. B. FCKW bis zu dem Zeitpunkt, wo die wissenschaftlichen Ergebnisse zur schädigenden Wirkung auf die Ozonschicht politisch akzeptiert wurden, als verhältnismäßig harmlos.

- Die Methode suggeriert, dass sich die Entscheidung für geeignete Umweltschutzmaßnahmen durch einen Computer getroffen werden kann. Dies widerspricht jedoch der Forderung nach abwägendem und verantwortungsbewusstem Handeln durch das Management.

Als Konsequenz aus dieser Kritik ist im Auftrag der wf ein umfassendes Umweltmanagement-Konzept mit der nach heutigem Kenntnisstand etwas irreführenden Bezeichnung „Betriebliches Umweltinformationssystem (BUIS)" entstanden (Gilgen et al. 1993). Hierbei wird für die Bilanzanalyse ein Verfahren vorgeschlagen, dass der ABC-Analyse ähnelt, allerdings andere Darstellungsformen verwendet. Dieses Verfahren hat sich allerdings nicht durchsetzen können und wird daher auch nicht weiter behandelt.

2.3 Bilanzbewertung

Ein anderes Verfahren, dass ebenfalls auf der Grundlage einer Art Umweltbelastungsfaktoren arbeitet, soll hier allerdings kurz erwähnt werden, da es ein früher integrierter Ansatz zur ökonomischen und ökologischen Bewertung von Stoffen darstellt (Schaltegger/Sturm 1992, 163ff). An die Stelle des UBF tritt hier ein Gewichtungsfaktor, der in *Schadschöpfungseinheiten pro Kg (SE/Kg)* angegeben wird. Er berechnet sich für einen beliebigen Stoff x aus dem Verhältnis zwischen den Emissionsgrenzwerten für CO_2 (diesem Stoff wird dabei implizit die minimale Schädlichkeit unterstellt) und x. Hierfür müssen alle Grenzwerte auf die kleinste gemeinsame Einheit mg/mol heruntergebrochen, d. h. standardisiert werden. Die Formel für die Berechnung des Gewichtungsfaktors G_x für einen Stoff x ist dann folgende:

(3) $$G_x = \frac{Emissionsgrenzwert_{CO_2}}{Emissionsgrenzwert_x} \frac{mg_{CO_2}/mol}{mg_x/mol}$$

Offensichtlich kürzen sich in (3) die Einheiten weg, so dass auch hier mit einem einheitslosen Gewichtungsfaktor gerechnet wird. Tabelle 3 zeigt einige Stoffe mit den zugehörigen Gewichtungsfaktoren.

	Emmissions-grenzwert		standardisiert [mg/mol]	Gewichtungs-faktor
Luft				
Kohlendioxid	579	mg/m³	13,701272	1
Kohlenmonoxid	8	mg/m³	0,189152	72
Stickoxid	0,03	mg/m³	0,000709	19316
...				
Wasser				
Aluminium	0,1	mg/l	0,001803	7599
Eisen	1	mg/l	0,018031	760
Quecksilber	0,001	mg/l	0,000018	759852
...				
Feste Abfälle (Eluat)				
Aluminium	1	mg/l	0,018031	760
Cadmium	0,01	mg/l	0,000180	75985
Zinn	0,2	mg/l	0,003606	3799
...				

Tabelle 3: Stoffe und Gewichtungsfaktoren

Für jedes Produkt P können nun die Schadschöpfungseinheiten (SE_P) berechnet werden, indem P den Bilanzraum festlegt. Kommen in P n Stoffe vor, dann gibt m_i

($i \in 1, ..., n$) den mengenmäßigen Input des Stoffs i in p und G_i den Gewichtungsfaktor für i an. Analog zu (2) lässt sich SE_P dann wie folgt berechnen:

$$(4) \quad SE_P = \sum_{i=1}^{n} m_i \cdot G_i$$

Für die ökonomische Bewertung wird der Deckungsbeitrag (DB) herangezogen der sich aus der Differenz von Erlösen und variablen Kosten sowie zurechenbaren Fixkosten ergibt. Dabei sind grundsätzlich Produkte, die einen positiven DB haben, denen mit einem negativen DB vorzuziehen. Für Entscheidungen, ob ein Produkt P oder Q hergestellt werden soll, kann dann entweder nach dem Minimal- oder Maximalprinzip vorgegangen werden:

- Beim *Minimalprinzip* wird jene Variante ausgewählt, welche die geringste Schadschöpfung bei der Erwirtschaftung eines bestimmten DB hat.

- Beim *Maximalprinzip* wird die Variante ausgewählt, die den höchsten DB pro SE erreicht.

Dieses Verfahren hat im Prinzip die gleichen Schwachpunkte wie die UBP-Methode, allerdings findet hier auch eine ökonomische Bewertung statt. Problematisch ist hierbei, dass Umweltschäden, die durch eine Internalisierung externer Effekte eine auf Produkte zurechenbare Kostenwirkung haben, gleich doppelt bewertet werden, da sie sowohl die Schadschöpfung erhöhen als auch den DB verringern.

2.3.3 Relativbewertungsverfahren

Während die bisher erläuterten Verfahren absolute Bewertungen vornehmen, ist das *Relativbewertungsverfahren* darauf ausgelegt, Sachverhalte umfeldspezifisch zu bewerten, wobei als Umfeld in der Regel ein Unternehmen dient (Esser et al. 1998). Die Ergebnisse sind auf das spezifische Analyseumfeld zugeschnitten und daher nur begrenzt allgemeingültig, so dass Entscheidungen nicht durch Verallgemeinerung, Durchschnittswerte o. ä. verwässert werden.

Für die Anwendung dieses Verfahrens ist zunächst ein Bewertungsmodell zu erstellen. Als Bewertung wird dabei eine Zuordnung zwischen (Mess-)Werten oder Sachaussagen (Indikatoren) und Wertstufen bezeichnet. Im einfachsten Fall ist eine Wertstufe eine Bilanzposition und die Bilanzmenge der zugeordnete Wert. Durch die Möglichkeit, neben Werten auch Indikatoren, deren Wertebereiche diskrete, nominale Wertmengen wie {ja, nein} oder {gut, mittelmäßig, schlecht} sein können, können auch qualitative Bewertungen im Modell vorkommen. Weiterhin besteht die Möglichkeit zur hierarchischen Aggregation von Bewertungen. Da es

2.3 Bilanzbewertung

für den Aufbau solcher Bewertungsmodelle keine allgemeingültigen Schemata geben kann (dies würde der Intention des Verfahrens widersprechen), wird es im Folgenden an Hand einer einfachen Fallstudie zur Abfallbewertung erläutert.

Ausgangspunkt ist die Sachbilanz der Abfälle. Abfälle sind hinsichtlich ihrer Verwertungsanteile und der ökologischen Schädlichkeit zu beurteilen. Für die Beurteilung der ökologischen Schädlichkeit werden die Abfallmengen mit einem Gewichtungsfaktor zwischen 1 und 5 multipliziert. Dieser leitet sich aus den Bewertungskategorien *nicht überwachungsbedürftig* (1) bis *besonders überwachungsbedürftig* (5) ab. Tabelle 4 zeigt exemplarisch eine Gegenüberstellung von tatsächlicher und gewichteter Abfallmenge. Weiterhin wird die gesamte Abfallmenge in Verwertungsmenge (kann Recycling zugeführt werden) und Beseitigungsmenge unterteilt. *Gewichtete Abfallmenge*, *Verwertungsmenge* und *Beseitigungsmenge* sind dann die Indikatoren der ersten Ebene.

Abfall	Gewichtungsfaktor	Menge (Kg)	Gewichtete Menge
Pappe	1	5	5
Kunststoffteile	4	20	80
Eisenhaltige Späne	2	0,5	1
Andere eisenhaltige Teile	3	7	21
Bearbeitungsemulsionen, halogenhaltig	5	0,2	1
Papier	1	10	10
Summe		42,7	118

Tabelle 4: Abfallbilanz mit gewichteten Mengen

Aus diesen Indikatoren lassen sich Indikatoren der zweiten Ebene durch *arithmetische Aggregation* berechnen. Hierzu gehören z. B. die *relative Gewichtung* (gewichtete/ungewichtete Menge), der *Verwertungsanteil* ((100/Abfallmenge) * Verwertungsmenge) und *Beseitigungsmenge* (Abfallmenge – Verwertungsmenge). Diese lassen sich dann durch Skalenbewertung zu Indikatoren der dritten Ebene weiter aggregieren. So kann ein *Verwertungsanteil* zwischen 50 und 70% mit „gut", ein Anteil über 70% mit „sehr gut" und ein Anteil unter 50% mit „mäßig" angegeben werden. In gleicher Weise lässt sich die *Beseitigungsmenge* indizieren. Die Bewertung von Verwertungsanteil und Beseitigungsmenge kann durch die *logische Aggregation* mit dem UND-Operator zur Abfallmengenbewertung als Indikator vierter Ebene zusammengefasst werden. Abbildung 21 zeigt die Zusammenhänge zwischen den vier Aggregationsebenen noch einmal grafisch. Aus Gründen der Vereinfachung ist hier pro Ebene nur ein Aggregationsverfahren verwendet worden. Es ist allerdings auch zulässig, mehrere Aggregationsverfahren pro Ebene zu verwenden. In Tabelle 5 sind die Werte aus dem Beispiel der Tabelle 4 den Indikatoren zugeordnet.

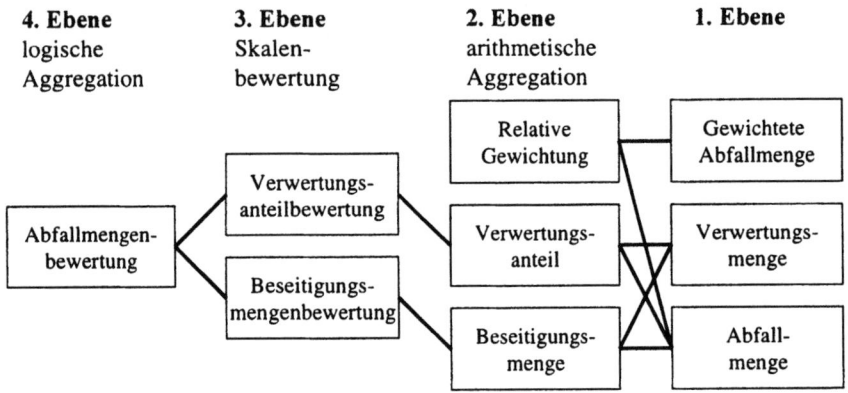

Abbildung 21: Abfallbewertungsmodell

Indikator	Bewertung
Gewichtete Abfallmenge	118
Verwertungsmenge	22,5 Kg
Abfallmenge	42,7 Kg
Relative Gewichtung	118/42,7 = 2,76
Verwertungsanteil	(100/42,7)*22,5 = 52,7%
Beseitigungsmenge	42,7 – 22,5 = 20,2 Kg
Verwertungsanteilsbewertung	Gut
Beseitigungsmengenbewertung	Gut
Abfallmengenbewertung	Gut

Tabelle 5: Wertzuordnungen

Neben Skalenbewertung sowie logischer und arithmetischer Aggregation sind weiterhin folgende Aggregationsverfahren möglich:

- *Tabellenbewertungen*: Mit Zuordnungstabellen können zu Sach- oder Wertaussagen neue Wertaussagen erzeugt werden.

- *ABC-Bewertungen mit Gewichtungen*: Hierbei wird die Bewertung gemäß ABC-Analyse vorgenommen, wobei die einzelnen Kriterien mit einem Gewichtungsfaktor versehen werden.

- *ABC-Bewertungsaggregationen*: Hierbei werden mehrere ABC-Bewertungen zusammengefasst, indem die Einzelbewertungen der ABC-Kriterien einzeln addiert werden (z. B. zu 2A, 3B und 5C).

2.3 Bilanzbewertung 49

Das Relativbewertungsverfahren ist als Komponente des Umweltbewertungssystems *exupro* am TZI der Universität Bremen implementiert.

2.3.4 Die SETAC-Methode

Die SETAC (Society for Environmental Toxicology and Chemistry) hat 1993 ein weitreichendes Konzept zur Wirkungsbilanzierung veröffentlicht (SETAC 1993). Die *SETAC-Methode* besteht aus den zwei Stufen Klassifikation und Charakterisierung. In der Klassifikation erfolgt eine Zuordnung von Bilanzpositionen zu folgenden Wirkungskategorien, die wiederum einzelne Wirkungen zusammenfassen:

- *Ökologische Gesundheit*: Die ökologische Gesundheit ist genau dann gefährdet, wenn biologische Stoffkreisläufe durch menschliche Eingriffe beeinträchtigt werden. Beispiele für Wirkungen dieser Kategorie sind Populationsveränderungen, Veränderungen der trophischen Stufen von Gewässern, Verluste von Lebensräumen und Arten.

- *Menschliche Gesundheit*: Hierunter sind negative Wirkungen auf die menschliche Physis und Psyche zusammengefasst.

- *Inanspruchnahme von Ressourcen*: Als Wirkungen sind hier Bestandsveränderungen an erneuerbaren und nicht-regenerativen Ressourcen sowohl durch Stoffentnahmen wie auch Ablagerungen und Emissionen zu erfassen.

- *Soziales Wohlergehen*: In dieser Wirkungskategorie werden alle objektiven und subjektiven Beeinträchtigungen der Lebensqualität zusammengefasst. Beispiele hierfür sind Einflüsse auf die Qualität von Boden, Wasser und Luft, die landwirtschaftliche Produktivität, der landschaftliche Erholungswert, der Erhaltungszustand von Gebäuden und Denkmälern sowie sonstige ästhetische Beeinträchtigungen.

Die Verbindung zwischen bilanzierten Stoffen und Mengen sowie den Wirkungskategorien wird über sogenannte *Stressoren* geschaffen. Ein Stressor beschreibt Bedingungen, die zu Beeinträchtigungen der menschlichen oder ökologischen Gesundheit oder zu einer Verknappung von Ressourcen führen. Eine solche Bedingung kann erfüllt sein, wenn ein bestimmter Stoff in einer bestimmten Menge der Umwelt zugeführt oder entnommen wird. Stressoren werden dann mit den jeweiligen Wirkungen verbunden. Die direkte Verbindung von Stressoren mit Wirkungen wird *primäre Wirkung* genannt. In der Regel lassen sich dann abhängig von Informationsstand und Bilanzzweck Wirkungsketten identifizieren, die beliebig tief sein können.

In der *Charakterisierung* werden den in der Klassifikation identifizierten Wirkungen quantitative Deskriptoren zugeordnet. Hierfür hat die SETAC ein ganzes Bündel von Methoden entwickelt, die hier im Einzelnen nicht erläutert werden können. Die Methoden werden an Hand einer fünfstufigen Skala klassifiziert, wobei Orts- und Situationsbezug von Stufe zu Stufe zunehmen:

- *Stufe 1: Aggregierte Sachbilanz und Klassifikation.* Auf dieser Stufe werden die Daten der Sachbilanz nach ihren möglichen und geschätzten Wirkungen geordnet. Dabei werden bereits grob Stressoren abgeleitet und entsprechenden Wirkungskategorien zugeordnet.

- *Stufe 2: Äquivalente.* Stoffe, die ähnliche Schadenspotenziale bezüglich einer bestimmten Wirkungskategorie haben, werden Äquivalente genannt und in der Sachbilanz aggregiert. Typisches Beispiel für Äquivalente sind Schwermetalle.

- *Stufe 3: Erfassung von chemischen und ökotoxologischen Stoffeigenschaften.* An Hand experimenteller und naturwissenschaftlicher Kennzahlen wie Toxizitäts-, Persistenz- und Bioakkumulationswerten wird versucht, Schadensfunktionen für Stoffe abzuleiten. Diese werden für die Beschreibung der chemischen und ökotoxologischen Stoffeigenschaften verwendet.

- *Stufe 4: Generische Erfassung von Exposition und Wirkung.* Als Exposition wird die Charakterisierung eines Stoffes oder einer Wirkung zur Feststellung der Umweltgefährlichkeit. Diese Kennzahl berechnet sich im Prinzip aus der Stoffmenge und der Expositionszeit. Daher wird hier die zeitliche Verteilung von Ausbringungsmengen, Verweildauern, Abbaubarkeit und Akkumulierbarkeit in die Berechnungen einbezogen (Streit 1994, 265).

- *Stufe 5: Orts- und situationsspezifische Erfassung von Exposition und Wirkung.* Auf der letzten Stufe werden Orts- und Situationsspezifika einbezogen, welche die Berechnung der Exposition beeinflussen können.

Bei der *Operationalisierung* der SETAC-Methode treten eine Reihe von Problemen auf, die eine praktische Nutzung zweifelhaft erscheinen lassen. Das Hauptproblem ist, dass für die Ableitung von Aussagen zu Wirkzusammenhängen eine Vielzahl von detaillierten Informationen vorhanden sein muss, die in diesem Maß nicht vorliegen (können) und zum größten Teil auch nicht Bestandteil einer Sachbilanz sind. Dies gilt insbesondere für orts- und situationsbezogene Informationen. Die in einer Sachbilanz angegebenen Emissionen sind auch nicht unbedingt diejenigen Stoffe, die auf die Umwelt einwirken. Zwischen Emission (= Ausstoß) und Immission (= Einfall der Stoffe) können Zeit und Distanzen überwunden werden sowie chemische Reaktionen stattfinden, die eine Zuordnung von Emissionen und Wirkungen unmöglich machen.

2.3 Bilanzbewertung

Weiterhin ist für die meisten Stoffe und Chemikalien (noch) nicht bekannt, welche Umweltwirkungen sie genau insbesondere über längere Beobachtungszeiträume haben. Selbst das Ausmaß der Unwissenheit liegt im Regelfall noch im Dunkeln (Bringezu 1993, 3).

2.3.5 Die MIPS-Methode

Das *MIPS-Verfahren* (MIPS = Materialintensität pro Serviceeinheit) wurde vom Wuppertal-Institut als Alternative zur Produktökobilanzierung entwickelt. Hauptkritikpunkte am Konzept der Produktökobilanz sind nach (Schmidt-Bleek 1993) das Einfließen unsicheren Wissens über Umweltwirkungen, die ungenaue Erfassung von Immissionen, das Fehlen von Orts- bzw. Zeitinformationen sowie die nicht wertfreie Betrachtung der Umweltwirkung (Schmidt-Bleek (Schmidt-Bleek 1993, 16ff) spricht dabei vom Schadstoff der Woche). Bei der Ermittlung der Umweltauswirkungen von Produkten nach dem MIPS-Verfahren, wobei dieses Verfahren Dienstleistungen und Funktionen als Produkteinheiten betrachtet, wird der gesamte Materialverbrauch im Gegensatz zur Produktökobilanz auf die Gesamtanzahl der produzierten Güter verteilt (Schmidt-Bleek 1993, 108ff; Liedtke 1997, 68f). Damit wird ein Gut im Normalfall (Ausnahme: Gut wird einem „ökologisch teuren" Recyclingprozess zugeführt) um so umweltfreundlicher, je größer die Anzahl der in Verwendung stehenden Einheiten ist. Die Materialinputs werden dabei einer von fünf Kategorien zugeordnet (Liedtke 1997, 69):

- Abiotische (nicht-erneuerbare) Rohmaterialien,
- Biotische (erneuerbare) Rohmaterialien,
- Bodenbewegungen aus Land- und Forstwirtschaft,
- Wasser und
- Luft.

Bei der Berechnung der Serviceeinheiten wird neben der Nutzung selbst (z. B. 1 Personenkilometer) auch die Nutzungsdauer (z. B. 1 Jahr) berücksichtigt.

Auf dem jeweiligen Gut lastet dabei dessen spezifischer „ökologische Rucksack" – der kumulierte Materialaufwand, der in jedem Prozessschritt des Lebensweges anfällt. Grundsätzlich unterscheidet man die Abschnitte Herstellung, Gebrauch (mit Betreiben, Warten, Reinigen), Reparieren, Wieder- und Weiterverwenden, Sammeln/Sortieren sowie Beseitigen (Schmidt-Bleek 1993, 109). Bei der Herstellung wird wiederum in die Teilprozesse Transport, Prozess (Produktion) und Verpackung unterschieden. Dabei werden in jedem Abschnitt des Lebenszyklusses nur Materialinputs betrachtet. Etwaige Energieverbräuche werden nur insofern berücksichtigt, dass zur Erzeugung der Energie Stoffe verwendet werden (z. B. Bau von Staudämmen).

Die Vorgehensweise bei der Erstellung einer Materialintensitätsanalyse kann durch die folgenden fünf Schritte beschrieben werden (Wuppertal Institut für Klima 1998):

- *Definition der Serviceeinheit*: Die Serviceeinheit stellt die Bezugsgröße für alle Materialinputs dar und wird durch Produkte bzw. Dienstleistungen definiert.
- *Erstellung eines Prozessschaubildes*: Stellt die Einzelprozesse mit allen Transporten (In- bzw. Outputs) zwischen ihnen über den gesamten Lebensweg dar.
- *Datenerhebung mittels Standardfragebogens*: Der Standardfragebogen garantiert die Vergleichbarkeit der Ergebnisse
- Berechnung der Materialintensität „von der Wiege zum Produkt".
- Berechnung der Materialintensität „von der Wiege bis zur Bahre".

Der Vorteil gegenüber einer Produktökobilanz tritt jedoch erst bei der Bewertung (der Wirkbilanz) durch die einfachere Berechnungsgrundlage zu Tage, da auch das MIPS-Konzept auf die Sachbilanz (der aggregierten Stoffströme) aufsetzt. Damit werden etwaige Fehler (Unsicherheit) in der Datenbasis bzw. in Berechnungsvorschriften mitgeschrieben (Dold 1996, 110ff).

So gut das MIPS-Konzept auch für die Vergleichbarkeit verschiedener (Produkt-) Alternativen ist, hat es doch den Nachteil, dass Umweltauswirkungen nicht quantitativ angegeben werden (z. B. Menge chemischer Stoffe). Auf Grund der Einfachheit der Anwendung können damit ermittelte Ergebnisse jedoch als Grundlage bzw. als Vergleichsbasis für aufwendigere Umweltuntersuchungen herangezogen werden (Schmidt-Bleek 1993, 119; Dold 1996, 112).

2.4 Schwachstellenanalyse

Durch Eingrenzungen und Erweiterungen der Bilanzräume werden ökologische Schwachstellen gezielt identifiziert. In der Regel sind Schwachstellen Teil eines komplexen Wirkgefüges, so dass einzelne bzw. isolierte Maßnahmen unerwünschte Nebeneffekte nach sich ziehen können und damit letztendlich nicht den erwarteten Erfolg bringen. Es ist daher zweckmäßig, wenn Schwachstellen und mögliche Verbesserungsmaßnahmen durch gezielte Veränderungen an Stoffstrommodellen analysiert werden. Die Wirksamkeit der Veränderungen wird dann an der bewerteten Ökobilanz abgelesen.

Insbesondere die Möglichkeit der computergestützten *Simulation* ist hier ein geeignetes Hilfsmittel. Im Idealfall können Simulationen direkt mit Werkzeugen zur Stoffstromanalyse durchgeführt werden, wobei die Simulation noch nicht zum Standard-Repertoire dieser Systeme gehört. Allerdings können auch konventionel-

2.4 Schwachstellenanalyse

le Simulationswerkzeuge wie SLAM oder Stella hierfür verwendet werden. Problematisch ist hierbei, dass möglicherweise die Modellierungssprache gewechselt werden muss, da diese Systeme nicht direkt die Simulation Petri-Netz-basierter Stoffstromnetze unterstützen. Eine sinnvolle Alternative sind dann Simulationswerkzeuge, die auch auf Basis von Pr/T-Netzen arbeiten wie z. B. INCOME/Simulator.

Für die Schwachstellenanalyse können aber auch eigens hierfür konzipierte BUIS eingesetzt werden. Beispiel für ein solches System ist *cosap*, das eine Schwachstellenanalyse durchführt und mittels wissensbasierter Komponenten auch Maßnahmen für die Beseitigung der Schwachpunkte vorschlägt (Jäschke et al. 1998). Hierfür werden zunächst die Produktionsprozesse modelliert und bilanziert. Als Kennzahl für die Bewertung der ökologischen Schädlichkeit wird hier jeder bilanzierte Stoff mit einer *ökotoxikologischen Bewertungszahl (TxÖk)* versehen. Aus der Verrechnung der Bilanzmengen mit der TxÖk ergibt sich dann das sogenannte *Toxizitätsäquivalent (Te)*, das die Menge geschädigter Biomasse repräsentiert.

An Hand dieser Kennzahlen werden die einzelnen Produktionsprozesse bewertet und die Ergebnisse in Form verschiedener Diagramme dem Benutzer dargestellt. Mögliche Handlungsalternativen zur Beseitigung bzw. Abschwächung der so offengelegten Schwachstellen sind:

- Einsatz alternativer Rohstoffe,
- Schließen von Stoffkreisläufen,
- Ersetzung kompletter (Teil-)Prozesse.

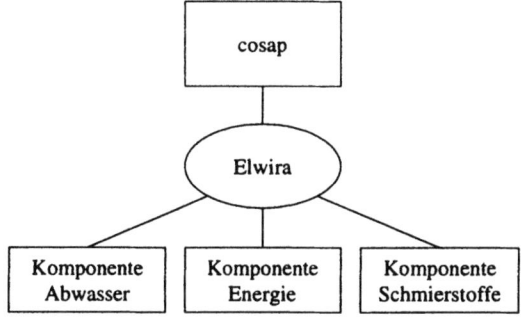

Abbildung 22: cosap/Elwira-Architektur

Für die Maßnahmenplanung ist verfahrenstechnisches Wissen erforderlich, das in domänenspezifischen Wissensbasen verwaltet wird. Domänen können z. B. Abwasser, Energie oder Schmierstoffe sein. Für die Auswertung der Wissensbasen, mit denen Produktionsprozesse auf ihre Umweltverträglichkeit hin untersucht werden, wird das wissensbasierte System *Elwira* eingesetzt. Abbildung 22 zeigt die Grobarchitektur des Systems.

2.5 Systeme für die Ökobilanzierung

Für die Ökobilanzierung gibt es mittlerweile eine Vielzahl von Anwendungssystemen. Einen Überblick, der naturgemäß nicht vollständig sein kann, gibt Tabelle 6. Aktuelle Übersichten über am Markt befindliche BUIS können stets über den Internet-Katalog Betrieblicher Umweltinformationssysteme IKARUS unter http://www.lis.iao.fhg.de/ikarus abgerufen werden.

Merkmal	Ausprägung							
Umweltorganisation								
Strategie	präventiv			nachsorgend				
Unternehmensziel	EMAS/ISO-Zertifizierung		Umweltoptimierung/Ökoeffizienz	Erfüllen gesetzlicher Umweltauflagen		Darstellung der Umweltleistung		
Zeithorizont	Strategisch langfristig		Taktisch mittelfristig			Operativ kurzfristig		
Adressaten	Unternehmensleitung	Umweltschutzabteilung	Produktion/Materialwirtschaft	Andere Fachabteilungen	Behörden	Versicherungen	Investoren	Lieferanten und Kunden
BUIS-spezifische Aspekte								
Einsatzbereich	Ökobilanzierung	Stoffstrommanagement	Demontage/Recycling	Konstruktion	Meta IS	Umweltberichterstattung	Zwischenbetriebliche Logistik	Verbundkoordination
Methoden	Datenbanken	Modellbildung und Simulation	Wissensbasierte Systeme	Computergrafik		Dokumentmanagement	Neuro-Fuzzy-Techniken	Metainformationen
Systemgrenze	Bereich/Unternehmen		Prozess		Produkt		Zwischenbetrieblich	

Abbildung 23: Klassifikation von BUIS für die Ökobilanzierung

2.5 Systeme für die Ökobilanzierung

Bezeichnung	Urheber	Anwendungsfeld	Literatur
Cumpan (Computergestützte umweltorientierte Produktbilanzierung)	Universität Hohenheim, debis GmbH Stuttgart	Erstellung von Produktökobilanzen für ökologieorientierte Produktentscheidungen	Dold/ Krcmar 1994, Dold 1996
EPS (Environmental Priority Strategies)	Swedish Environmental Research Institute	Bewertung von Ressourcenverbrauch und Emissionen nach verschiedenen Methoden	Miettinen 1993
EXCEPT (Expert System Shell for Computer-aided Environmental Planning Tasks)	TU Hamburg-Harburg; IBM Deutschland	Bewertung von Umweltauswirkungen im Rahmen von Umweltverträglichkeitsprüfungen und Umweltplanung	Weiland 1993, Czorny et al. 1994
GaBI (Ganzheitliche Bilanzierung)	IKP, Universität Stuttgart	Erstellung von Ökobilanzen für Bauteile und Produkte, ökologische und ökonomische Bewertung	Pfleiderer et al. 1994, Volz et al. 1998
GEMIS (Gesamtemissionsmodell für integrierte Systeme)	Öko-Institut Darmstadt; Forschungsgruppe Umweltsystemanalyse, Universität GHS Kassel	Bilanzierung der Umweltauswirkungen von Energiesystemen	Rausch et al. 1993
LCA Inventory Tool	Chalmers Industriteknik, Schweden	Produktökobilanzen mit Schwerpunkt auf Emissionen	Miettinen 1993
PIA	Bureau voor Mileu en Informatics, den Haag, Niederlande	Ökologieorientierte Analyse und Verbesserung von Produkten	
PLA Educational Tool mit Visualisierungskomponente LifeWay	Visionik ApS, Dänemark	Abschätzung der Umweltauswirkungen von Produkten für pädagogische Zwecke	Miettinen 1993
REGIS	Sinum GmbH, St. Gallen, Schweiz	Erstellung von Sach- und Wirkungsbilanzen für das Umweltmanagement, Bewertung nach der Schweizer Methodik	Kytzia/ Siegthaler 1994, Hummel et al. 1995
SimaPro 2	Pré, Niederlande	Abschätzung der Umweltauswirkungen von Produkten für die ökologische Produktentwicklung	Miettinen 1993
Umberto	Ifu GmbH, Hamburg; ifeu GmbH, Heidelberg	Modellierung von Stoff- und Energieflusssystemen, Erstellung von Betriebs-, Prozess- und Produktökobilanzen in einheitlicher Systematik	Häuslein et al. 1995, Schmidt 1995

Tabelle 6: Software für die Ökobilanzierung (Hilty/Rautenstrauch 1995, 305)

Unter Verwendung des Klassifikationsschemas aus Abbildung 10 lassen sich BUIS für die Ökobilanzierung wie in Abbildung 23 dargestellt charakterisieren. Während Ökobilanzen zunächst „nur" den Status Quo dokumentieren und damit eher nachsorgend wirken, dienen Schwachstellenanalyse und die Analyse von Stoffstrommodellen präventiv der Vorbereitung von Umweltschutzmaßnahmen. EMAS und andere Umweltgesetze fordern die Erstellung von Ökobilanzen, so dass derartige Systeme nicht ausschließlich der Darstellung der Umweltleistung dienen. Der Zeithorizont von Ökobilanzierung und Stoffstrommanagement reicht stets von einer Planungsperiode zur anderen und ist damit nicht hinreichend langfristig ausgelegt, um die strategische Planung zu unterstützen, daher ist die Unternehmensleitung im Gegensatz zu den verschiedenen Fachabteilungen auch kein Adressat dieser Systeme. Gleiches gilt für die externen Adressaten, da deren Informationsbedürfnisse in der Regel durch Umweltberichte befriedigt werden. Die BUIS-spezifischen Aspekte sind offensichtlich und bedürfen keiner gesonderten Erläuterung.

2.6 Empfohlene Literatur zu Kapitel 2

Die Grundlagen der Ökobilanzierung sind bereits 1978 von Müller-Wenk erarbeitet und veröffentlicht worden (Müller-Wenk 1978). Eine aktuellere Darstellung enthält (Braunschweig/Müller-Wenk 1993).

Eine umfassende Darstellung der Produktbilanzierung enthält (Dold 1996). Die Ökobilanzierung aus der BUIS-Perspektive wird außerdem in (Arndt 1997) ausführlich behandelt.

Grundlegende und umfassende Darstellungen zum Stoffstrommanagement findet man in (Schmidt/Schorb 1995), (Scheer et al. 1996), Rolf (1998) und (Spengler 1998).

3 Produktionsnahe BUIS

Ergebnis der Ökobilanzierung einschließlich Bilanzbewertung und Schwachstellenanalyse ist die Festlegung von Umweltschutzmaßnahmen. Da die industrielle Produktion im Vergleich zu anderen Unternehmensbereichen Hauptverursacher von Umweltschäden ist, werden zur Maßnahmenunterstützung vor allem *produktionsnahe BUIS* eingesetzt.

3.1 Aufbau von PPS-Systemen

Da PPS-Systeme und ihre Konzepte eine wesentliche Grundlage für die Implementierung produktionsnaher BUIS ist, wird hier kurz der Aufbau dieser Systeme skizziert, nachdem die grundlegenden Datenstrukturen bereits Gegenstand von Kapitel 2.2.1 waren.

Prinzipiell liegt die Aufgabe der PPS in der Reduzierung der Produktionskosten. Im Rahmen der operativen PPS sind dabei eine Reihe von Kosten bereits durch strategische Vorgaben festgelegt. Die Kosten, die durch Maßnahmen der Planung und Steuerung beeinflusst werden können, sind die entscheidungsrelevanten Kosten. Zentral sind dabei Lagerkosten sowie Kosten ablaufbedingter Stillstandszeiten von Maschinen. Die Planung und Steuerung auf Basis von Erlösen und entscheidungsrelevanten Kosten ist in der Regel jedoch nicht möglich, da die notwendigen Erlös- und Kosteninformationen zum Zeitpunkt der Planung nicht zur Verfügung stehen oder nicht bestimmbar sind. Daher werden an Stelle von Kostenzielen in PPS-Systemen Ersatzziele verfolgt, die nachweislich oder vermutlich der Kostenreduzierung oder Erlösverbesserung dienen. Angesichts der heutigen Marktsituation sind Produktionsunternehmen gezwungen, kundenorientiert zu agieren, d. h., sie müssen u. a. auf individuelle Kundenwünsche flexibel reagieren, kurze Lieferzeiten zusagen, Liefertermine einhalten und Variantenvielfalt beherrschen können (Kurbel 1998, 21). Dabei rückten in den letzten Jahren folgende Ziele in den Vordergrund:

- *Reduzierung der Durchlaufzeiten*: Hierbei gilt es, die Summe der Durchlaufzeiten aller Fertigungsaufträge eines Planungszeitraums, die durchschnittlichen Durchlaufzeiten von Fertigungsaufträgen o. ä. durch die Verringerung von Liegezeiten zu reduzieren.

- *Reduzierung der Lagerbestände*: Lagerbestände binden Kapital, verursachen Lagerhaltungskosten und beeinträchtigen die Flexibilität bei Nachfrageverschiebungen. Daher ist eine Verringerung der Lagerbestände anzustreben. Die Lagerbestandsreduzierung darf allerdings nicht soweit gehen, dass die Lieferbereitschaft gefährdet wird.

- Als drittes Ziel wird ferner die *Erhöhung der Kapazitätsauslastung* genannt. Hierbei sollen Betriebsmittel (insbesondere Engpassbetriebsmittel) in möglichst hohem Maße ausgelastet sein, d. h., dass vor allem Stillstands- und Rüstzeiten zu minimieren sind.

- *Hohe Lieferbereitschaft und Termintreue*: Insbesondere bei auftragsorientierter Fertigung und bei Just-in-Time-Anlieferung ist die Einhaltung von Lieferterminen von hoher Bedeutung, da andernfalls z. B. mit Konventionalstrafen, Regressforderungen oder Auftragsentzug seitens der Auftraggeber gerechnet werden muss.

PPS-Systeme unterstützen jedoch nach heutigem Stand der Technik eine zielorientierte Planung nicht explizit, d. h., es gibt keine „Regler", mit denen der Anwender einstellen kann, welche(s) Ziel(e) durch die Planung erreicht werden soll(en). Ursache hierfür ist, dass bei PPS-Systemen an Stelle einer Optimierung die Durchführbarkeit von Plänen im Vordergrund steht.

PPS-Systeme sind heute in der Regel nach dem MRP II-Konzept (MRP Version II = Manufacturing Resource Planning) aufgebaut und arbeiten nach dem Prinzip der Stufenplanung (auch Sukzessivplanung genannt). In den folgenden Unterkapiteln werden die Funktionsbereiche, die stufenweise durchlaufen werden, beschrieben.

3.1.1 Produktionsprogrammplanung

Aufgabe der Produktionsprogrammplanung ist die Ermittlung eines gewinnmaximalen Produktionsprogramms. Aus betriebswirtschaftlicher Sicht lässt sich die Ermittlung des gewinnmaximalen Produktionsprogramms als Optimierungsmodell formulieren. Bis heute ist allerdings eine deutliche Diskrepanz zwischen den bestehenden betriebswirtschaftlichen Modellen und der Realisierung in PPS-Systemen zu erkennen. So bestehen Module zur Primärbedarfs„planung" in der Regel lediglich aus Verwaltungsfunktionen für Lager- und Kundenaufträge – die eigentliche *Planung* ist jedoch, abgesehen von wenigen Ausnahmen, aus PPS-Systemen ausgeklammert.

Daher werden in der Praxis eher Prognoseverfahren angewendet, bei denen auf Basis von Vergangenheitsdaten Produktionsmengen vorhergesagt werden. Derartige Verfahren sind z. B. das Verfahren der gleitenden Mittelwerte, die exponentielle Glättung (erster und zweiter Ordnung) oder Verfahren, bei denen trendförmige Absatzverläufe zur Anwendung kommen.

3.1.2 Materialwirtschaft

Die Aufgabenbereiche der Materialwirtschaft umfassen die Lagerhaltung, Mengenplanung und Beschaffung. Funktionen der Lagerhaltung sind die Erfassung aller Lagerzu- und -abgänge sowie die Materialverfolgung (welches Material befindet sich wann an welchem Ort). Aufgabe der Lagerverwaltung ist die Bereitstellung von Material und Zwischenprodukten für die Fertigung. Funktionen der Lagerverwaltung in PPS-Systemen liefern Daten für die Inventur und die Sekundärbedarfsermittlung.

Die zentrale Funktion der Materialwirtschaft ist die Mengenplanung (auch Materialdisposition genannt). Aufgabe der Materialdisposition ist es, dafür zu sorgen, dass Material aus Eigenfertigung und Fremdbezug in ausreichender Menge zum richtigen Zeitpunkt für die Produktion bereitsteht. Dabei ist einerseits zu beachten, dass Lagerhaltungs- und Kapitalbindungskosten durch niedrige Bestände möglichst gering zu halten sind; andererseits müssen die Mengen hinreichend groß kalkuliert werden, damit bestellmengen- bzw. losgrößen-abhängige Kosten den Vorteil niedriger Lagerhaltungs- und Kapitalbindungskosten nicht wieder kompensieren.

Ausgangsbasis für die Materialdisposition sind die Primärbedarfe aus der Produktionsprogrammplanung. Der *Sekundärbedarf*, d. h. die Menge aller Baugruppen, Einzelteile, Rohmaterialien, Hilfs- und Betriebsstoffe, die für die Produktion der Teile des Primärbedarfs notwendig sind, leitet sich aus den *Erzeugnisstrukturen* (bzw. Stücklistendaten) der PPS-Stammdaten ab. Allerdings ist eine aufwendige deterministische Bedarfsermittlung durch eine Stücklistenauflösung nicht für alle Materialien sinnvoll. Bei geringwertigen Teilen wird der Materialbedarf daher auf der Basis von Materialverbräuchen aus vergangenen Perioden prognostiziert.

Ergebnisse der Materialdisposition sind Fertigungsaufträge für Eigenfertigungsteile und Beschaffungsaufträge für Kaufteile. Bei der hier unterstellten rollierenden Planung unterliegt der Materialdisposition ein (grobes) Periodenraster.

3.1.3 Zeit- und Kapazitätswirtschaft

Im Rahmen der *Durchlaufterminierung* erfolgt eine Festlegung von Start- und Endterminen, innerhalb derer Fertigungsaufträge und -arbeitsgänge durchzuführen sind. Der Detaillierungsgrad der Terminfestlegung ist in der Durchlaufterminierung allerdings nicht so hoch wie bei der Feinterminierung in der Fertigungssteuerung. So werden hier z. B. Pufferzeiten einkalkuliert, und die Zuordnung von Arbeitsgängen bezieht sich, sofern die organisatorischen Voraussetzungen gegeben sind, auf Betriebsmittelgruppen und nicht auf Einzelbetriebsmittel. Die Durchlaufterminierung erfolgt ohne Berücksichtigung der Kapazitäten. Terminierungsalgorithmen, die sowohl in der Literatur als auch in PPS-Systemen Eingang gefunden haben, sind:

- *Vorwärtsterminierung*: Ausgehend vom Starttermin des ersten Fertigungsauftrags niedrigster Fertigungsstufe werden alle Fertigungsarbeitsgänge eines Auftragsnetzes nacheinander in Richtung Zukunft geplant.

- *Rückwärtsterminierung*: Ausgehend von einem geplanten Fertigstellungstermin wird beim letzten Fertigungsarbeitsgang des Fertigungsauftrags der höchsten Fertigungsstufe beginnend das Auftragsnetz in Richtung Vergangenheit terminiert.

- *Doppelte Terminierung*: Bei der doppelten Terminierung werden Aufträge sowohl vorwärts als auch rückwärts terminiert. Bestehen für einen Auftrag Restriktionen bezüglich des frühesten Start- und letzten Endtermins, so können auf diese Weise Zeitpuffer ermittelt werden, innerhalb derer die einzelnen Arbeitsgänge des Fertigungsauftrags verschoben werden können, ohne Start- und Endtermin zu gefährden.

- *Engpass- bzw. Mittelpunktterminierung*: Ist ein Betriebsmittel bzw. eine Betriebsmittelgruppe als signifikanter Engpass im Fertigungsablauf bekannt, kann eine Engpassterminierung sinnvoll sein. Hierbei wird zunächst ein Arbeitsgang auf dem Engpassbetriebsmittel manuell eingeplant. Anschließend wird das dazugehörige Fertigungsauftragsnetz um diesen eingeplanten Arbeitsgang angeordnet, indem alle vorgelagerten Arbeitsgänge rückwärts und alle nachgelagerten Arbeitsgänge vorwärts terminiert werden.

Die Durchlaufterminierung erfolgt ohne Berücksichtigung vorhandener Kapazitäten. Aufgabe der Kapazitätsplanung ist die Anpassung von Kapazitätsangebot und -bedarf. Treten innerhalb einer Planungsperiode für ein Betriebsmittel an einzelnen Tagen Überlastungen auf, d. h., dass der Kapazitätsbedarf das Kapazitätsangebot übersteigt, und an anderen Tagen Unterauslastungen auf (was eventuell Leerlauf- und Stillstandszeiten an Betriebsmitteln nach sich zieht), kann eine Verschiebung von Arbeitsgängen zwischen den betreffenden Tagen zu einer gleichmäßig hohen Auslastung führen. Diese Art der Anpassung ist eng mit der Terminierung gekoppelt. Erfolgt sie, wie bei einigen PPS-Systemen üblich, durch eine Umterminierung von Arbeitsgängen auf einzelnen (Engpass-)Betriebsmitteln, dürfen hierdurch weder unzulässige Überlappungen noch Reihenfolgeverletzungen zu anderen terminierten Arbeitsgängen auftreten. Andere Anpassungsmaßnahmen sind z. B. die Veränderung von Produktionsmengen bei Lageraufträgen, die Verlagerung von Aufträgen auf Ausweichmaschinen unter Variierung der tatsächlich für die Produktion genutzten Betriebsmittel (quantitative Anpassung), die Erhöhung bzw. Verringerung des Kapazitätsangebots durch Zusatzschichten bzw. Kurzarbeit (zeitliche Anpassung) oder die Variierung der Ausbringungsmengen von Betriebsmitteln pro Zeiteinheit z. B. durch Erhöhung bzw. Verringerung der Taktgeschwindigkeiten (intensitätsmäßige Anpassung).

3.1.4 Fertigungssteuerung

In der Fertigungssteuerung werden die material- und zeitwirtschaftlichen Grobpläne in verbindliche Vorgaben für die Fertigung umgesetzt.

Die Schnittstelle zwischen Grob- und Feinplanung ist die *Auftragsfreigabe*. Bei der Auftragsfreigabe werden zunächst die für den Feinplanungszeitraum freizugebenden Aufträge ausgewählt, die Verfügbarkeit der benötigten Ressourcen überprüft und die Auftragspapiere gedruckt.

Bei der Verfügbarkeitsprüfung wird im Minimalfall die Materialverfügbarkeit überprüft. Auch wenn laut Grobplanung zum Zeitpunkt der Auftragsfreigabe hinreichend Material verfügbar sein müsste, kann die Verfügbarkeit durch unvorhersehbare Ereignisse (z. B. Störungen, Eilaufträge, Lieferantenausfälle usw.) gefährdet sein. Darüber hinaus kann die Verfügbarkeit anderer Ressourcen, die nicht vom PPS-System verwaltet werden (z. B. Personal, Werkzeuge oder Vorrichtungen), in die Prüfung einbezogen werden.

Fortschrittliche Systeme können die Verfügbarkeit nicht nur für den gegenwärtigen Zeitpunkt, sondern auch für den (in der Zukunft liegenden) tatsächlichen Bedarfszeitpunkt ermitteln. Bei dieser dispositiven Verfügbarkeitsprüfung werden auch zukünftige Lagerzu- und -abgänge, Werkzeugrückgaben usw. berücksichtigt. Die dispositive Verfügbarkeitsprüfung ist die Voraussetzung für die dynamische Auftragsfreigabe, bei der im Gegensatz zur statischen Auftragsfreigabe nicht nur diejenigen Aufträge freigegeben werden, bei denen zum Planungszeitpunkt hinreichend Ressourcen verfügbar sind, sondern auch diejenigen, bei denen erst zum Bedarfszeitpunkt hinreichend Ressourcen verfügbar sein werden.

Eine zentrale Funktion der Fertigungssteuerung ist die Feinterminierung (auch Ablauf-, Reihenfolge- oder Maschinenbelegungsplanung oder Kapazitätsterminierung genannt). Während in der Grobplanung die Planung auf Betriebsmittelgruppen bezogen wird und die Durchlaufzeiten von Arbeitsgängen mit Pufferzeiten versehen sind, gilt es in der Feinterminierung, diese Grobpläne dahingehend zu konkretisieren, dass tatsächliche Start- und Endtermine für Arbeitsgänge festgelegt werden und die Arbeitsgänge Einzelbetriebsmitteln zugeordnet werden. Besonders bei der Feinterminierung ist nicht nur die Durchführbarkeit der Planung, sondern auch die Ziele der PPS zu beachten. Da ein Gesamtoptimum in der Ablaufplanung häufig nicht erreichbar ist, muss situationsabhängig bzw. unternehmensindividuell eine Gewichtung der Ziele vorgenommen werden. In traditionellen Ansätzen kann die Feinplanung auf die vorher festgelegte Gewichtung der Ziele durch die Anwendung verschiedener und möglicherweise verknüpfter Prioritätsregeln getrimmt werden.

Innerhalb der Fertigungssteuerung ist häufig eine weitere Freigabe notwendig. Während die weiter oben diskutierte Auftragsfreigabe die Schnittstelle zwischen Grob- und Feinplanung darstellt, bei der die Prüfung der Ressourcenverfügbarkeit im Vordergrund steht, betrifft die Freigabe innerhalb der Fertigungssteuerung die Freigabe feingeplanter Arbeitsgänge für die Produktion. Eine solche Freigabe ist innerhalb der Fertigungssteuerung für die Unterscheidung disponibler und nicht mehr disponibler (=freigegebener) Arbeitsgänge erforderlich, d. h., hier freigegebene Arbeitsgänge können und dürfen im Rahmen der Feinplanung nicht mehr umgeplant werden.

Im Rahmen der Fortschrittskontrolle, die ebenfalls zum Funktionskreis der Fertigungssteuerung gehört, erfolgt die Erfassung der Istdaten aus der Produktion und der kurzfristige Abgleich der Planungsdaten (Solldaten), falls durch unvorhersehbare Ereignisse eine Veränderung der Solldaten notwendig wird. Die Istdatenerfassung erfolgt über Betriebsdatenerfassungssysteme (BDE-Systeme). Sind Umplanungen auf Grund von BDE-Rückmeldungen notwendig, können diese mit manuellen oder elektronischen Plantafeln durchgeführt werden. Plantafeln sind so aufgebaut, dass in der Vertikalen die Betriebsmittel und in der Horizontalen die Zeit aufgetragen sind. Arbeitsgänge werden als Steckkarten bzw. Grafikobjekte dargestellt. Umplanungen erfolgen dann durch ein Umstecken bzw. Verschieben dieser Objekte.

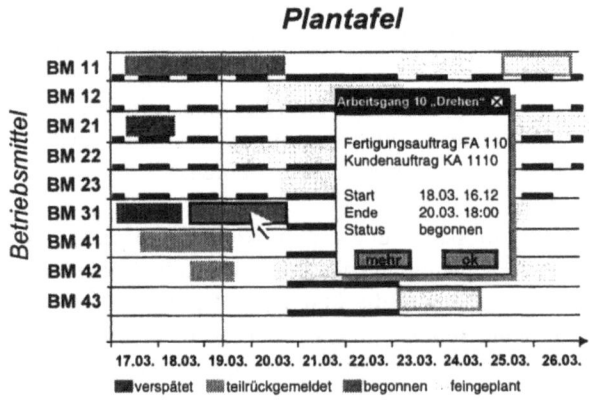

Abbildung 24: Elektronische Plantafel

Die oftmals mangelhafte Unterstützung und Eignung von PPS-Systemen für Aufgabenstellungen der Fertigungssteuerung (Adam 1988) hat dazu geführt, dass die Fertigungssteuerung häufig sowohl systemtechnisch als auch konzeptionell von der PPS losgelöst ist. Elektronische Leitstände (Rautenstrauch/Turowski 1998) sind dedizierte Systeme, welche die Funktionsbereiche Feinterminierung und Fortschrittskontrolle abdecken. Komfortable graphische Benutzeroberflächen und ausgefeilte Planungsalgorithmen kennzeichnen den Stand der Technik derartiger Systeme. Die breite Akzeptanz von Leitständen in der Praxis führt dazu, dass immer mehr (PPS-)Funktionalität in diese Systeme aufgenommen wird. Neben Realisierungen elektronischer Plantafeln (siehe Abbildung 24) umfassen Leitstände auch die grafische Darstellung von Fertigungsauftragsnetzen, die interaktive Kapazitätsdisposition und neuerdings auch Browser für die graphische Navigation durch komplexe PPS-Datenstrukturen. Browser sind computergestützte Endbenutzerwerkzeuge, die Datenstrukturen auf dem Bildschirm grafisch darstellen. Benutzer können mit Hilfe von Browsern komplizierte Abfragen auf einer (PPS-)Datenbank formulieren, ohne dass hierfür irgendwelche Programmierkenntnisse erforderlich sind.

3.2 Umweltschutz im Produktionsbereich

Eine rückstandsfreie Produktion ist naturgesetzlich ausgeschlossen. *Rückstände* sind damit unerwünschte gasförmige, flüssige oder feste *Kuppelprodukte* der Produktion (Hammann 1988, 466). Die natürliche Umwelt wird aus betriebswirtschaftlicher Sicht als Produktionsfaktor angesehen, für deren Erhalt folgende Maxime einzuhalten sind (Bräuer 1992, 41):

- Orientierung an der Begrenztheit der Umwelt,
- Stabilisierung der Ökosysteme,
- Verringerung des Natureinsatzes und
- Anwendung naturnaher Produktionsverfahren.

Für den Produktionsbereich bedeutet die Einhaltung der Maxime, dass sowohl die Entnahme von Umweltgütern als auch die Belastung der Umwelt durch die Abgabe von Rückständen reduziert werden muss.

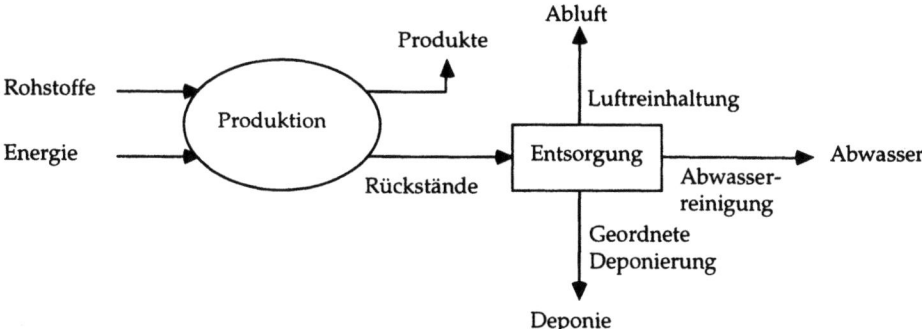

Abbildung 25: Additiver Umweltschutz (BASF 1992, 23)

Adam beschreibt drei Strategietypen zur Erfüllung ökologischer Anforderungen an die Produktion (Adam 1993, 22 ff):

- Die Veränderung der Fertigungsprozesse (prozessintegrierter Umweltschutz),
- die Durchführung von Recycling und
- die Veränderung der Erzeugnisse (produktintegrierter Umweltschutz).

Ziel der Veränderung von Fertigungsprozessen ist die Vermeidung unerwünschter Emissionen und Rohstoffverbräuche. Dieses Ziel kann konsequent vor allem durch Maßnahmen des *produktionsintegrierten Umweltschutzes* erreicht werden, was häufig eine weitgehende Neugestaltung der Prozesse erfordert. Die Neugestaltung von Produktionsprozessen ist eine Strategie zur Vermeidung von Umweltbelastungen und sollte daher als solche höchste Priorität vor Recycling und der Veränderung von Erzeugnissen haben.

Bei Umweltschutzmaßnahmen im Produktionsbereich ist ein Trend von additiven zu integrierten Maßnahmen zu beobachten (Steven 1992, 106 f). *Additiver Umweltschutz* liegt vor, wenn die Maßnahmen Produktionsprozessen vor- oder nachgelagert werden, da der eigentliche Produktionsprozess von diesen Maßnahmen jedoch unberührt bleibt (sogenannte „End-of-Pipe"-Technologien). Beispiele hierfür sind die Erweiterung der Produktionsprozesse um Reinigungs- oder Filtermaßnahmen (siehe Abbildung 25). *Integrierter Umweltschutz* verändert die Produktionsprozesse dahingehend, dass die materiell-energetischen Faktoreinsatzmengen und Schadstoffemissionen verringert werden (Kreikebaum 1992, 1 ff) (siehe Abbildung 26).

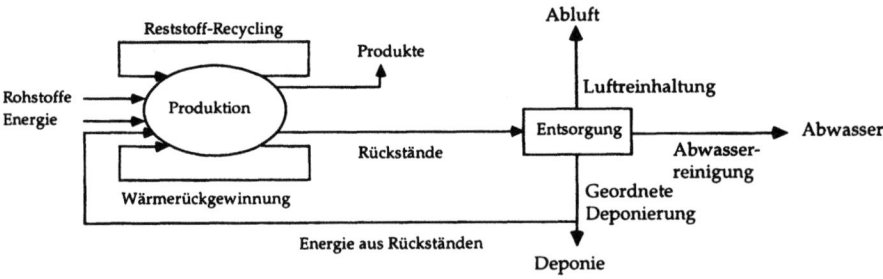

Abbildung 26: Produktionsintegrierter Umweltschutz bei der BASF (BASF 1992, 23)

Technische Umweltschutzmaßnahmen im Produktionsbereich sind (Steven 1992, 107):

- Einführung einer elektronischen Prozesssteuerung,

- Verteilen oder Verdünnen der Konzentration von Emissionen je nach Art des anfallenden Rückstands zwecks Vereinfachung der Wiederverwertung bzw. Entsorgung,
- Recycling und
- Einführung neuer umweltschonender Produktionsverfahren.

Zu den planerischen Maßnahmen gehören:

- Rohstoffsubstitution, d. h. der Ersatz von umweltschädigenden durch umweltschonendere Rohstoffe,
- Auswahl umweltfreundlicher Verfahrensalternativen,
- Beachtung der Emissionselastizität von Aggregaten,
- Veränderungen der zeitlichen Struktur der Produktionsprozesse mit dem Ziel, umweltbelastende Prozesse so zusammenzufassen oder auseinanderzuziehen, dass die Umweltbelastung verringert wird,
- eine auf lange Lebensdauer und Recyclingfreundlichkeit ausgerichtete Produktgestaltung.

Im Folgenden werden Konzepte für BUIS zur Realisierung des produktionsorientierten Umweltschutzes vorgestellt. Die Neu- bzw. Umgestaltung von Produktionsprozessen ist Gegenstand der Schwachstellenanalyse und Maßnahmenplanung und damit der Operationalisierung im Produktionsbereich vorgeschaltet. Daher ist eine Unterstützung durch spezielle produktionsnahe BUIS nicht erforderlich.

3.3 Konzepte des computergestützten Recycling

3.3.1 Recycling als additive Umweltschutzmaßnahme

Recycling umfasst die Rückführung fester, flüssiger und gasförmiger Reststoffe, Ausschussmengen und Altprodukte in Produktionsprozesse. Ausgangspunkt des Recycling ist der Anfall *subjektiven Abfalls* (auch *Entsorgungsgüter* genannt), d. h. solcher unerwünschter Nebenprodukte, die aus Sicht des Erzeugers nicht verwertbar erscheinen. Der Anteil des subjektiven Abfalls, der tatsächlich beseitigt werden muss, wird dann *objektiver Abfall* genannt. Input des Recycling sind dann verwertbare Produktionsabfälle, bei denen *Reststoffe* (ungewollte Nebenprodukte wie Späne oder verunreinigte Flüssigkeiten) und *Ausschuss* (Teile, die nicht die qualitativen Anforderungen zur Weiterverarbeitung oder Veräußerung erfüllen) unterschieden werden. Weitere Inputgüter des Recycling sind *Altprodukte* aus dem Produktgebrauch.

Die heute gängigste Recyclingmethode ist das *Materialrecycling*. Hierbei werden Produktionsrückstände und Altprodukte soweit geshreddert, thermisch verwertet oder demontiert, bis Sekundärstoffe entstehen, die wieder als Material in die Produktion eingehen können. Abbildung 28 zeigt den Zusammenhang von Produktions- und Recyclingprozessen beim Materialrecycling.

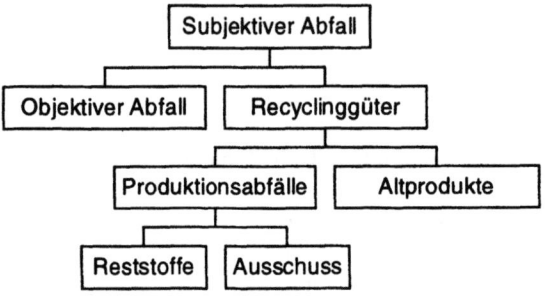

Abbildung 27: Input des Recycling

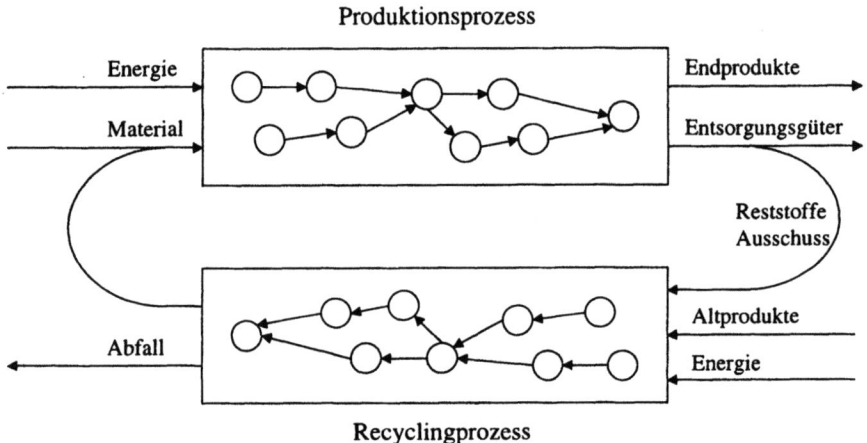

Abbildung 28: Recycling als additive Umweltschutzmaßnahme

3.3.1.1 Rechnergestützte Demontageplanung

Da Shreddern, thermische Verwertung und ähnliche Recyclingverfahren eine verhältnismäßig geringe Prozesskomplexität haben, ist eine rechnergestützte Planung derartiger Prozesse unnötig. Anders ist dies bei der Demontage. Da der Aufwand für das Lösen schwer lösbarer und schlecht zugänglicher Verbindungen sehr hoch ist, wird die Demontage zum Hauptkostenverursacher in Recyclingprozessen. Daher ist die Demontage eines Produkts nur dann sinnvoll, wenn die Produktkomplexität eine stoffliche Verwertung in einem einzigen Verfahrensschritt verbietet. Dies gilt vor allem für komplexe technische Güter wie Fahrzeuge, Maschinen,

3.3 Konzepte des computergestützten Recycling

Haushaltsgeräte usw. Der Vorteil der Demontage gegenüber anderen Verfahren ist, dass die Demontage einen höheren Werterhalt des Altguts erlaubt (Seliger/ Kriwet 1993, 529).

Geht man vom unrealistischen Idealfall aus, dass der Gebrauchsprozess keine Spuren an einem zu demontierenden Altprodukt hinterlassen hat und es zudem recyclinggerecht konstruiert wurde, dann ist die Demontage im Prinzip „Montage rückwärts": Für jeden Montageschritt ist dann der hierzu reversible Demontageschritt auszuführen und als Sekundärbaugruppen erhält man genau die Baugruppen, die ursprünglich in das Produkt eingegangen sind. Diese heile Welt der Demontage wird jedoch durch die Veränderungen, die im Gebrauchsprozess stattfinden können tiefgreifend gestört, da verschiedene Einflussfaktoren die Demontage erschweren:

- *Verfall*: Auch wenn ein Produkt nicht benutzt wird, lassen Einzelteile und Baugruppen oftmals über einen längeren Zeitraum qualitativ nach, was zu einer Beeinträchtigung der Demontagefähigkeit führt. Verfallserscheinungen sind z. B. Korrosion von Metallteilen, Verrotten von Kunststoffdichtungen, Verklumpen von Schmierstoffen oder Verschmutzung.

- *Verschleiß*: Durch Nutzung eines Produkts entsteht eine mechanische Belastung von beweglichen Bauteilen, die ebenfalls die Demontagetauglichkeit beeinträchtigen können. Zu Verschleißerscheinungen gehört z. B. das „Rundlaufen" von Zahnrädern oder das Ausleiern von Keilriemen.

- *Produktveränderung*: Im Laufe des Produktgebrauchs werden oftmals Teile, die nicht zum ursprünglichen Produkt gehören ergänzt (z. B. ein Heckspoiler an einem PKW) oder durch Ersatzteile von Fremdanbietern substituiert.

- *Unfallschäden*: Unfallschäden entstehen durch nicht sachgemäßen Produktgebrauch und unabhängig von Nutzungsdauer und -intensität.

- *Demontagefreundlichkeit der Konstruktion*: Als demontagefreundlich gelten solche Montageverfahren, die reversibel und zerstörungsfrei sind. Konstruktionen, die weitgehend solche Montageverfahren berücksichtigen und bei denen bei der Demontage möglichst sortenreine Sekundärbaugruppen entstehen, gelten als demontagefreundlich.

- *Informationsdefizite*: Oftmals liegt zwischen Verkauf und Entsorgung eine große Zeitspanne. Weiterhin sind Produzenten und Entsorger in der Regel unterschiedliche Unternehmen. Daher muss davon ausgegangen werden, dass Demontageunternehmen wesentliche Informationen über die Baustruktur des Altprodukts nicht zur Verfügung stehen. Bei komplexen technischen Gütern ist daher oftmals unklar, welche Baugruppen dort verbaut sind und wie weit sie wiederverwertbar sind.

Durch diese Unsicherheiten unterscheiden sich Demontageerzeugnisstrukturen für Altprodukte wesentlich von den ursprünglichen Produktionserzeugnisstrukturen. An die Stelle von Gozintographen oder Erzeugnisstrukturbäumen treten hier *Demontagegraphen*. Sie enthalten neben den mengenmäßigen Beziehungen auch die Verbindungen zwischen Teilen. Demontagegraphen können nicht eindeutig aus Erzeugnisstrukturen konstruiert werden. Abbildung 29 zeigt eine einfache Erzeugnisstruktur und verschiedene Möglichkeiten, wie die dort enthaltenen Teile verbunden sein könnten.

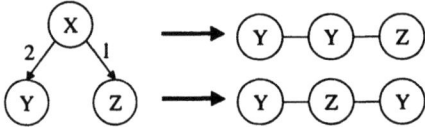

Abbildung 29: Erzeugnisstruktur versus Baustruktur

Eine geeignete Darstellung für die Ableitung von Demontagegraphen sind *Strukturbilder* (Gehrmann 1986), in den Bauteile, demontierbare Verbindungen und logische Operatoren vorkommen. Aus Strukturbildern lassen sich abhängig von folgenden Grundannahmen verschiedene Demontagegraphen konstruieren (Spengler 1994, 27ff):

1. Auf einer Demontageebene müssen alle Baugruppen demontiert werden, für die dies technisch möglich ist oder
2. auf den Demontageebenen müssen Wahlmöglichkeiten eingeräumt werden.

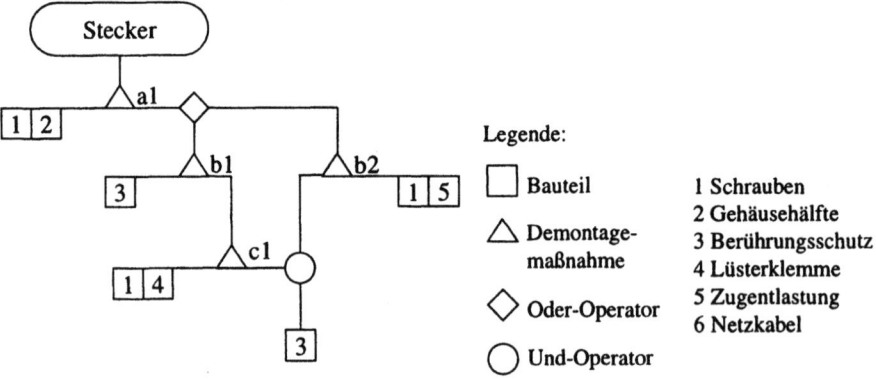

Abbildung 30: Strukturbild

3.3 Konzepte des computergestützten Recycling

Abbildung 30 zeigt das Strukturbild eines Steckverbinders, Abbildung 31 den gemäß Grundannahme 1 und Abbildung 32 den gemäß Grundannahme 2 konstruierten Demontagegraph.

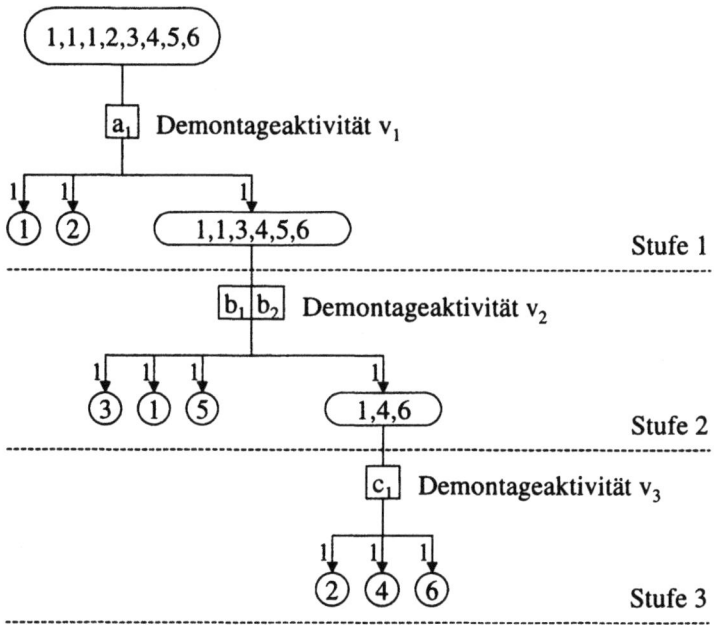

Abbildung 31: Demontagegraph unter Annahme 1

Der Demontagegraph wird aus einem Strukturbild konstruiert, indem die Demontagemaßnahmen abhängig von der zu Grunde liegenden Annahme und den logischen Verknüpfern zu Demontageaktivitäten zusammengefasst werden. In die Teileknoten werden die Nummern der enthaltenen Baugruppen oder Teile eingetragen und die darauf zeigenden Kanten mit Mengenkoeffizienten versehen. Unter Annahme 1 werden alle mit dem Oder-Operator verknüpften Demontagemaßnahmen einer Demontagestufe zu einer Demontageaktivität zusammengefasst. Unter Annahme 2 werden alle möglichen Kombinationen der mit dem Oder-Verknüpfer verbundenen Demontagemaßnahmen in den Demontagegraph aufgenommen (siehe Abbildung 32, wobei nur die ersten drei Demontagestufen dargestellt sind). Es ist offensichtlich, dass unter Annahme 2 die Komplexität der Demontagegraphen kombinatorisch mit der Anzahl der auf einer Ebene vorkommenden Baugruppen und Demontagealternativen wächst. In der Praxis können die Variationsmöglichkeiten auf Grund folgender Restriktionen eingeschränkt werden:

- Direkt wiederverwendbare oder -verwertbare, Problemstoffe enthaltende oder zerbrechliche Baugruppen sollten frühzeitig demontiert werden.

- Demontagemaßnahmen, die hinsichtlich erforderlicher Demontagetechniken oder Betriebsmittel ähnlich sind, sollten zu einer Demontageaktivität zusammengefasst werden, da sich hier Automatisierungspotentiale offenbaren.

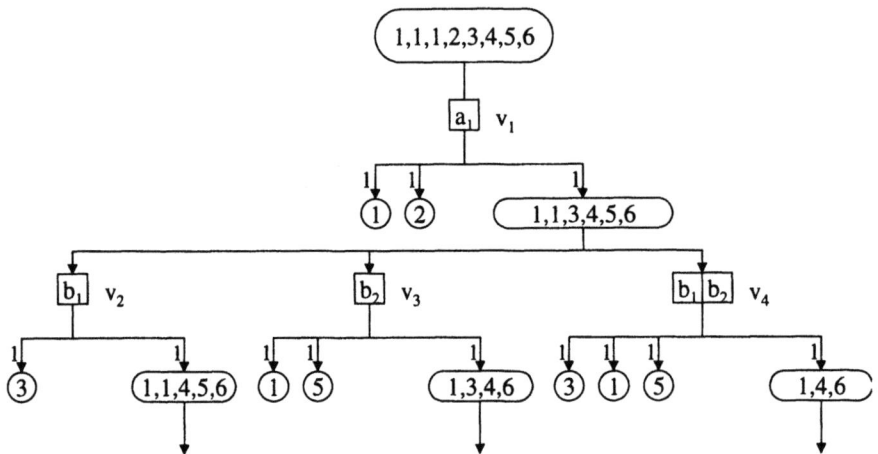

Abbildung 32: Demontagegraph unter Annahme 2

Bei der Vielzahl möglicher Alternativen, nach der die Demontage durchgeführt werden kann, muss entschieden werden, welcher Pfad durch den Demontagegraph der (wirtschaftlich) günstigste ist. Allerdings kann es für eine Planungsperiode sogar zweckmäßig sein, selbst für die Demontage gleicher Teile unterschiedliche Pfade auszuwählen, da die Demontage nur dann wirtschaftlich ist, wenn verwertbare oder veräußerbare Teile herauskommen. Damit unterliegt die Demontage im Prinzip den gleichen Zielsetzungen wie die Produktion – man spricht daher auch von *Remanufacturing*. Auch hier sollen Baugruppen und Endprodukte produziert werden, als „Rohstoffe" werden allerdings Altprodukte und als Verfahren hauptsächlich Demontage sowie Aufbereitung und Aufarbeitung eingesetzt.

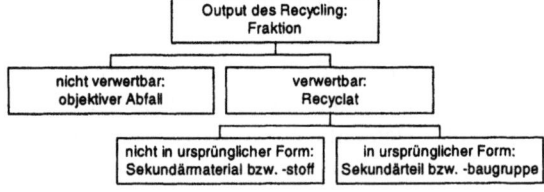

Abbildung 33: Output des Recycling

Der *Output des Recycling* besteht zunächst aus *Fraktionen*, die verwertbar oder nicht verwertbar (d. h. objektive Abfälle) sein können. Wieder- oder weiterverwendbare Outputs des Recycling werden als *Recyclate* bezeichnet. Liegt ein Recyclat in einer Form vor, wie es nicht in die Herstellung des ursprünglichen Produkts

3.3 Konzepte des computergestützten Recycling

eingegangen ist (d. h. es kommt in seiner Produktgestalt nicht in einer Stückliste bzw. Rezeptur des ursprünglichen Produkts vor) wird es *Sekundärmaterial oder -stoff*, andernfalls je nach Beschaffenheit *Sekundärteil* oder *-baugruppe* genannt.

Wie in der konventionellen Produktion, gilt es auch beim Remanufacturing die Kombination von Output-Gütern zu finden, die den höchsten Deckungsbeitrag erwirtschaftet. Dabei ist zu berücksichtigen, dass Sekundärteile sowohl auf dem Markt z. B. als Ersatzteile veräußert werden, als auch in die Produktion als Sekundärmaterial eingehen können. Der Recycling-Deckungsbeitrag kann in Anlehnung an (Scheuerer/Wolf 1994, 18) durch folgende Formel angegeben werden:

(5) $\quad DB_{Recycling} = E^R - K^{EXL} - K^{INL} - K^{AUF} - K^{DEM} - K^B$, mit:

- E^R - *Erlöse des Recycling*: Beim Altproduktrecycling kann im Idealfall eine *duale Erlössituation* auftreten, d. h., Erlöse können sowohl vor Beginn als auch am Ende des Recyclingprozesses entstehen. Vor Beginn des Recyclingprozesses sind Erlöse z. B. möglich, wenn dem letzten Nutzer von Altprodukten die Abnahme der Altprodukte bzw. die Dienstleistung des fachgerechten Recycling in Rechnung gestellt wird. Diese Erlöse werden hier Abnahmeerlöse des Recycling genannt (E^{RA}). Am Ende des Recyclingprozesses können Erlöse durch die Veräußerung von Fraktionen (E^{RV}) oder Verwendung als Sekundärmaterialien (E^{RW}) erwirtschaftet werden. Im letzten Fall haben die Erlöse Opportunitätscharakter, da sie in Wirklichkeit Einsparungen bei der Beschaffung von Primärteilen darstellen. Daher werden die Erlöse für wiederverwendbare Sekundärmaterialien mit den Wiederbeschaffungskosten der korrespondierenden Primärgüter bewertet.

- K^{EXL} - *Kosten der externen Logistik*: Hierunter werden alle Kosten zusammengefasst, die durch die Inanspruchnahme externer Dienstleistungsunternehmen entstehen, aber nicht unter Beseitigungskosten fallen. Dies können Transport- und Umschlagkosten für die Belieferung externer Recycling- oder Demontageunternehmen sein.

- K^{INL} - *Kosten der internen Logistik*: Zu den Kosten der internen Logistik gehören alle innerbetrieblichen Transport-, Umschlag- und Lagerkosten. Während sich Transport- und Umschlagkosten in gleicher Weise wie im Produktionsbereich berechnen (aus Sicht der Logistik spielt es keine Rolle, ob Primärteile, Sekundärteile, Abfall o. ä. transportiert und umgeschlagen werden), unterscheidet sich die Berechnung der Lagerkosten im Recyclingbereich von denen im Produktionsbereich. Die Lagerhaltungskosten im Produktionsbereich umfassen die Kosten für gelagerte Teile (Kapitalbindungskosten, Versicherungskosten und Steuern), Verwaltungskosten des Lagers (Personal-, Miet- und sonstige Kosten) und Lagerraumkosten. Relevant sind die Kosten für die eingelagerten Teile, wobei die Kapitalbindungskosten dominieren. Kapitalbindungskosten lassen sich durch eine Bestandsreduzierung senken. Für das Recycling sind folgende Besonderheiten zu beachten:

- Der Zugang von Beständen durch externe Lieferanten ist in der Regel durch eine Recyclingplanung nicht beeinflussbar, da Materialbestände nicht durch Beschaffungsmaßnahmen, sondern durch die (ungeplante) Anlieferung von Altprodukten entstehen. Modelle zur Bestellmengenoptimierung für eine kostengünstige Planung von Lagerzugängen können daher nicht angewendet werden.

- Altprodukte bestehen aus recyclingfähigen und nicht-recyclingfähigen (d. h. für die Entsorgung bestimmten) Fraktionen. Während für Recyclate am Ende eines Recyclingprozesses Erlöse zu erwarten sind, entstehen für die Abfälle Beseitigungskosten. Dies beeinflusst die Bewertung des im Lager gebundenen Kapitals. Während im Produktionsbereich der gesamte Lagerbestand zur Kapitalbindung beiträgt, bindet im Recyclingbereich lediglich der Anteil an Recyclaten Kapital.

- Die zu erwartenden Erlöse für Recyclate unterliegen in der Regel erheblichen Schwankungen. So können Recyclate in einer Periode als „wertlos" gelten, da z. B. ein Überangebot an Recyclaten bzw. adäquaten Primärgütern vorhanden ist oder technologische Verfahren für die Verwertung bzw. Verwendung fehlen, während veränderte Rahmenbedingungen in einer Nachfolgeperiode eine grundlegend andere Bewertung des Lagerbestands erforderlich machen.

- K^{DEM} - *Demontagekosten*: Kosten für die Demontage einer Fraktion,

- K^{AUF} - *Aufbereitungs- und Aufarbeitungskosten*: Kosten für die Aufbereitung oder Aufarbeitung einer Fraktion,

- K^B - *Beseitigungskosten*: Kosten für die Beseitigung umfassen die Abfallbeseitigungsgebühren und externen Logistikkosten für die Abfallbeseitigung.

Für die Zusammenstellung des optimalen Recyclingprogramms ist ausgehend von einem Anfangsbestand an n Altprodukten zu Beginn der Planungsperiode zu beachten, so dass sich der Output eines Altproduktrecycling, d. h. die Menge aller möglichen Fraktionen $F = \{f_1, f_2, ..., f_h\}$, in folgende Fraktionen gliedert:

- Wiedereinsetzbare Fraktionen $FW \subseteq F$, die in den Produktionsprozess nach einer eventuell notwendigen Aufbereitung wieder zurückfließen können,

- veräußerbare Fraktionen $FV \subseteq F$, die als Ersatzteile oder zur Weiterverarbeitung veräußert werden können und

3.3 Konzepte des computergestützten Recycling

- Fraktionen FB ⊆ F, die als Abfälle beseitigt werden müssen.

Weiterhin muss FW ∩ FV ∩ FB = ∅ gelten. Tritt z. B. der Fall ein, dass eine Fraktion f_i sowohl veräußerbar als auch wiedereinsetzbar ist, oder, im Falle der zerstörenden Demontage, bei einem Zerlegungsprozess sowohl wiedereinsetzbare als auch zu deponierende Fraktionen der Art f_i entstehen, müssen diese Fraktionen eindeutig bezeichnet werden.

Ziel des Altproduktrecycling ist es dann, ausgehend von einem Bestand an n Altprodukten, jedes von diesen soweit zu zerlegen, dass in der Gesamtheit eine Menge an Fraktionen herauskommt, für die ein maximaler Deckungsbeitrag zu erwarten ist.

Für die Bestimmung des maximalen Deckungsbeitrags reicht die Kenntnis, welche *Arten von Fraktionen* bei der Zerlegung des Bestands an Altprodukten entstehen, nicht aus; vielmehr müssen auch die Ausbringungsmengen bekannt sein. Da die Kosten für die Gewinnung derselben Fraktionsart aus verschiedenen Altprodukten von Altprodukt zu Altprodukt unterschiedlich sein können, müssen die Ausbringungsmengen jeder Fraktion bezogen auf die zu zerlegenden Altprodukte bestimmt werden.

Das Recyclingprogramm lässt sich als n × m-Matrix P mit n = Anzahl zu zerlegender Altprodukte, m = |F| und P_{ij} = Ausbringungsmenge der Fraktion j bezogen auf Altprodukt i darstellen. Ein Zeilenindex i referenziert stets ein zu demontierendes Altprodukt und ein Spaltenindex j eine Fraktion.

Schlüsselt man die in der Formel $DB_{Recycling}$ angegebenen Erlöse und Kosten auf die Arten von Fraktionen auf, dann ergibt sich für die Berechnung des deckungsbeitragsoptimalen Outputs an Fraktionen folgende zu maximierende Zielfunktion Z_R:

(6) $$Z_R = \sum_{i=1}^{n} \left(E_i^{RA} + \left(\sum_{j=1}^{p} f_{ij} \left(E_{ij}^{RVW} - K_{ij}^{Rec} \right) \right) \right) \to \max, \text{ mit}$$

n: Anzahl zu demontierender Altprodukte in Mengeneinheiten,

E_i^{RA}:   Erlös pro Mengeneinheit bei Abnahme des Altprodukts i in Geldeinheiten,

f_{ij}:   Ausbringungsmenge der Fraktion j bei Demontage des Altprodukts i,

E_{ij}^{RV}:   Veräußerungserlös pro Mengeneinheit der Fraktion j aus Altprodukt i in Geldeinheiten,

E_{ij}^{RW} : Opportunitätserlös pro Mengeneinheit beim Wiedereinsatz der Fraktion j aus Altprodukt i in Geldeinheiten,

$$E_{ij}^{RVW} = \begin{cases} E_{ij}^{VW}, \text{ falls } j \in FV, \\ E_{ij}^{RW}, \text{ falls } j \in FW, \\ 0, \text{ sonst} \end{cases}$$

K_{ij}^{EXL} : Kosten der externen Logistik pro Mengeneinheit der Fraktion j aus Altprodukt i,

K_{ij}^{DEM} : Kosten der Demontage für die Gewinnung einer Mengeneinheit der Fraktion j aus Altprodukt i,

K_{ij}^{AUF} : Kosten der Aufbereitung oder Aufarbeitung einer Mengeneinheit der Fraktion j aus Altprodukt i,

K_{ij}^{INL} : Kosten der internen Logistik pro Mengeneinheit der Fraktion j aus Altprodukt i,

K_{ij}^{B} : Kosten der Beseitigung einer Mengeneinheit der Fraktion j aus Altprodukt i,

$$K_{ij}^{Rec} = \begin{cases} K_{ij}^{EXL} - K_{ij}^{DEM} - K_{ij}^{AUF}, \text{ falls } j \in FV, \\ K_{ij}^{INL} - K_{ij}^{DEM} - K_{ij}^{AUF}, \text{ falls } j \in FW, \\ K_{ij}^{B} - K_{ij}^{DEM}, \text{ sonst} \end{cases}$$

Für Z_R gelten folgende Nebenbedingungen:
- Die Kapazitäten der Betriebsmittel für das Recycling sind begrenzt.
- Es sind nur begrenzte Mengen der Fraktionen $f_{ij} \in FV$ absetzbar.
- Es sind nur begrenzte Mengen der Fraktionen $f_{ij} \in FW$ wiedereinsetzbar.

Mit der Anwendung von Verfahren der linearen Optimierung auf Z_R kann nun für jede Fraktion j eine deckungsbeitragsoptimale Ausbringungsmenge f_{ij} berechnet werden. P beschreibt genau dann das optimale Recyclingprogramm, wenn für alle P_{ij} gilt: $P_{ij} = f_{ij}$.

3.3 Konzepte des computergestützten Recycling

Das hier vorgeschlagene Modell ist allerdings nur als Grundmodell zu verstehen, da der Bestimmung des optimalen Recyclingprogramms auf Basis der oben aufgezeigten Deckungsbeitragsmaximierung in der Praxis enge Grenzen gesetzt sind. Im Einzelnen gibt es hier folgende Probleme:

- Die Bestimmung der Demontage-, Aufbereitungs- und Aufarbeitungskosten (K^{DEM} und K^{AUF}) ist mit Unsicherheiten behaftet. Einerseits stehen, wie im Produktionsbereich auch, die Ablaufpläne zum Zeitpunkt der Primärentsorgungsbedarfsplanung noch nicht fest, andererseits können individuelle Eigenschaften eines Altprodukts Demontage und Aufbereitung erheblich vereinfachen oder erschweren.

- Kosten für die externe Logistik und Beseitigung (K^{EXL}) unterliegen häufig enormen Schwankungen, wobei die Zeitpunkte, in denen Veränderungen eintreten, nur schwer vorherbestimmbar sind. Neue Vorschriften oder knapper Deponieraum können die Kosten in die Höhe treiben, auf der anderen Seite kann die Realisierung effizienter Recyclingverfahren kostendämpfend wirken.

- Auch Erlöse aus der Veräußerung von Fraktionen (K^E) können teilweise erheblichen Schwankungen unterliegen, die nur schwer vorhersehbar sind. Einerseits können hier z. B. die Knappheit an Primärrohstoffen hohen Bedarf an Sekundärrohstoffen nach sich ziehen, andererseits kann eine Erschließung neuer Rohstoffquellen den Bedarf an Sekundärstoffen senken.

- Für die Bestimmung, welche Recyclate in welchen Mengen wiedereinsetzbar sind, muss der gesamte Primär- und Sekundärbedarf derjenigen Periode bekannt sein, in der die Recyclate als Sekundärteile verbraucht werden sollen. Weiterhin ist zu berücksichtigen, dass der Wiedereinsatz von Sekundärteilen durch Substitutionsquoten begrenzt sein kann. In der Regel kann der Primär- und Sekundärbedarf für spätere Planungsperioden jedoch nur ungenau angegeben werden.

Ein weiterer Schwachpunkt des hier vorgestellten Modells ist, dass hierdurch nicht klar wird, welche der laut Demontagegraph möglichen Alternativen tatsächlich auszuführen sind. Zwar kommen nur solche Alternativen in Frage, welche die ermittelten Recyclate in den entsprechenden Ausbringungsmengen erzeugen, allerdings kann immer noch der Fall eintreten, dass dies durch verschiedene Demontagealternativen möglich ist. In diesem Fall muss ein solches Modell um die Berücksichtigung von Demontageaktivitäten (in den Demontagegraphen mit $v_1, ..., v_n$ notiert) ergänzt werden. Eine detaillierte Modellformulierung hierzu findet man in (Spengler 1994, 51ff).

3.3.1.2 BUIS für die rechnergestützte Demontageplanung

Mit Hilfe von BUIS für die rechnergestützte Demontageplanung sollen Recyclingkosten durch eine Automatisierung von Demontageschritten und eine systematische Demontageplanung gesenkt werden. Demontageplanungssysteme sind Gegenstand verschiedener Forschungsaktivitäten vor allem im ingenieurwissenschaftlichen Bereich.

3.3.1.2.1 Vorausschauende und reaktive Demontageplanung

Ein am Institut für Werkzeugmaschinen und Fertigungstechnik (IWF) in Berlin erarbeiteter Ansatz für die Demontageplanung im Elektronikschrottbereich basiert auf einer Kombination vorausschauender und reaktiver Planung (Hentschel et al. 1995). Hierbei werden für den Demontageprozess zunächst Und/Oder-Graphen konstruiert und der günstigste Pfad durch die Berechnung eines „Recyclingwerts" ermittelt. Es kann jedoch sein, dass der so berechnete günstigste Prozessverlauf auf Grund technischer Randbedingungen in der vorgegebenen Form nicht durchführbar ist, so dass eine reaktive Komponente des Systems den vorgegebenen Plan unter Berücksichtigung der Randbedingungen ggf. revidiert. Der hier entwickelte Systemprototyp ist speziell für das Recycling von Bildröhren realisiert worden und heute produktiv im Einsatz. Ein ähnlicher Ansatz wurde an einer Fallstudie zu Rundfunkgeräten demonstriert (Geiger/Zussman 1996). Ein damit verwandtes Verfahren zur Ermittlung der optimalen Recyclingstrategie (jedoch ohne reaktive Komponente) unterstützt die vorausschauende Bewertung der Recyclingfähigkeit von Produkten in der Designphase (Zussman et al. 1994). Die gleichen Verfahren, die additiv eingesetzt werden, können also auch zum produktintegrierten Umweltschutz beitragen.

3.3.1.2.2 Multimediale Demontageplanung

Die rechnergestützte Demontageplanung ist ebenfalls Gegenstand von Forschungs- und Entwicklungsprojekten am Institut für Werkzeugmaschinen und Betriebstechnik (WBK) der Universität Karlsruhe (Spath et al. 1994). Ein im Rahmen dieses Projekts realisiertes Demontageplanungssystem unterstützt die manuelle und automatisierte Demontage technischer Güter. Die Erstellung von Demontagearbeitsplänen, auf deren Basis eine Termin- und Kapazitätsplanung erfolgt, wird in diesem System multimedial unterstützt. Bei der Erstellung von Arbeitsplänen ist die Übernahme von Konstruktions- und Arbeitsplandaten aus dem Produktionsbereich vorgesehen. Ein Rückfluss von Daten aus der Demontageplanung in die Produktentwicklung wird unterstützt (Spath 1994); insofern geht auch dieser Ansatz partiell über additive Maßnahmen hinaus.

3.3 Konzepte des computergestützten Recycling

3.3.1.2.3 Demontage von Elektronikschrott und Gebäuderückbau

Weiterhin wurde für die Elektronikschrottverwertung und den Gebäuderückbau am Deutsch-Französischen Institut für Umweltforschung (DFIU) in Karlsruhe ein Prototyp entwickelt, der mit dem Ziel der Maximierung von Deckungsbeiträgen die optimale Folge von Demontageaktivitäten ermittelt (Spengler/Rentz 1994). Hierfür wird zunächst ein Demontagegraph konstruiert, an Hand dessen Demontagestufen (in Analogie zu den Fertigungsstufen im Produktionsbereich) festgelegt werden können. Für jede Demontagestufe gilt, dass alle Demontageaktivitäten in beliebiger Reihenfolge ausgeführt werden können und die Demontage auf der nächsthöheren Stufe abgeschlossen sein muss, bevor auf der betrachteten Stufe begonnen werden kann. Danach werden Verwertungserlöse für alle durch die Demontage entstehenden Teile Beseitigungs- und Demontagekosten für alle Aktivitäten ermittelt, die als Parameter für die Berechnung der deckungsbeitragsmaximalen Reihenfolge von Demontageaktivitäten herangezogen werden.

3.3.1.2.4 Massenrecycling

Auch aus der Wirtschaftsinformatik stammt ein Beitrag zur rechnergestützten Demontageplanung. Am Betriebswirtschaftlichen Institut der Universität Erlangen-Nürnberg wurde ein Informationssystem zur Unterstützung von Demontageprozessen entwickelt (Scheuerer 1995). Das dort durchgeführte Projekt zielt auf die Unterstützung des *Massenrecycling* ab. Dabei werden auf Basis komplexer Algorithmen Arbeitspläne und Erzeugnisstrukturen weitgehend *automatisch* in Stücklisten- und Arbeitsplandaten für das Recycling konvertiert. Der Schwerpunkt liegt auf der Entwicklung der Umsetzungsalgorithmen. Bei dem Softwareprototyp handelt es sich um ein Stand-Alone-System; eine technische Kopplung oder Integration mit PPS-Systemen ist bislang nicht vorgesehen. Schnittstellen sind hier vor allem zu Logistiksystemen vorhanden, da auch die logistischen Prozesse für die Entsorgung nicht recyclierbarer Abfälle geplant und Lagerbedarfsprognosen auf Basis der Daten aus der Demontage- und Entsorgungsplanung ermittelt werden.

3.3.1.2.5 Demontageplanung in Entsorgungsbetrieben

Im Rahmen des Projekts *efeu* (Entscheidungsunterstützung für Entsorgungsunternehmen) wird ein Demontageplanungssystem speziell für Entsorgungsbetriebe entwickelt (Kurbel/Schoof 1998). Das System unterstützt die Ermittlung der optimalen Demontagepfade und -tiefen, die Prognose des mengenmäßigen Anfalls von Fraktionen aus der Demontage und die Nachkalkulation der Demontage zur Ermittlung der Demontagekosten.

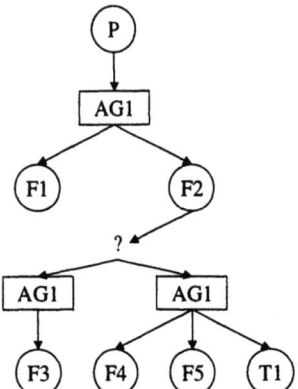

Abbildung 34: Demontagestruktur

Die Maßnahmen zur Entscheidungsunterstützung basieren auf *Demontagestrukturen*. In Demontagestrukturen sind Erzeugnisstrukturen und Arbeitspläne für die Demontage zusammengefasst (siehe Abbildung 34). Das Beispiel zeigt die Demontagestruktur eines Produkts P, bei dem die Fraktionen F1 bis F5 sowie das Sekundärteil T1 entstehen. Fraktionen sind hier Sekundärteile oder -stoffe, die entweder entsorgt, weiter zerlegt oder als Sekundärmaterial weiterverwendet werden. P wird im Beispiel mit dem Arbeitsgang AG1 und F2 alternativ mit den Arbeitsgängen AG2 oder AG3 demontiert. Jeder Fraktion ist ein möglicherweise negativer Wert in Geldeinheiten und jedem Arbeitsgang ein Kostensatz zugeordnet. Mit jeder Kante werden Mengenkoeffizienten bzw. Bearbeitungsdauern von Arbeitsgängen und Betriebsmittelzuordnungen abgespeichert. Die Mengenkoeffizienten sind dabei fuzzyfiziert, um verschleißbedingte Unsicherheiten zu modellieren. Mit Hilfe von derartigen Demontagestrukturen können dann die kostengünstigsten Demontage-Arbeitsgangalternativen und Demontagetiefen ermittelt werden. Weiterhin kann mit einer sogenannten nachlaufenden Stoffstrombilanz auf Basis von Durchschnittswerten für Demontagekosten sowie Erlösen aus Fraktionen und Gebrauchtteilen eine Nachkalkulation erstellt werden, die als Grundlage für folgende Angebotskalkulationen sowie für die systematische Ermittlung der tatsächlichen Demontage-Durchschnittskosten genutzt werden. Dabei ist eine konsequente Erfassung der Istdaten während der Demontage erforderlich.

3.3.1.2.6 Demontageplanung für Demontagefamilien

Eine aktuelle Entwicklung im Bereich der Demontageplanung ist das System *LaySiD* (Layout Simulation for Disassembly) des Instituts für Werkzeugmaschinen und Fertigungstechnik (IWF) der TU Braunschweig (Hesselbach/Westernhagen 1999). Dieses System unterscheidet sich von den bisher vorgestellten dadurch, dass hier in der Planung parallel mehrere unterschiedliche Altgeräte gleichzeitig

3.3 Konzepte des computergestützten Recycling

berücksichtigt werden können. Die hierfür zu Grunde liegende Methode basiert auf den in Abbildung 35 dargestellten vier Planungsschritten (Hesselbach et al. 1999, 10):

- Produktbewertung und Demontageanalyse,
- Bildung von Demontagefamilien,
- Auswahl von geeigneten Demontagesystemen sowie
- Realisierung/Umsetzung.

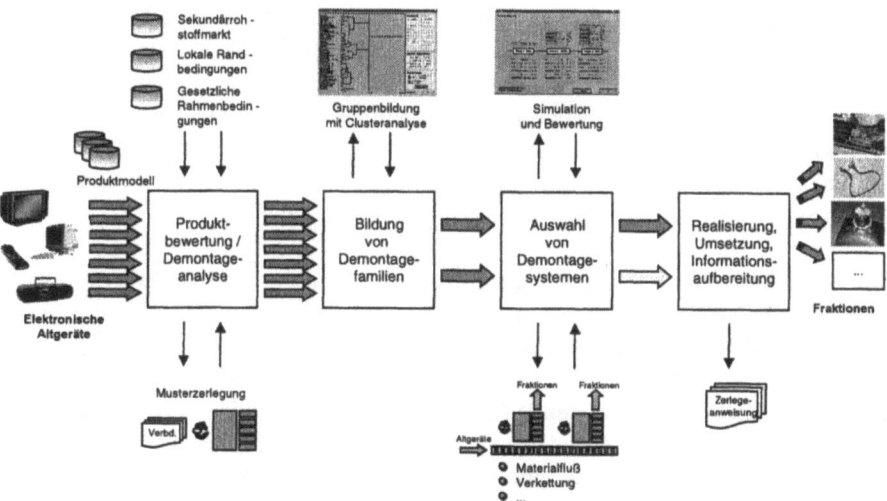

Abbildung 35: LaySiD-Vorgehensmodell

Zur Bestimmung von Demontageaufwand und -verhalten der einzelnen betrachteten Altgeräte werden z. B. durchschnittliche Einsatzzeit und -häufigkeit der Demontagewerkzeuge, Anzahl an notwendigen Werkzeugwechseln oder optimale Demontagereihenfolgen ermittelt. Grundlage hierfür ist ein in einer Datenbasis hinterlegtes Produktmodell. Dieses enthält Angaben zu Komponenten und deren Materialien, Verbindungstechniken und Baustruktur. Wurden Produkte schon in der Konstruktion mit einem ebenfalls am IWF entwickelten Werkzeug zur Bewertung der Demontage- und Recyclinggerechtheit untersucht (Hesselbach et al. 1997), dann kann die gleiche Datenbasis für die Planung der Demontageabläufe und -prozesse genutzt werden. Andernfalls müssen die notwendigen Informationen an Hand von Musterzerlegungen gewonnen werden.

Die Auswirkungen bei der Bearbeitung variantenreicher Produktspektren werden durch Anwendung der Gruppentechnologie reduziert, wobei eine Gruppenbildung elektr(on)ischer Altgeräte mit Hilfe der Clusteranalyse erreicht wird. Die verschiedenen Merkmale der Altgeräte können dabei parallel berücksichtigt werden. Ergebnis der Gruppenbildung sind sogenannte Demontagefamilien, wobei sich Geräte einer Familie durch ein relativ homogenes Demontageverhalten auszeichnen. Durch die Vorgabe ähnlicher Bearbeitungsfolgen können Lerneffekte bei den Mitarbeitern genutzt, Betriebsmittel besser ausgelastet und der Materialfluss übersichtlicher und einfacher gestaltet werden.

Für solche Demontagefamilien wird dann mit Hilfe der Simulation ein geeignetes Layout für das Demontagesystem ermittelt. Basierend auf Organisationsprinzipien wie z. B. Einzelplatz oder Demontagelinie wird der Demontageablauf simuliert, um wichtige Größen wie z. B. die Auslastung der einzelnen Stationen, das Aufkommen an Fraktionen und die Auslastung der Behälter oder den Nutzungsgrad der Demontagewerkzeuge zu ermitteln. Die hierbei verwendeten Algorithmen erlauben die gleichzeitige Berücksichtigung mehrerer Demontagereihenfolgen eines jeden Altgerätes, um ein Gesamtoptimum sämtlicher Geräte einer Familie für das gegebene Demontagesystem zu finden. Im letzten Schritt werden geeignete Informationen für die Durchführung der Demontage, wie z. B. Zerlegeanweisungen für die einzelnen Arbeitsplätze oder Verwertungsquoten, generiert.

Die vorgestellte Methodik erlaubt eine schnelle Reaktion auf Veränderungen im Mengenaufkommen an Altgeräten. Die Effizienz eines Demontagesystems kann überprüft und schrittweise optimiert werden. Die Kombination von Gruppenbildung und Simulation sowie die gleichzeitige Berücksichtigung verschiedener Altgeräte ermöglicht eine umfassende Planung der Demontage bei verschiedenen Organisationsprinzipien. In ersten Anwendungen zeigte sich, dass für eine Familie aus Monitoren und Fernsehgeräten eine Demontagelinie mit drei Arbeitsplätzen bei entsprechendem Mengenaufkommen effizient arbeiten kann.

3.3.2 Recycling als Maßnahme des produktionsintegrierten Umweltschutzes

Beim Recycling als Maßnahme des produktionsintegrierten Umweltschutzes wird davon ausgegangen, dass einzelne Baugruppen und Bauteile technischer Güter eine höhere „Lebenserwartung" als das Gesamtprodukt haben können. In diesem Fall ist es sinnvoller, diese Baugruppen bzw. Bauteile wieder als Sekundärbaugruppe der Produktion zukommen zu lassen, als Altprodukte bis zum Rohstoffstadium zu zerlegen und erst dann wieder der Produktion zuzuführen. Die Rückführung von gebrauchten Produkten in ein neues Gebrauchsstadium unter Beibehaltung der Gestalt des Produkts wird *Produktrecycling* genannt.

Für ein wirtschaftliches und ökologisches Produktrecycling müssen die Produkte eine gewisse Komplexität (da sonst andere Recyclingverfahren wie Shreddern oder thermische Verwertung effizienter sind) wie auch einen hohen Standardisierungsgrad der Baugruppen aufweisen. Bei geringer Produktkomplexität sind andere Recyclingverfahren wie Shreddern oder thermische Verwertung effizienter und bei geringem Standardisierungsgrad können die aus dem Produktrecycling ge-

3.3 Konzepte des computergestützten Recycling

wonnenen Sekundärbaugruppen nicht wieder der Produktion zugeführt werden. Der für Produktrecycling geeignete Betriebstyp wird in Abbildung 36 mit einem morphologischen Kasten charakterisiert. Die für den Betriebstyp zutreffenden Merkmalsausprägungen sind grau unterlegt.

Merkmal	Merkmalsausprägungen			
Erzeugnisspektrum	Erzeugnisse nach Kundenspezifikation	Typisierte Erzeugnisse mit kundenspezifischen Varianten	Standarderzeugnisse mit Varianten	Standarderzeugnisse ohne Varianten
Erzeugnisstruktur	Einteilige Erzeugnisse	Mehrteilige Erzeugnisse mit einfacher Struktur	Mehrteilige Erzeugnisse mit komplexer Struktur	
Auftragsauslösungsart	Produktion auf Bestellung mit Einzelaufträgen	Produktion auf Bestellung mit Rahmenaufträgen	Produktion auf Lager	
Dispositionsart	Disposition kundenauftragsorientiert	Disposition überwiegend kundenauftragsorientiert	Disposition überwiegend programmorientiert	Disposition programmorientiert
Beschaffungsart	Fremdbezug unbedeutend	Fremdbezug in größerem Umfang	Weitgehender Fremdbezug	
Fertigungsart	Einmalfertigung	Einzel- und Kleinserienfertigung	Serienfertigung	Massenfertigung
Organisationsform	Baustellenfertigung	Werkstattfertigung	Gruppen-/Linienfertigung	Fließfertigung
Fertigungsstruktur	Fertigung mit geringer Anzahl Stufen	Fertigung mit mittlerer Anzahl Stufen	Fertigung mit hoher Anzahl Stufen	

Abbildung 36: Relevanter Betriebstyp als morphologischer Kasten

3.3.2.1 Recyclinginformationssysteme

Wesentliche Voraussetzung für die Realisierung des Produktrecycling ist die Verfügbarkeit von Informationen über die Zusammensetzung des Altprodukts. Diese Informationen können zumindest zu einem großen Teil aus vorhandenen Informationssystemen gewonnen werden. Mit der Auswahl der Werkstoffe und der Festlegung von Montageverfahren werden bereits im Konstruktionsprozess und in der Arbeitsplanung nicht nur die Rahmenbedingungen für die Herstellung, sondern auch für das Recycling eines technischen Produkts festgelegt. Während die produktionsrelevanten Daten aber z. B. in Form von Teilestammdaten, Erzeugnisstrukturen und Arbeitsplänen in PPS-Systemen verwaltet werden, werden Daten zur Wiedereinsetzbarkeit und Demontagetauglichkeit weder in PPS-Systemen noch in sonstigen betrieblichen Informationssystemen systematisch abgelegt und aufbereitet.

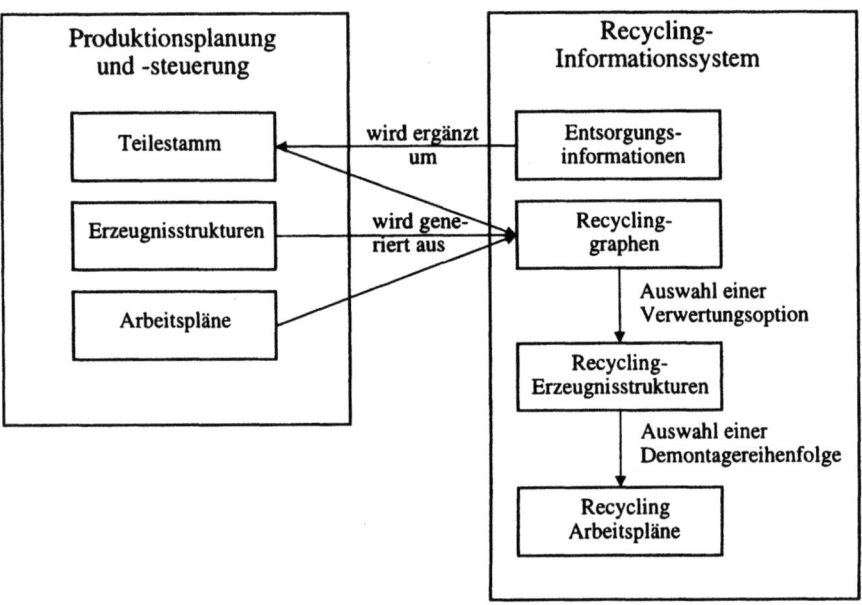

Abbildung 37: PPS-Daten und Reyclinginformationen

Diese Lücke wird durch Recyclinginformationssysteme (RIS) geschlossen. Derartige Systeme bereiten Produktionsdaten so auf, dass mit Hilfe zusätzlicher manueller Ergänzungen Informationen für die Planung und Steuerung von Recyclingprozessen sowie nachgelagerten Produktionsprozessen, in die Sekundärbaugruppen aus Recyclingprozessen einfließen, geeignet sind. Beispiel für ein solches System ist ooRIS (objektorientiertes Recyclinginformationssystem) (Kurbel et al. 1996).

Die Funktionalität von ooRIS ist dabei auf die Gewinnung von Recyclingerzeugnisstrukturen und -arbeitsplänen aus den korrespondierenden Produktionsdatenstrukturen ausgerichtet. Das Problem ist hierbei, dass ein Produkt im Gebrauchsprozess in der Form verändert werden kann, Verschleiß die Qualität von Sekundärgütern stark beeinflusst und dass Einzelteile während des Gebrauchs an- oder abgebaut werden können. Daher erfolgt die Gewinnung von Recyclinginformationen mit einem ausgeklügelten halbautomatischen Verfahren, bei dem aus Produktionsdaten sogenannte Recyclinggraphen erzeugt werden, aus denen dann Recyclingerzeugnisstrukturen und -arbeitspläne erzeugt werden (Kurbel et al. 1995). Recyclinggraphen sind bipartite Graphen, deren Knoten Teile und Montagearbeitsgänge repräsentieren und deren Kanten angeben, welche Teile mit welchen

Verfahren montiert werden. Abbildung 37 zeigt den Zusammenhang von PPS-Daten und Recyclinginformationen.

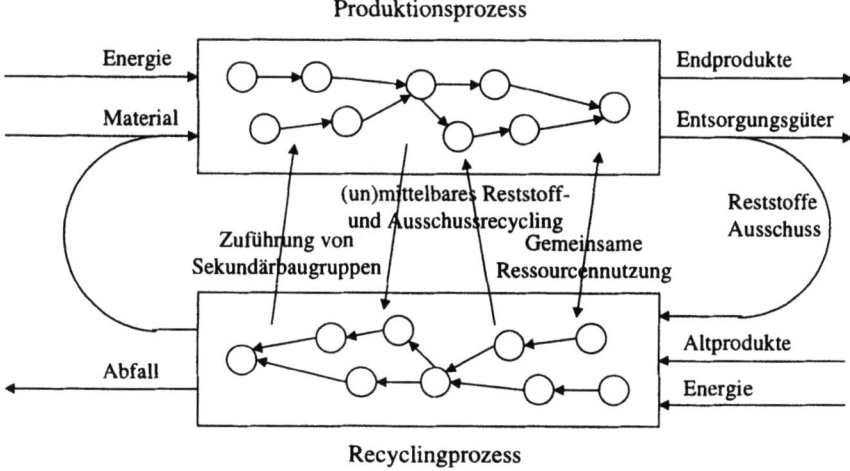

Abbildung 38: Integrierte Produktions- und Recyclingprozesse

ooRIS ist sowohl als Add-on-System für PPS-Systeme, als auch als Stand-alone-System verfügbar. Die Add-on-Version ist als Prototyp für SAP PP fertiggestellt, und die Stand-alone-Version verfügt über umfassende Import/Export-Schnittstellen für Dateien.

3.3.2.2 PRPS-Systeme

Eine weitergehende Integration von Recycling und Produktion ist möglich, wenn nicht nur das Recycling von Altprodukten, sondern auch das Recycling von Produktionsabfällen in die Planung einbezogen wird, da der Zeitabstand zwischen Produktions- und Recyclingprozessen im Vergleich zum Altproduktrecycling sehr gering ist (Corsten/Reiss 1991).

Nicht nur für die Integration der Prozesse, sondern auch für die Integration von Informationssystemen für Produktion und Recycling gibt es Argumente. Sie basieren zum einen auf dem gegenseitigen Bedarf und der Verfügbarkeit von Grunddaten wie auch Strukturübereinstimmungen der Datenstrukturen und Algorithmen (Kurbel/Rautenstrauch 1996). Der Bedarf an Grunddaten geht dabei in beide Richtungen. So liefert die PPS wesentliche Grunddaten für die Recyclingplanung, insbesondere Teiledaten, Erzeugnisstrukturen und Arbeitspläne. In umgekehrter Richtung liefert die Recyclingplanung Daten an die PPS, insbesondere die mengenmäßige und zeitliche Verfügbarkeit von Sekundärgütern.

Betrachtet man die Datenstrukturen, die Produktions- und Recyclingprozessen zugrunde liegen, so lassen sich deutliche strukturelle als auch inhaltliche Ähnlichkeiten und Gemeinsamkeiten erkennen. So basieren sowohl Produktions- als auch Recyclingplanung auf Teilestammdaten, Erzeugnisstrukturen und Arbeitsplänen. Dies impliziert, dass PPS-Algorithmen, die auf diesen Daten operieren, ganz oder zum großen Teil auch für die Recyclingplanung und -steuerung einsetzbar sind.

Die Integration von PPS und Recyclingplanung wird *integrierte Produktions- und Recyclingplanung und -steuerung (PRPS)* genannt (Rautenstrauch 1997c). Im Kontext der PRPS hat das Recycling den Charakter einer „Servicefunktion" für die Produktion. Der Recyclingprozess wird neben Beschaffung und Eigenfertigung eine dritte Quelle für Material, Teile und Baugruppen. Dementsprechend dürfen die Ziele des Recycling nicht losgelöst von den Zielen der PPS betrachtet werden, vielmehr sind sie als Unterziele der PPS anzusehen.

Wie in der PPS, so gilt auch im Recyclingbereich, dass eine Planung auf Basis von Kosten praktisch nicht möglich ist, da die hierfür nötigen Daten zu den Zeitpunkten, zu denen geplant und gesteuert wird, nicht bzw. nur teilweise zur Verfügung stehen. Ähnlich sind für das Recycling Mengen- und Zeitziele formuliert worden (Corsten/Reiss 1991, 618): Als *Mengenziel* wird angegeben, dass das Recycling zu einer zumindest temporären Verminderung der Verbrauchsmengen an Primärgütern durch Substitution von Primär- durch Sekundärteile führen soll. Das *Zeitziel* des Recycling besagt, dass die Verweildauer einzelner Recyclinggüter erhöht werden soll, um z. B. beschaffungsbedingte Unsicherheiten zu absorbieren.

In Verbindung mit den Zielen der PPS bedeutet das, dass Ziele des Recycling den Zielerreichungsgrad in der PPS unterstützen sollen. So kann der Einsatz von Sekundärgütern in der Produktion durch die Absorption beschaffungsbedingter Unsicherheiten einen Beitrag zur Sicherung von Lieferbereitschaft und Termintreue leisten. Bei der Rückführung von Sekundärbaugruppen können zudem die Durchlaufzeiten von Produktionsprozessen verkürzt werden, da die bereits im Recyclingprozess „produzierten" Sekundärteile von den ursprünglichen Bedarfsmengen abgezogen werden können. Durch die gemeinsame Nutzung von Betriebsmitteln für Produktions- und Recyclingprozesse kann das Recycling zudem einen Beitrag zur Verbesserung der Kapazitätsauslastung leisten.

3.3.2.2.1 Grunddaten der PRPS

Grundlegende Datenstrukturen der PRPS sind Erzeugnisstrukturen und Arbeitspläne. Im Folgenden wird gezeigt, wie die PPS-Datenstrukturen erweitert und modifiziert werden können, damit sie auch die Basis für integrierte PRPS-Systeme bilden können. Hierbei wird die Strategie verfolgt, die ursprünglichen Charakteristika der PPS-Datenstrukturen so weitgehend wie möglich zu erhalten, damit auch

3.3 Konzepte des computergestützten Recycling

die darauf operierenden Algorithmen in so geringem Maß wie möglich verändert werden müssen. Damit soll die Barriere für die Implementierung und den Einsatz von PRPS-Systemen sowohl für Anwender als auch PPS-Systementwickler so niedrig wie möglich gehalten werden. Dies ist insbesondere vor dem Hintergrund zu sehen, dass bestehende PPS-Systeme bereits heute derart komplex sind, dass sie oft nur in Teilen oder erst nach einer aufwendigen Systemeinführung genutzt werden können.

Zunächst werden hier Erzeugnisstrukturen betrachtet. In Abbildung 39 ist links eine Produktionserzeugnisstruktur und rechts die korrespondierende Recyclingerzeugnisstruktur dargestellt.

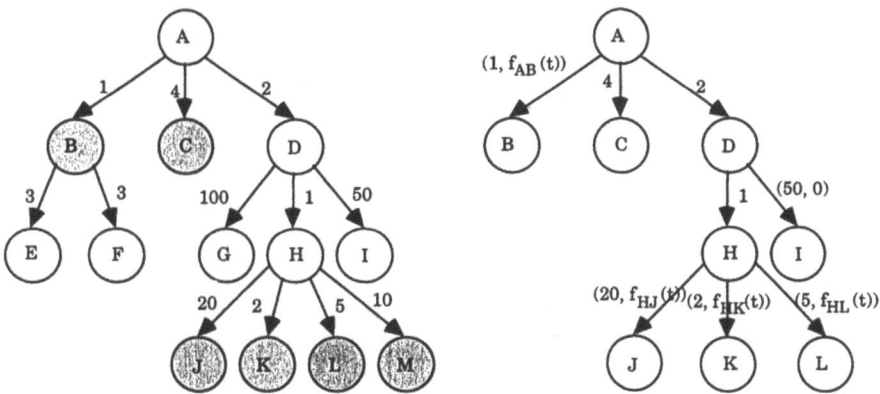

Abbildung 39: Produktions- und Recyclingerzeugnisstruktur

Die Unterschiede zwischen einer Erzeugnisstruktur und einer Recyclingerzeugnisstruktur betreffen folgende Bereiche:

- Die *Recyclingerzeugnisstruktur* enthält weniger Knoten. Der Wegfall von Knoten kann folgende Ursachen haben:

    - Ist eine komplette Baugruppe recyclingfähig (kann sie z. B. nach Demontage und Aufbereitung als Ersatzteil verwendet werden), so ist eine weitergehende Zerlegung nicht notwendig, und die Subgraphen unterhalb des Knotens, der die Baugruppe repräsentiert, fallen weg (in Abbildung 39 trifft dies auf Baugruppe B zu).

    - Nicht-recyclingfähige Teile können aus der Recyclingerzeugnisstruktur herausfallen (Teil G). Es kann jedoch sinnvoll sein, auch nicht-recyclingfähige Baugruppen in Recyclingerzeugnisstrukturen zu berücksichtigen, wenn z. B. die Zuordnung eines Arbeitsplans zum Zweck der Aufbereitung für eine (umweltschonende) Deponierung notwendig ist (Teil I).

Kriterium für die Zuordnung eines Arbeitsplans für die Beseitigung eines Teils ist die Planungsrelevanz: Ist die Beseitigung eines Abfalls derart aufwendig, dass eine Planung des Beseitigungsprozesses erforderlich ist, wird diesem Abfallteil ein Arbeitsplan zugeordnet, und er wird in die Recyclingerzeugnisstruktur aufgenommen (wie Teil I), andernfalls nicht (wie Teil G).

- Auch recyclingfähige Teile können aus einer Recyclingerzeugnisstruktur herausfallen, wenn sie nicht demontierbar sind oder ihr Wiedereinsatz aus wirtschaftlichen Gründen nicht sinnvoll ist.

- Die Kanten in der Recyclingerzeugnisstruktur sind mit Tupeln der Art (M, $f_{XY}(t)$) an Stelle von Mengenkoeffizienten beschriftet. Dabei steht M für die ursprünglich in der Produktion festgelegte Einsatzmenge. $f_{XY}(t)$ ist eine Funktion, deren Argument t einen Zeitpunkt beschreibt. X und Y sind dabei Platzhalter für die Bezeichner der beiden Teile, die über die Kante miteinander verbunden sind. f beschreibt die Wiedereinsatzquote von Teilen über die Zeit. Sind z. B. verschleißbedingt nach 2 Perioden nur noch 50% der Teile B nach der Trennung von Teil A wieder- bzw. weiterverwendbar und nach 4 Perioden nur noch 20%, so ist $f_{AB}(2) = 0,5$ und $f_{AB}(4) = 0,2$. Weiterhin gelten die Konventionen, dass $f_{XY}(t)$ weggelassen wird, wenn konstant $f_{XY}(t) = 1$ ist. Dies stellt zunächst eine Vereinfachung der Realität dar, da qualitative Unterschiede einzelner Recyclinggüter hier nicht berücksichtigt werden. Qualitative Unterschiede können jedoch über Merkmale und Ausprägungen abgebildet werden (siehe Ende dieses Kapitels).

Wiedereinsatzquoten geben an, mit welchem Faktor Recyclinggüter nach dem Recyclingprozess wieder als Sekundärgüter in der Produktion eingesetzt werden können. Sie werden durch folgende Faktoren beeinflusst:

- Verschleiß der Teile durch Beanspruchung im Gebrauch oder Produktionsprozess,
- Zerstörungsquote bei der Demontage,
- besondere Materialbeanspruchungen, z. B. durch Unfälle, Materialermüdung o. ä.

Zerstörungsquoten und Verschleiß können durch Experimente und Simulationen bei der Entwicklung von Werkstoffen und Produkten bestimmt werden. Die Unfallquote kann in der Regel nur auf Basis von Erfahrungswerten geschätzt werden.

Die Funktionen für die Bestimmung der Wiedereinsatzquoten müssen vom PRPS-System verwaltet werden. Da davon auszugehen ist, dass es für Anwender aus der betrieblichen Praxis problematisch wird, Funktionen z. B. in Form von Polynomen zu definieren und im System zu verankern, ist es zweckmäßig, einige Standardfunktionen vorzugeben, die vom Benutzer den Kanten zugeordnet und parametrisiert werden können. Derartige Standardfunktionen können z. B. lineare (siehe Abbildung 40a)) oder Z-Funktionen (siehe Abbildung 40b)) sein.

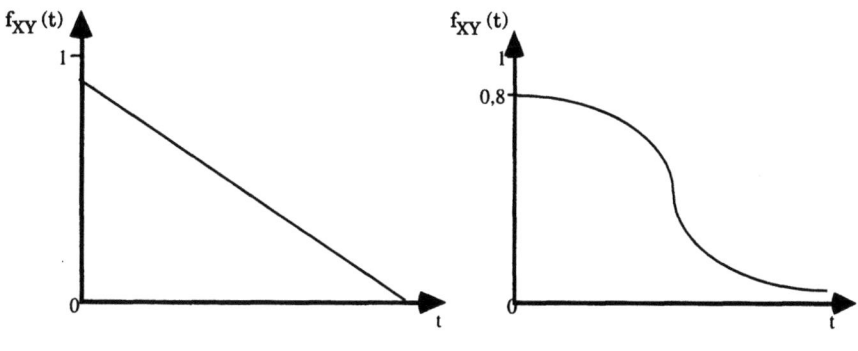

Abbildung 40: a) lineare Funktion   b) Z-Funktion

Die demontagebedingten Zerstörungsquoten sind implizit in diesen Funktionen berücksichtigt. Die Zerstörungsquoten q, die montagebedingt und unabhängig vom Verschleiß der Recyclinggüter sind, können direkt als q = 1- $f_{XY}(0)$ abgelesen werden. In Abbildung 40b) wird z. B. von einer Zerstörungsquote von 20% ausgegangen.

Während die Recyclingerzeugnisstrukturen gegenüber den Produktionserzeugnisstrukturen zu modifizieren sind, besteht zwischen Produktions- und *Recyclingarbeitsplänen* eine Strukturanalogie. Die Unterschiede zwischen Produktions- und Recyclingarbeitsplänen betreffen die Zuordnung zu Teilestammsätzen und zwei Strukturerweiterungen zur Vereinfachung der Gewinnung von Recyclinginformationen aus Produktionsdaten. Während bei PPS-Systemen jedem Eigenfertigungsteil genau ein Stammarbeitsplan zugeordnet ist, können einem Teil in der PRPS mehrere Stammarbeitspläne zugeordnet werden. Neben dem Produktionsarbeitsplan sind dies Arbeitspläne für das Altprodukt- und Ausschussrecycling sowie für die Beseitigung des Teils. Für die Zuordnung von Recycling- und Entsorgungsarbeitsplänen zu Teilen können folgende Regeln angegeben werden:

- Fremdbezogenen Teilen (Material) sind Entsorgungsarbeitspläne zuzuordnen, wenn die Beseitigungsquote dieser Teile größer als 0 ist. In gängigen PPS-Systemen wird der Begriff „Ausschussquote" auch im Zusammenhang mit Material verwendet, was streng genommen falsch ist, da nicht verwendbares Material beseitigt werden muss und damit zu Abfall wird.

- Eigenfertigungsteilen, bei denen die Ausschussquote größer als 0 ist, sind Ausschussrecyclingarbeitspläne zuzuordnen. Ist $f_{XY}(0) < 1$, so muss dem Teil auch ein Entsorgungsarbeitsplan für die nicht-recyclingfähigen Ausschussteile zugeordnet werden.

- Teilen, die als Altprodukte recycliert werden können, sind Recyclingarbeitspläne für das Altproduktrecycling zuzuordnen.

- Teilen, die in Erzeugnisstrukturen explizit als Abfälle oder Reststoffe gekennzeichnet sind, sind Arbeitspläne für die Entsorgung bzw. das Reststoffrecycling zuzuordnen.

Bei einer recyclinggerechten Arbeitsplanung muss es prinzipiell möglich sein, jedem Montagevorgang dazu inverse Demontagevorgänge (*Pendants*) für das Recycling zuzuordnen. Es kann jedoch nicht davon ausgegangen werden, dass jedem Montagearbeitsgang genau ein Pendant zugeordnet wird, da im Rahmen von Recyclingarbeitsplänen z. B. auch Aufbereitungs- und Sammlungsarbeitsgänge erforderlich sind. Andererseits ist es wahrscheinlich, dass gleichen Montagearbeitsgängen die selben Demontagearbeitsgangketten als Pendants zugeordnet werden können.

Die Aggregation von Arbeitsgangketten zu einzelnen Arbeitsgängen (Kurbel/Rautenstrauch 1991, 619) vereinfacht die Zuordnung von Montagearbeitsgängen und ihren Pendants. Mit Hilfe der Aggregation können Teilketten von Arbeitsplänen eines Produktionsarbeitsplans für die Montage eines Teils und Teilketten von Arbeitsplänen eines Recyclingarbeitsplans für die Demontage des selben Teils zu jeweils einem Arbeitsgang zusammengefasst werden. Die so entstandenen aggregierten Arbeitsgänge für Montage- und Demontage eines Teils stehen genau in einer 1:1-Beziehung zueinander. Dies bedeutet eine erhebliche Vereinfachung bei der Datenverwaltung und bei der Generierung von Recyclingarbeitsplänen auf Basis von Produktionsarbeitsplänen.

Im Folgenden werden Funktionsbereiche der PRPS dargestellt, in denen recyclinginduzierte Erweiterungen und Modifikationen der PPS besonders hervorstechen. Die Betrachtung wird auf die deterministische Materialdisposition, die Nettobedarfsberechnung und die Terminierung bei unmittelbarem Recycling beschränkt, da eine weitergehende Vertiefung den Rahmen dieses Werks sprengen würde. Ein detailliertes Fachkonzept für PRPS-Systeme beschreibt (Rautenstrauch 1997c).

3.3.2.2.2 *Bedarfsgesteuerte Materialdisposition*

In der Mengenplanung müssen nun auch *Sekundärentsorgungsbedarfe* ermittelt werden. Diese entstehen aufgrund des Anfalls von Recyclinggütern aus Produktions- oder Recyclingprozessen. Weiterhin sind bei der Mengenplanung für die Produktion die Wirkungen des unmittelbaren Recycling zu berücksichtigen. Hier-

3.3 Konzepte des computergestützten Recycling

für sind keine grundsätzlich neuen Verfahren erforderlich, da Reststoffe und Ausschuss als *Kuppelprodukte* angesehen werden können. Die Berechnung von Brutto- und Nettobedarfen kann daher durch Adaption von Verfahren der Mengenplanung aus der Kuppelproduktion realisiert werden.

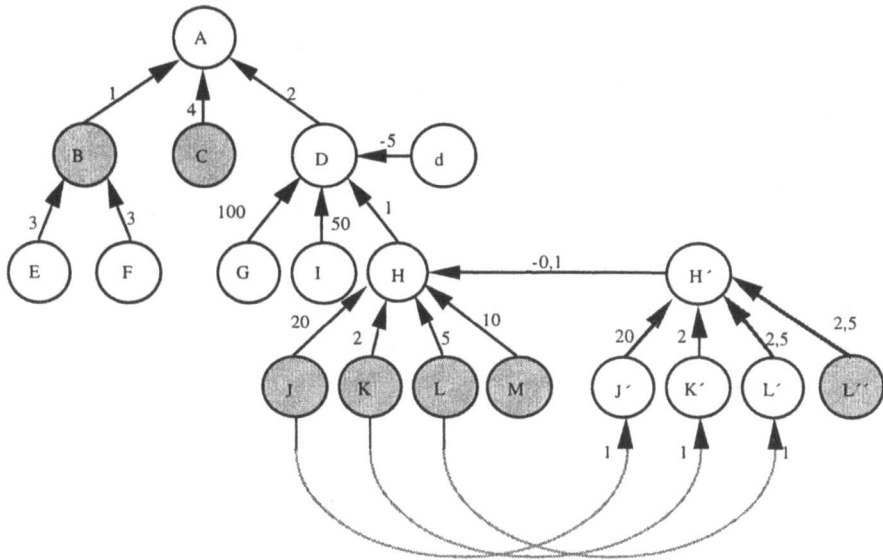

Abbildung 41: Gozintograph mit Berücksichtigung von Entsorgungsbedarfen

Abbildung 41 zeigt exemplarisch den Gozintograph für ein Teil A, bei dessen Baugruppe H 10% Ausschuss entstehen. Ein solcher Graph wird folgendermaßen konstruiert:

- Entstehen bei der Produktion eines (Haupt-)Teils Kuppelprodukte, so werden diese über eigene Knoten dargestellt und durch Kanten mit dem Hauptteil verbunden. Die Kante wird dann mit einem negativen Mengenkoeffizienten beschriftet.

- Reststoffe werden mit Kleinbuchstaben beschriftet. Ausschussteile werden wie ihre Komplemente aus der Produktionserzeugnisstruktur benannt und durch einen Strich gekennzeichnet. Das Teil d stellt einen zu beseitigenden Produktionsrückstand dar, da Recyclingfähigkeit durch graue Unterlegung gekennzeichnet wird und hier nicht vorliegt. H´ ist das zu H komplementäre Ausschussteil. Die Kantenbeschriftung mit dem Mengenkoeffizient 0,1 ergibt sich aus der Ausschussquote von 10%. Ausschussteile werden dabei als spezielle Kuppelprodukte angesehen.

- Wird ein Ausschussteil innerhalb der selben Periode demontiert, in der es anfällt, entstehen Entsorgungsbedarfe nicht nur für das Teil selbst, sondern auch für die Teile niedrigerer Demontagestufen, in die das Ausschussteil zerlegt wird. In diesem Fall wird der Knoten des Ausschusteils durch den Gozintograph seiner Recyclingerzeugnisstruktur ersetzt (dies sind in Abbildung 41 die Knoten J´, K´ und L´ mit den zugehörigen Kanten). Die Mengenkoeffizienten an den Kanten von Teilen niedrigerer Stufen zu höheren Stufen müssen positiv sein, da der Bedarf des Teils auf der höchsten Demontagestufe bereits negativ ist. Wären die Mengenkoeffizienten niedrigerer Stufen auch negativ, dann wären Entsorgungsbedarfe von Teilen auf einer geraden Demontagestufe durch die Multiplikation zweier negativer Werte stets positiv, während sich für Teile auf ungeraden Demontagestufen negative Bedarfe ergeben würden. (Anmerkung: In Abbildung 41 wird vereinfachend davon ausgegangen, dass die Funktionen für die Wiedereinsatzquoten konstant 1 sind.) Problematisch ist bei verknüpften Produktions- und Recyclingerzeugnisstrukturen, dass Kanten zwischen zwei Entsorgungsgütern in gleicher Weise wie Kanten zwischen zwei Baugruppen dargestellt werden, obwohl sie eine unterschiedliche Semantik haben. So ist z. B die Semantik der Kante zwischen den Knoten J und H „geht ein in", während die Semantik der Kante zwischen den Knoten J´ und H´ „ging ursprünglich ein in" lautet. Daher wird die abweichende Semantik der Kanten zwischen Entsorgungsgütern mit positiven Mengenkoeffizienten durch unterbrochene Linien kenntlich gemacht.

- Bei unmittelbarem Recycling fließen die Recyclate direkt in den Produktionsprozess zurück. Stellt man diesen Zusammenhang in einem Gozintographen dar, so entstehen Zyklen, die *Rückkopplungen* (Adam 1993b, 21) genannt werden. Abbildung 41 zeigt den Gozintographen mit Rückkopplungen der Teile J, K und L.

- Im Gozintograph für unmittelbares Recycling kommt hinzu, dass alle Knoten, die Primärteile repräsentieren und durch Sekundärteile aus unmittelbarem Recycling substituiert werden können (im Beispiel aus Abbildung 41 sind dies die Knoten J, K und L), mit den Knoten der korrespondierenden Sekundärgüter (im Beispiel J´, K´ und L´) verbunden werden müssen. Hierdurch wird eine sogenannte *unechte Rückkopplung* konstruiert, da die Sekundärteile J´, K´ und L´ die Primärteile J, K und L substituieren *können*, aber nicht *müssen* (Adam 1993b, 23 ff). Echte Rückkopplungen kommen z. B. in der Prozessindustrie vor, wenn Produkte einer höheren Produktionsstufe zur Qualitätsverbesserung wieder in Produkte einer niedrigeren Stufe einfließen müssen. Bei unechten Rückkopplungen müssen ebenfalls gestrichelte Pfeile verwendet werden, da die Bedeutung der Beziehung zwischen den Knoten auch hier nicht „geht ein in", sondern „ging ursprünglich ein in" ist. Die Mengenkoeffizienten ergeben sich aus der Substitutionsquote. Die Substitutionsquote gibt den maximalen Anteil von Sekundärteilen an der gesamten Inputmenge an,

3.3 Konzepte des computergestützten Recycling

mit dem Primärteile bei *unmittelbarem Recycling* in der Produktion ersetzt werden dürfen bzw. können. Ist die Substitutionsquote für ein Teil z. B. 0,2, dann müssen mindestens 80% der Teile, die in einen Produktionsprozess eingehen, Primärteile sein. Die Substitutionsquote wird im Datenmodell als Merkmal und die einem Recyclat zugeordnete Quote als Ausprägung dieses Merkmals dargestellt. Im Beispiel aus Abbildung 41 hat die Substitutionsquote für die Knoten J´ und K´ den Wert 1 und für L´ den Wert 0,5.

Die Konstruktion des Gozintographen nach dem o. g. Schema verändert die Semantik von Gozintographen nicht, abgesehen von der Erweiterung durch die „ging ursprünglich ein in"-Beziehung:

- Endprodukte sind nach wie vor dadurch gekennzeichnet, dass kein Pfeil von ihnen wegführt.
- Kaufteile sind nach wie vor dadurch gekennzeichnet, dass Pfeile nicht zu ihnen hinführen.
- Die sequentielle Auswertbarkeit durch Rechenverfahren der Stücklistenauflösung ist uneingeschränkt gegeben.

Der Erhalt der ursprünglichen Semantik von Gozintographen erlaubt die Bedarfsberechnung mit unveränderten Standardverfahren. Die unten stehenden Bedarfsgleichungen für den Gozintographen aus Abbildung 41 sind mit dem Verfahren von Vazsonyi (Vazsonyi 1962, 263ff) berechnet worden, wobei von einem Bedarf an 20 Mengeneinheiten H ausgegangen wurde:

$H = 20$ ME,
$H´ = -0,1 * H = -2$ ME,
$J´ = 20 * H´ = -40$ ME, $K´ = 2 * H´ = -4$ ME, $L´ = 5 * H´ = -10$ ME,
$J = 20 * H - 1 * J´ = 360$ ME, $K = 2 * H - 1 * K´ = 36$,
$L = 5 * H - 1 * L´ = 95$ ME, $M = 10 * H = 200$ ME.

3.3.2.2.3 Nettobedarfsberechnung

Bei der Nettobedarfsberechnung ist in der Produktion der Rückfluss von Sekundärteilen und -baugruppen zu berücksichtigen. Durch mittelbares Recycling und Altproduktrecycling entstehen in Vorperioden Lagerbestände durch Materialzuflüsse von Sekundärgütern. Diese Bestände können zu dem verfügbaren Bestand allerdings nur dann ohne Änderung des Berechnungsschemas addiert werden, wenn zwischen Sekundär- und Primärgütern keine qualitativen Unterschiede bestehen. Andernfalls ist eine Erweiterung des Berechnungsschemas erforderlich. Die eingeschränkte Wiedereinsetzbarkeit von Sekundärteilen mit qualitativen Schwächen kann durch *Substitutionsquoten* berücksichtigt werden. Diese legen fest, welcher Anteil von Sekundärgütern im Verhältnis zu Primärgütern maximal verwendet werden darf. Abbildung 42 zeigt das erweiterte Berechnungsschema für die Nettobedarfsermittlung mit Berücksichtigung von Substitutionsquoten für Sekundärteile auf Basis des Kalkulationsschemas von Mertens (Mertens 1998, 151).

Neu hinzu kommt die Berechnung von *Entsorgungsbedarfen*. Sie lassen sich in *Recycling-* und *Beseitigungsbedarfe* einteilen. Recyclingbedarfe entstehen durch den Anfall von Recyclaten in der Produktion oder beim Altproduktrecycling. Die ermittelten Recyclingbedarfe werden bei innerbetrieblichem Recycling zu Lagerbeständen an Sekundärgütern in der Folgeperiode. Bei zwischenbetrieblichem Recycling und Abfällen wird der Entsorgungsbedarf zum Beseitigungsbedarf, da die Güter in beiden Fällen das Unternehmen verlassen.

Bruttobedarf
- Verfügbarer Lagerbestand
= physischer Lagerbestand an Primärteilen
- Sicherheitsbestand
- Reservierungen
+ physischer Lagerbestand an Sekundärteilen * Substitutionsquote
- Disponierbarem Bestellbestand
= Bestellbestand
- erwarteter Ausschuss
= Nettobedarf

Abbildung 42: Erweitertes Berechnungsschema für Nettobedarf mit Sekundärteilen

Da der Entsorgungsbedarf für ein Entsorgungsgut sowohl bedarfs- als auch verbrauchsgesteuert ermittelt werden kann, muss ein eventuell verbrauchsgesteuert disponierter Entsorgungsbedarf in die Bedarfsberechnung aufgenommen werden. Weiterhin müssen eventuelle Zusatzbedarfe für Ungenauigkeiten eingerechnet und eventuell vorhandene Bestände aus Vorperioden berücksichtigt werden. Eine Lagerung von Abfällen über eine oder mehrere Perioden kann z. B. sinnvoll sein, wenn eine Senkung von Beseitigungskosten zu erwarten ist (wie dies 1994 für Bildröhren der Fall war, da neue Recyclingtechnologien verfügbar wurden), wenn von den zu beseitigenden Abfällen keine besondere Gefahr ausgeht oder wenn hinreichend Lagerkapazitäten vorhanden sind.

Weiterhin sind *Überhangbestände* zu berücksichtigen, die durch Recyclate entstehen, die nicht in vollem Umfang in der Produktion verbraucht oder anderweitig veräußert werden können. Entstehen in einer Periode mehr Recyclate, als in der Folgeperiode verbraucht werden können, wird die nicht verbrauchte Restmenge zum Überhangbestand.

Teile können sowohl Recyclinggüter als auch Abfall darstellen. Dies ist z. B. der Fall, wenn Wiedereinsatz- oder Wiederverwendungsquoten kleiner als 100% sind.

3.3 Konzepte des computergestützten Recycling

Die nicht wiederverwendbaren bzw. wiedereinsetzbaren Teile werden dann zu Abfällen. Für derartige Teile müssen sowohl Recycling- als auch Beseitigungsbedarfe ermittelt werden. Liegt z. B. für ein Teil X die Wiedereinsatzquote bei 60% und ergibt sich aus der Stücklistenauflösung ein Gesamtentsorgungsbedarf von 1000 Mengeneinheiten, lässt sich für die Planung der Entsorgungsbedarfe das in Abbildung 43 gezeigte Berechnungsschema angeben.

Recyclingbedarf von Teil X	Beseitigungsbedarf von Teil X
Entsorgungsbedarf aus Stücklistenauflösung (60%) 600	Entsorgungsbedarf aus Stücklistenauflösung (40%) 400
+ Verbrauchsgesteuert ermittelter Entsorgungsbedarf 0	+ Verbrauchsgesteuert ermittelter Entsorgungsbedarf 0
+ Zusatzbedarf für Ungenauigkeiten 0	+ Zusatzbedarf für Ungenauigkeiten 0
+ nicht entsorgte Bestände aus Vorperiode 200	+ nicht entsorgte Bestände aus Vorperiode 0
- Überhangbestand 300	+ Überhangbestand → 300
= Recyclingbedarf 500	= Beseitigungsbedarf 700

Abbildung 43: Kombinierte Recycling- und Beseitigungsbedarfe

3.3.2.2.4 Terminierung bei unmittelbarem Recycling

Erweiterungen bestehender Terminierungsverfahren sind bei unmittelbarem Recycling notwendig, da hier zyklische Materialflüsse vorkommen und zeitliche Abhängigkeiten zwischen den Produktions- und Recyclingarbeitsgängen bestehen. Hierfür ist der Einsatz folgender Terminierungsverfahren denkbar:

- *Synchrone Vorwärtsterminierung*: Bei der synchronisierten Terminierung wird davon ausgegangen, dass der Produktionsprozess zunächst einmal vollständig durchlaufen wird. Anschließend werden für die ausgestoßenen Recyclinggüter Recyclingprozesse ausgeführt und die gewonnenen Sekundärteile wieder an den Produktionsprozess zurückgegeben, der anschließend erneut abläuft. Dies wird solange wiederholt, bis der Produktionsprozess die gewünschte Outputmenge ausgestoßen hat oder keine Recyclate mehr verfügbar sind. Hierbei erhöht sich die Durchlaufzeit durch die Integration des Recycling *in jedem Fall*, da der Produktionsprozess mindestens einmal für den

Zeitraum eines Recyclingprozesses unterbrochen wird. Die synchrone Terminierung hat allerdings den Vorteil, dass sie selbst bei vollständiger Ressourcenkonkurrenz zwischen Produktions- und Recyclingprozess eingesetzt werden kann.

- *Gepufferte Vorwärtsterminierung*: Bei der gepufferten Terminierung wird der Recyclingprozess jedesmal dann angestoßen, wenn der Output an Recyclinggütern eine bestimmte Menge (Puffermenge) überschritten hat. Wird im Verlauf des Produktionsprozesses die Puffermenge eines Recyclingguts n mal erreicht bzw. überschritten, dann wird der Recyclingprozess n + 1-mal durchlaufen, da am Schluss des Prozesses eine Restmenge an Recyclinggütern übrigbleibt. Für die aus dem letzten Durchlauf ausgestoßenen Sekundärgüter muss der Produktionsprozess ein weiteres Mal terminiert werden, falls die gewünschte Outputmenge noch nicht erreicht ist. Die gepufferte Terminierung ist sinnvoll einzusetzen, wenn nur eine partielle Ressourcenkonkurrenz zwischen Produktions- und Recyclingprozess besteht, da dann im Vergleich zur synchronen Terminierung kürzere Durchlaufzeiten erreicht werden können.

- *Asynchrone Terminierung*: Bei der asynchronen Terminierung werden Produktions- und Recyclingprozesse unabhängig voneinander terminiert. Voraussetzung hierfür ist, dass der Produktionsprozess eine hinreichend große Durchlaufzeit hat und keine Ressourcenkonkurrenz zwischen Produktions- und Recyclingprozess besteht. In diesem Fall sind keine recyclingbedingten Verlängerungen der Durchlaufzeiten zu erwarten.

3.4 Umwelt-PPS-Systeme und -Leitstände

Als *Emissionen* werden alle gasförmigen und flüssigen unerwünschten und nichtwarenförmigen Kuppelprodukte bezeichnet. Ferner werden auch flüchtige feste Stoffe (wie Stäube oder Aschen) als Emissionen bezeichnet. In der industriellen Produktion fallen insbesondere folgende Emissionen an (Haasis 1996, 2):

- Gasförmige Emissionen (z. B. Schwefeldioxyde, FCKW),
- feste Emissionen (z. B. Flugasche),
- flüssige Emissionen bzw. Abwässer,
- energetische Emissionen (z. B. Abwärme) und
- Lärmemissionen.

Emissionen erfahren in ihrem Aufnahmemedium Luft oder Wasser eine *Transmission*, die aus Transport und ggf. auch chemischen Reaktionen besteht, um dann als *Immisionen* wieder auf den Lebensraum des Menschen einzuwirken.

3.4 Umwelt-PPS-Systeme und -Leitstände

3.4.1 Konzepte der Umwelt-PPS

Umwelt-PPS-Systeme sind Erweiterungen konventioneller PPS-Systeme, die neben den wirtschaftlichen Zielgrößen auch ökologische Zielgrößen wie Emissionsminimalität und den Rückfluss von Reststoffen in die Produktion in der Planung berücksichtigen (Haasis/Rentz 1992).

Nachdem der Rückfluss von Reststoffen, Ausschussteilen und Altprodukten bereits ausführlich behandelt wurde, soll nun gezeigt werden, durch welche Maßnahmen in der PPS die Emissionen an gasförmigen und flüssigen Emissionen reduziert werden können. Dabei werden die einzelnen Funktionsbereiche hinsichtlich ihrer Einflussmöglichkeiten auf die Emissionsreduzierung untersucht und Erweiterungen der Planungsmodelle diskutiert. Die Ausführungen basieren im Wesentlichen auf (Haasis 1996, 127ff).

Schon in der *Produktionsprogrammplanung* können entscheidende Weichen für die emissionsreduzierte Produktion gestellt werden. Als *optimales Produktionsprogramm* wird genau die Kombination von Endprodukten und Ausbringungsmengen bezeichnet, die unter gegebenen Kapazitäts- und Absatzrestriktionen den maximalen Deckungsbeitrag erwirtschaftet. Der erste Lösungsansatz besteht darin, die Restriktionen um eine Umweltschutzrestriktion zu erweitern. Formal lässt sich dies als einfache wirtschaftliche Zielfunktion mit der Entscheidungsvariable x_i formulieren, welche die Ausbringungsmengen der Produkte i (i = 1, ..., n) definiert:

(7)   Zielfunktion: $\sum_{i=1}^{n}(p_i - k_i)x_i \rightarrow \max$

    Nebenbedingungen:

- Kapazitätsrestriktionen: $\sum_{i=1}^{n}(a_{ij}x_i) \leq R_j \;\; \forall j$

- Umweltschutzrestriktionen: $\sum_{i=1}^{n}(e_{ik}x_i) \leq E_k \;\; \forall k$

- Absatzbeschränkungen: $x_i \bullet A_i \;\; \forall i$
- Nichtnegativitätsbedingung: $x_i > 0 \;\; \forall i$

mit:

     p_i Erlös je Mengeneinheit des Produkts i,
     k_i variable Kosten je Mengeneinheit von i,
     R_j Kapazitätsobergrenze der Anlage j,
     A_i Absatzhöchstmenge für i in der Planungsperiode,
     E_k Emissionshöchstmenge der Emissionsart k,

a_{ij} Produktionskoeffizient pro Mengeneinheit des Produktes i auf Anlage j,

e_{ik} Emissionskoeffizient pro Mengeneinheit des Produktes i bezüglich Emissionsart k.

Die Emissionshöchstmengen entsprechen den in gesetzlichen Vorschriften festgeschriebenen Grenzwerten. Die Emissionkoeffizienten lassen sich aus den Produktbilanzen ableiten. Insbesondere das in CUMPAN implementierte Verfahren expliziert diese Koeffizienten für nicht-warenförmige Outputs (siehe Kapitel 2.2.4).

Eine andere Vorgehensweise zur Berücksichtigung des Umweltschutzes in der Produktionsprogrammplanung ist, an Stelle des Deckungsbeitrags die Schadschöpfung in der Zielfunktion zu optimieren (die Schadschöpfung ist in Kapitel 2.3.2 definiert). In diesem Fall ergibt sich folgende Zielfunktion:

(8) Zielfunktion: $\sum_{i=1}^{n} \frac{(p_i - k_i)x_i}{SE_i} \to \max$

Nebenbedingungen wie bei (7), aber ohne Umweltschutzrestriktionen und mit SE_i Schadschöpfungseinheiten des Produkts i

In der Produktion fallen folgende Arten von Emissionen an:

- *Transportemissionen* bei Beschaffung und Entsorgung sowie innerbetrieblichen Transportvorgängen: Hierzu gehören insbesondere Abgase und sonstige Emissionen (z. B. Altöl) von Transportmitteln.

- *Bestandsabhängige und -unabhängige Lageremissionen*: Bei der Lagerung von Gütern entstehen Emissionen z. B. durch Auslaufen, Verdunstung, Unfälle oder innerbetriebliche Transportvorgänge.

- *Bearbeitungsemissionen* entstehen durch den Einsatz von Betriebsmitteln bei der Bearbeitung von Werkstücken.

- *Stillstandsemissionen* werden durch Anlagen oder Betriebsmittel freigesetzt, die während der Liegezeiten von Werkstücken im Leerlauf oder Standby-Betrieb weiterbetrieben werden müssen.

- *Rüstemissionen* sind z. B. Farben oder Reinigungsmittel, die bei der Einrichtung von Maschinen entstehen, um sie auf den nächsten Bearbeitungsvorgang vorzubereiten.

Für die Erfassung der Emissionswerte sind die Informationen der Arbeitsgänge in PPS-Systemen um Attribute für den Energieverbrauch, Emissions-, Abwasser und

3.4 Umwelt-PPS-Systeme und -Leitstände

Abfallanfall sowie solchen Abfallmengen, die bei Rüstvorgängen in Abhängigkeit vom Vorgänger-Arbeitsgang anfallen, zu ergänzen.

Transportemissionen lassen sich durch eine geeignete Lieferanten- und Entsorger-Auswahl reduzieren. Da sich die Transportentfernung in der Regel direkt auf die Transportkosten niederschlägt, ist eine explizite Betrachtung der zu erwartenden Transportemissionen oftmals überflüssig. Lohnenswerter ist die Berücksichtigung von Transport- und Lageremissionen im Zusammenhang mit der Ermittlung von Bestellmengen. Bei der Ermittlung der optimalen Bestellmenge ist der Konflikt zwischen Lagerkosten und bestellmengenfixen Kosten zu lösen. Bestellt man sehr häufig, dann sind die Lagerkosten niedrig, aber die kumulierten bestellmengenfixen Kosten hoch. Bei hoher Bestellfrequenz und kleinen Bestellmengen ist dies umgekehrt. Die optimale Bestellmenge ist dadurch gekennzeichnet, dass die Gesamtkosten für Bestellungen minimal sind. Das klassische Bestellmengenmodell nach Andler und Harris lässt sich für die Berechnung der emissionsminimalen Bestellmenge adaptieren. Auch ist die Entscheidungsvariable die Bestellmenge x.

(9) Zielfunktion: $E_L(x) + E_T(x) \to \max$
Nebenbedingung: $y \cdot x = M$, mit

- Lageremissionen [ME/ZE]: $E_L(x) = \frac{x}{2} \cdot e_{L,a} \cdot e_{L,u}$,
- Transportemissionen [ME/ZE]: $E_T(x) = s \cdot \frac{M}{x} \cdot e_{T,a} + M \cdot e_{T,u}$,
- $e_{L,a}$: bestandsabhängiger Lageremissionssatz [ME/ZE],
- $e_{L,a}$: bestandsunabhängiger Lageremissionssatz [1/ZE],
- $e_{T,a}$: frequenzabhängiger Transportemissionssatz (z. B. Abgase) [ME/km],
- $e_{T,u}$: frequenzunabhängiger Transportemissionssatz [ME/ZE],
- M: gesamter Bestellbedarf für x in der Planungsperiode,
- y: Bestellfrequenz,
- s: Transportstrecke [km].

Für die Berechnung der emissionsoptimalen Bestellmenge x_{opt}^E und -frequenz y_{opt}^E lässt sich analytisch folgende Lösung herleiten:

(10) $x_{opt}^E = \sqrt{\frac{2 \cdot M \cdot s \cdot e_{T,a}}{e_{L,a} \cdot e_{L,u}}}$ und $y_{opt}^E = \frac{M}{x_{opt}^E}$

Die bis hierhin formulierten Modelle können durchaus als Grundlage für die Implementierung emissionsorientierter Verfahren in PPS-Systemen dienen. Allerdings haben derartige Verfahren – und dies gilt insbesondere auch für die kostenorientierten Modelle, die den emissionsorientierten Modellen zu Grunde liegen – bislang kaum Einzug in PPS-Systeme erhalten. Der Grund hierfür ist, dass sich derartige betriebswirtschaftliche Planungsmodelle entweder wegen der restriktiven Prämissen oder des nicht handhabbaren Rechenaufwands als wenig brauchbar erwiesen (Kurbel 1998, 45). Der Nutzen der Modelle liegt darin, dass sie geeignet sind, die Zusammenhänge zwischen verschiedenen Parametern transparent zu machen. Sie sind daher Erklärungsmodelle, aber nicht unbedingt Gestaltungsmodelle.

Die Formulierung verwendbarer Modelle unter Berücksichtigung von Bearbeitungs-, Rüst- und Stillstandsemissionen in der Feinplanung scheitert insbesondere bei mehrstufiger Produktion an der Komplexität. Daher existieren für die Entscheidungsfindung, welche Arbeitsgänge in welcher Reihenfolge bei gegebenen Reihenfolgerestriktionen auf den Maschinen einzulasten sind, Heuristiken in Form von Prioritätsregeln. So kann z. B. die Einlastung in der Reihenfolge der kürzesten Operationszeiten (KOZ-Regel) oder der längsten Restbearbeitungszeiten (LRB-Regel) erfolgen. Für die umweltorientierte Planung lassen sich auch umweltbezogene Regeln angeben:

- *MRE*: Einlastung nach minimaler Rüstemission,
- *LMN*: Einlastung nach minimaler Liegeemission in der Warteschlange verbleibender Arbeitsgänge,
- *LMX*: Einlastung nach maximaler Liegeemission bei Nichteinlastung.

Die Wirkung der Prioritätsregeln auf die Bearbeitungs-, Rüst- und Stillstandsemissionen wurde mit Hilfe von Simulationsexperimenten nachgewiesen (Haasis/ Rentz 1993). Dabei wurde gezeigt, dass sich die Rüstemissionen besonders durch Anwendung der MRE-Regel und die Stillstands- und Liegeemissionen durch Anwendung der LMN-Regel reduzieren lassen.

3.4.2 Umwelt-Leitstände für die Fertigungssteuerung

Bei der Feinterminierung von Arbeitsgängen ist so vorzugehen, dass die in Kapitel 3.1 genannten Ziele der PPS möglichst eingehalten werden. Hierfür sind eine Vielzahl von Einplanungsverfahren entwickelt worden, die in Leitständen zumindest prototypisch implementiert sind (Schultz et al. 1995). Die Problematik wird verschärft, wenn neben den gegebenen auch umweltschutzinduzierte Ziele und Rahmenbedingungen zu berücksichtigen sind. Aufgaben einer umweltschonenden Fertigungssteuerung sind:

- Überwachung der Einhaltung von Grenzwerten,
- Sicherstellung einer ressourcenschonenden Produktionsweise durch zeitliche Abstimmung des Anfalls und der Entsorgung betrieblicher Stoffströme,

3.4 Umwelt-PPS-Systeme und -Leitstände

- Vermeidung von Energieverschwendung,
- Berücksichtigung von Umweltwirkungen bei Störungen.

Auch wenn die Produktionsplanung noch so genau und gewissenhaft durchgeführt wurde, wird in der Produktion in der Regel von den Planungsvorgaben abgewichen. Ursachen für solche Abweichungen sind Störungen (im weitesten Sinne), die folgende Ursachen haben können:

- *Betriebsmittelfehler* wie Maschinenschäden, Werkzeugbruch oder Personalausfälle,
- *Materialfehler* wie mangelhafte Werkstoffqualität oder falsch zusammengefügte Teile,
- *Planungsfehler*, wenn z. B. Arbeitsgänge nicht oder falsch eingeplant oder Terminkollisionen nicht aufgelöst wurden,
- *Prozessbedingte Schwankungen*, die nicht oder nur schwer vorhersehbar sind.

Derartige Störungen zwingen zur kurzfristigen Umplanung von Arbeitsgängen. Da Arbeitsgänge über Reihenfolgebedingungen (Arbeitsgang x muss vor Arbeitsgang y ausgeführt werden) verknüpft sein können, kann die Umplanung eines Arbeitsgangs in die Zukunft eine „Kettenreaktion" auslösen, da nachfolgende Arbeitsgänge eventuell ebenfalls umgeplant werden müssen. Die Zielsetzung einer umweltschutzintegrierten Fertigungssteuerung ist die Steuerung von Stoff- und Energieströmen, so dass

- die vorgegebenen wirtschaftlichen Ziele wie Durchlaufzeitreduzierung oder Einhaltung der Termintreue erreicht werden,
- die zur Verfügung stehenden Ressourcen möglichst effizient ausgenutzt werden und
- die im Produktionsprozess entstehenden Emissionen, Abwässer und Abfälle so weit wie technisch möglich vermieden bzw. reduziert werden.

Sowohl für die Einplanung wie auch die störungsbedingte Umplanung von Arbeitsgängen ist für die kurzfristige Auswahl von ökologisch wie auch wirtschaftlich günstigen Prozessvarianten umfangreiches und zum großen Teil heuristisches Wissen erforderlich, was den Einsatz von optimierenden Verfahren in der Praxis unmöglich macht. Vielversprechender ist hier der Einsatz von wissensbasierten Ansätzen und Techniken des maschinellen Lernens. Ein umfassendes Beispiel für den Einsatz von Simulation, Fuzzy Logik, Expertensystemen und Neuronalen Netzen zur umweltschutzintegrierten Fertigungssteuerung ist exemplarisch für ein Unternehmen aus der Textilindustrie entwickelt worden (Tuma 1994). Hier ist die Zweckmäßigkeit und Umsetzbarkeit des Technologiemixes für diese Aufgabenstellung nachgewiesen worden.

Ein allgemeinerer Ansatz für die Unterstützung von Umweltschutzzielen ist das Konzept der *umweltorientierten Produktionsleitstände* (Franke et al. 1998). Die Erweiterungen konventioneller Leitstände betreffen hier

- die Berücksichtigung von aus Recyclingprozessen gewonnenen Sekundärrohstoffen bei der Verfügbarkeitsprüfung sowie Lager- und Transportsteuerung,
- die Rückmeldung von Stoff- und Energieverbräuchen an die Ökobilanzierung und
- die Auswahl von Prozessalternativen durch Berücksichtigung von reihenfolgeabhängigen und wartezeitabhängigen Emissionen sowie Liegeemissionen.

Der Lösungsansatz zur Integration ökologischer und wirtschaftlicher Ziele besteht hier in der Konstruktion eines Kaskadenreglers, der auf das Planungsprinzip der belastungsorientierten Auftragsfreigabe (BOA) (Wiendahl 1997) adaptiert. Die BOA kann sinnvoll bei Serienfertigung nach dem Verrichtungsprinzip (Werkstattfertigung) und bei lokalen Teillösungen in mehrstufigen Montageprozessen eingesetzt werden. Die Zielsetzung der BOA ist so definiert, dass nur so viele Aufträge freigegeben werden, wie aus Sicht der Kapazitäten verträglich ist, ohne dass Stillstandszeiten entstehen. Der BOA liegt als Metapher ein Trichtermodell zu Grunde (siehe Abbildung 44), das im Folgenden kurz erläutert wird, da es auch Grundlage des Kaskadenreglers für die Berücksichtigung von Emissionen in der Fertigungssteuerung ist.

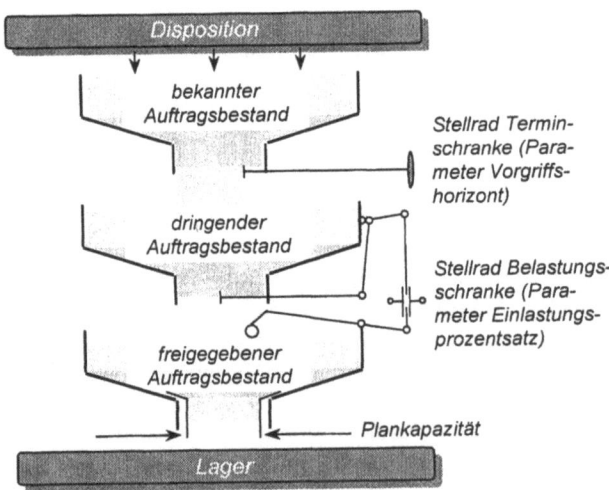

Abbildung 44: Trichtermodell der BOA

Die Trichteröffnung entspricht der Leistung eines Betriebsmittels pro Zeiteinheit und der Füllgrad dem Auftragsbestand. Die Durchlaufzeit für Aufträge (d. h. die Verweildauer im Trichter) wird mit der Trichterformel berechnet. Dabei entspricht die mittlere gewichtete Durchlaufzeit den Quotienten aus mittlerem Bestand und mittlerer Leistung, d. h. $t_d = B/L$. Das Verfahren läuft dann im Prinzip so ab, dass zunächst die Aufträge nach Startterminen sortiert werden. Die sogenannten „dringlichen Aufträge" (Aufträge sind hier ein oder mehrere Arbeitsgänge), die innerhalb des Vorgriffshorizonts (Planungszeitraum) liegen und für die das Material verfügbar ist, werden ausgewählt. Spätere Arbeitsgänge werden abgewertet, d. h. ihr Kapazitätsbedarf wird auf einen Wert <100% gesetzt. Die Aufträge müssen dann die Belastungsschranke (maximal zulässiger Arbeitsvorrat) überwinden, wobei die Einlastung mit dem Einlastungsprozentsatz $e = (S/A) \cdot 100\%$ mit S = Belastungsschranke und A = geplantem Abgang gesteuert wird. Nun wird versucht, jeden Arbeitsgang auf dem entsprechenden Betriebsmittel einzulasten. Je kleiner die verfügbaren Kapazitäten des Betriebsmittels werden, umso kleiner wird der Einlastungsprozentsatz. Weiterhin kann die Stellgröße Vorgriffshorizont für die Regelung der einzulastenden Aufträge verwendet werden.

In Analogie dazu können *Emissionstrichter* für die umweltorientierte Auftragsfreigabe verwendet werden. Ein solcher Trichter nimmt ebenfalls Aufträge auf, allerdings wird nicht ihr zeitlicher Ressourcenbedarf, sondern ihr Emissionsvolumen zur Einlastungsgröße. Für die Überwindung der Belastungsschranke können Aufträge mit emissionsorientierten Prioritätsregeln oder an Hand von Regeln eines wissensbasierten Systems bewertet werden. Abbildung 45 zeigt das Modell eines Emissionstrichters. Kombiniert man derartige Emissionstrichter mit den konventionellen Trichtern für den Auftragsbestand, dann können nicht nur Betriebsmittelkapazitäten, sondern auch Emissionsgrenz- oder -zielwerte bei der Auftragseinlastung berücksichtigt werden.

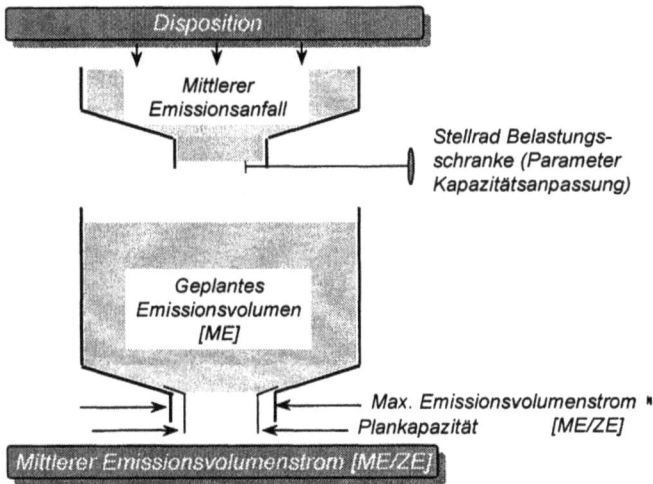

Abbildung 45: Emissionstrichter

3.5 CAD-Systeme für den Entwurf umweltgerechter Produkte

Waren *CAD-Systeme* (CAD = Computer Aided Design) ursprünglich nur auf die geometrische Gestalt von Produkten ausgerichtet, ist ihre Funktionalität heute oftmals für die Verwaltung von Werkstoff- und Kosteninformationen erweitert. Man spricht daher auch von *Konstruktionsinformationssystemen* (Mertens 1998, 32). Der ökologiegerechten Gestaltung von Produkten, mit der sich Ingenieurwissenschaftler unter dem Konzept des *Life Cycle Engineering and Design* weltweit befassen, kommt dabei eine hohe Bedeutung zu. Zum Beispiel konnten bei Waschmaschinen, Kühlschränken und Fernsehern die Demontagezeiten nach einem demontagegerechten Redesign um durchschnittlich 48 % gesenkt werden (Harjula et al. 1996). Die Aufgaben der umweltgerechten Produktgestaltung sind folgende:

- Der Einsatz von Primärgütern soll möglichst ohne Einschränkung der Produktqualität minimiert werden. Dies kann durch eine entsprechend geschickte Konstruktion wie auch die Substitution von Primär- durch Sekundärgüter erreicht werden.
- Das Produkt muss so konstruiert sein, dass es während des Produktgebrauchs (z. B. durch Abgase) möglichst wenig Umweltschäden nach sich zieht.
- Das Produkt muss recyclinggerecht konstruiert sein. Hierfür müssen alle wiederverwendbaren Teile demontagefreundlich verbaut werden.

Die Erforschung von Konzepten für die recyclinggerechte Konstruktion wie auch die Entwicklung von Demontagewerkzeugen, -zellen und -fabriken sind Aufgaben, der sich Ingenieure bereits seit vielen Jahren widmen. BUIS unterstützen die recyclinggerechte Konstruktion als Add-on-Systeme zu CAD-Systemen, indem sie die Erfassung aller relevanten Informationen als Produktmodelle und die Bewertung der Konstruktion hinsichtlich ihrer Recycling- und Demontageeigenschaften unterstützen.

Beispiel für ein System zur Erfassung von Produktmodellen ist *REGRED*, ein RecyclingGRaphEDitor (Feldmann et al. 1995, 124ff). Hier wird die Baustruktur eines Produkts in Form von *Recyclinggraphen* modelliert. In Recyclinggraphen werden Bauteile- und Verbindungsknoten unterschieden. Folgende Informationen zum Produktmodell werden abgespeichert:

- *Bauteilinformationen* umfassen alle Grundinformationen zu Material, Gewicht und Geometrie von Bauteilen.
- *Verbindungen* beschreiben das Fügeverfahren, die ggf. notwendigen Verbindungen (Schrauben, Nieten o. ä.) und die zur Demontage notwendige Information zur Reihenfolge, in der später demontiert werden muss (Vorrangrelation).

3.5 CAD-Systeme für den Entwurf umweltgerechter Produkte

- *Strukturinformationen* geben Zusammenhänge zwischen Gruppen von Bauteilen und Verbindungen wieder, die z. B. zu einer logischen Funktionseinheit oder Baugruppe gehören.

- Informationen, die nicht für die Demontage relevant sind, werden als allgemeine *Verwaltungsinformationen* bezeichnet.

- *Visualisierungsinformationen* dienen der Parametrisierung der grafischen Oberfläche von REGRED.

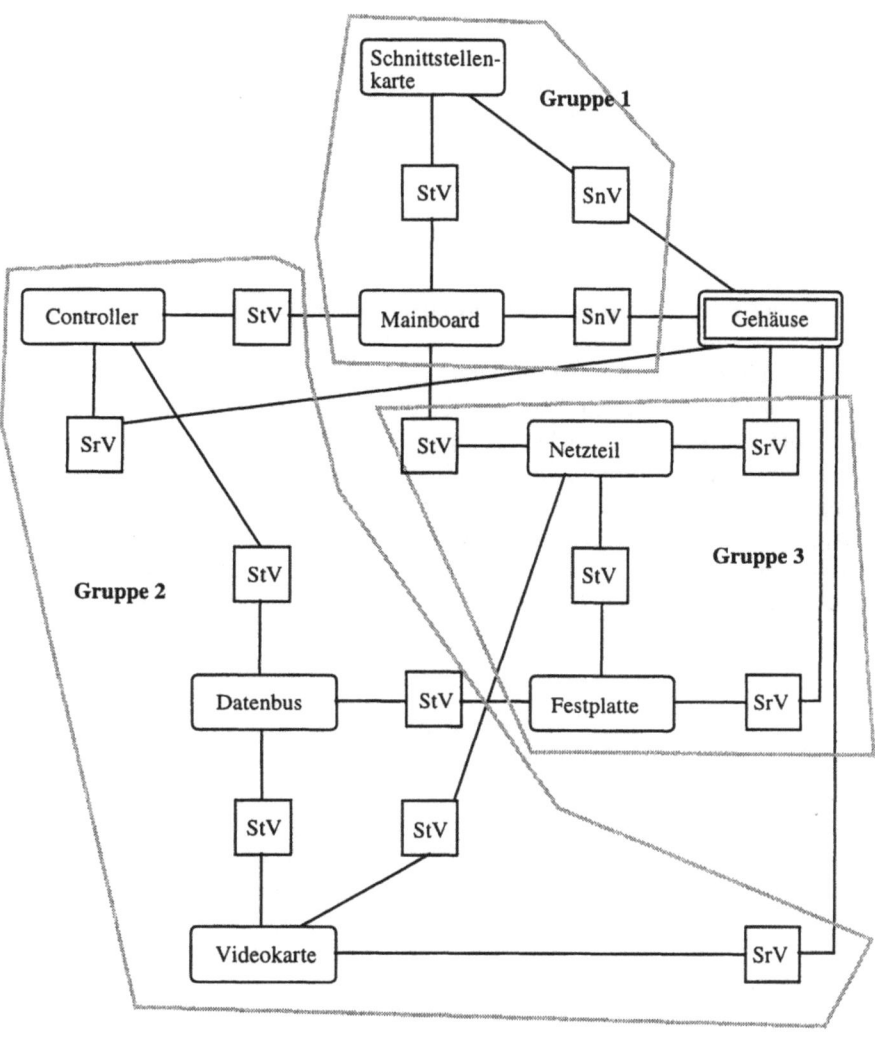

Abbildung 46: Recyclinggraph

Abbildung 46 zeigt den vereinfachten Recyclinggraph eines PCs. Bauteile sind als Rechtecke mit abgerundeten Ecken dargestellt. Dabei ist zu beachten, dass ein solcher Graph hierarchisch strukturiert sein kann, wenn ein Bauteilknoten einen Recyclinggraph tieferer Stufe repräsentiert (z. B. der Knoten „Gehäuse"). Verbindungen sind als Quadrate eingezeichnet (StV = Steckverbindung, SnV = Schnappverbindung, SrV = Schraubverbindung).

Recyclinggraphen und die hierzu abgespeicherten Bauteil- und Verbindungsinformationen dienen im nächsten Schritt der Bewertung der Konstruktion hinsichtlich ihrer Demontagefreundlichkeit. Die Ziele der recyclinggerechten Konstruktion sind

- die Wiederverwendbarkeit von Baugruppen,
- die einfache Problemstoffentfrachtung,
- das möglichst einfache Trennen und Weiterverarbeiten von Materialverbunden.

Hierfür werden mit Hilfe einer Bewertungsmethodik, die im Werkzeug *RecyKon* implementiert ist, *Recyclinggruppen* identifiziert (siehe Abbildung 46). Kennzeichen einer Recyclinggruppe ist, dass alle darin enthaltenen Komponenten mit einem Verwertungsverfahren entsorgt werden können. Beispielsweise können in einer Recyclinggruppe Bauteile zusammengefasst sein, die auf Grund der verwendeten Verbindungen alle mit dem gleichen Demontageverfahren zerlegt werden können oder alle aus dem gleichen Werkstoff bestehen (dann kann die Gruppe z. B. geshreddert oder verbrannt werden). Recyclinggruppen können durch die Ermittlung der optimalen Demontagetiefe mit einem Demontageplanungssystem (siehe Kapitel 3.3.1.1) oder durch die Auswertung der in einer Wissensbasis abgelegten Erkenntnisse gebildet werden. Abbildung 47 zeigt die Grobarchitektur des Zusammenspiels zwischen REGRED und RecyKon (die Pfeile repräsentieren den Datenfluss).

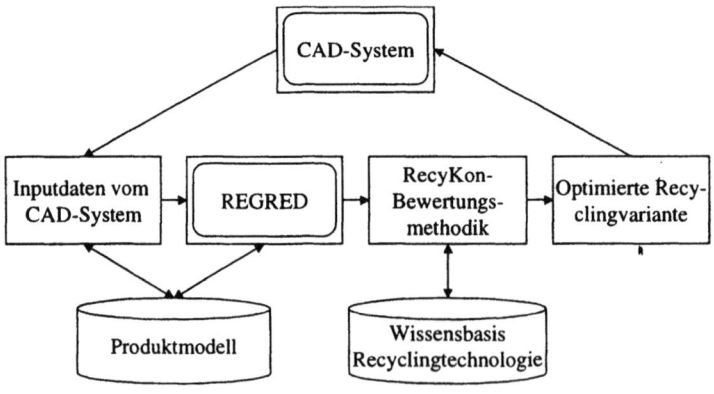

Abbildung 47: Architektur von REGRED und RecyKon

Ein anderer Ansatz zur demontagegerechten Konstruktion ist in (Dähler 1995) beschrieben. Das System *ZerMat* (Zerlege- und Materialdaten) unterstützt den Konstrukteur, indem es ihm während seiner Arbeit umweltrelevante Informationen bereitstellt. Diese Informationen werden systematisch gesammelt. Während der Konstruktion kann der Ingenieur überprüfen, welche Schadstoffe mit welcher potentiellen Wirkung verbaut werden. Weiterhin werden die Daten so aufbereitet, dass aus der Konstruktion eine Produktbilanz erstellt werden kann und ein Demontagegraph erzeugt wird. An Hand des Demontagegraphs kann der Konstrukteur erkennen, wie demontagefreundlich die Konstruktion ist. Abbildung 48 zeigt die Grobarchitektur von ZerMat.

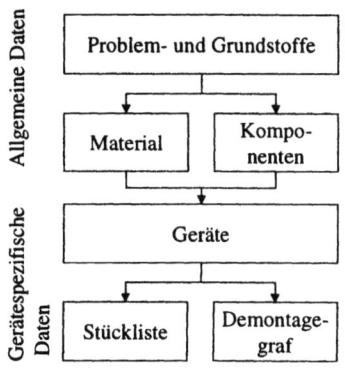

Abbildung 48: Architektur von ZerMat

3.6 Integration produktionsnaher und bilanzorientierter BUIS

Die Entwicklung neuartiger BUIS-Konzepte und Systeme sowie deren Integration ist Gegenstand des OPUS-Projekts (Organisationsmodelle und Informationssysteme für den produktionsintegrierten Umweltschutz) mehrerer Fraunhofer Institute sowie der Universitäten in Stuttgart, Aachen und Bremen. Ein Teilergebnis des Projekts ist z. B. die in Kapitel 3.4.2 vorgestellte Leitstandskonzeption. Das Gesamtprojekt besteht aus Arbeitspaketen für überbetriebliches Umweltmanagement, Konstruktion, Arbeitsplanung, PPS, Prozessleitsysteme/Fertigungsleitstand und Bilanzierung/Controlling sowie den Querschnittsaufgaben Gesamtorganisationsmodell und Informations- und Kommunikationsmodell (Aghte/Rey 1998, 113). Im Folgenden liegt der Schwerpunkt auf der Integration der Bereiche Arbeitsplanung, Bilanzierung/Controlling, PPS und Fertigungsleitstand.

Das Integrationskonzept ist in Abbildung 49 dargestellt. In der Arbeitsplanung werden auf Basis von Konstruktionsdaten zunächst alle technisch möglichen Arbeitsplanalternativen generiert. Aus diesen werden alle offensichtlich ökologisch untragbaren Alternativen herausgenommen. Im nächsten Schritt werden die einzelnen Arbeitsplanalternativen mit Hilfe der Prozessbilanzierung und Bilanzbewertung analysiert. Weiterhin werden die relevanten Kosten in die Bewertung einbezogen. Ausgewählt wird die Alternative, welche sowohl unter wirtschaftlichen wie ökologischen Kriterien am Günstigsten erscheint.

Der ausgewählte Arbeitsplan wird dann Grundlage für die Erzeugung von Fertigungsaufträgen in der PPS. Die PPS-Funktionen basieren auf dem *Aachener PPS-Modell*, einem Referenzmodell, das systematisch um umweltbezogene Funktionen erweitert wurde (Kaiser 1998). Nach Durchführung von Grobterminierung und Kapazitätsausgleich werden die Aufträge an den umweltorientierten Leitstand zur weiteren Feinplanung übergeben.

Abbildung 49: Integrationskonzept von OPUS

Wesentliches Element des Integrationskonzepts ist die Schließung des Kreislaufs zwischen Fertigungsleitstand und Arbeitsplanung. Dabei werden konstante und bedarfsgesteuerte Rückkopplungen unterschieden. Bei einer konstanten Rückkopplung werden Rückmeldungen in einem bestimmten Takt und nach vorgegebenem Schema erzeugt, während bedarfsgesteuerte Rückkopplungen weder zeitlichen noch strukturellen Schemata unterliegen. Konstante Rückmeldungen gehören heute zum Standardrepertoire von BDE-Systemen, die Teilsysteme der PPS sind. Die Erweiterung um bedarfsgesteuerte Rückmeldungen begünstigt insbesondere die Konservierung von Erfahrungswissen, was insbesondere für den Umweltschutz besonders relevant ist. Aber auch die automatisierte und systematische Erfassung (z. B. über Messstationen mit Sensortechnologie) und Rückmeldung von Umweltdaten (UDE = Umweltdatenerfassung) ist eine sinnvolle Erweiterung der BDE.

3.7 Klassifikation produktionsnaher BUIS

Abbildung 50 zeigt die Klassifikation von produktionsnahen BUIS. Während Systeme zur Demontageplanung und -steuerung eher nachsorgend wirken, haben insbesondere CAD-Erweiterungen für die umweltgerechte Produktgestaltung präventiven Charakter. Für PRPS-Systeme trifft beides zu, da sie einerseits Produktionsrückstände nachsorgend behandeln, allerdings damit auch eine aus externer Sicht präventive Abfallvermeidung unterstützen. Gleiches gilt für Umwelt-PPS-Systeme. Alle produktionsnahen BUIS dienen der Verbesserung der Ökoeffizienz, wobei nicht unerwähnt bleiben darf, dass „Öko" hier durchaus doppeldeutig zu interpretieren ist. Andere Zielsetzungen werden indirekt unterstützt. Der Zeithorizont von erweiterten CAD-Systemen ist mittelfristig und von den anderen Systemen kurzfristig-operativ. Die Adressaten der Systeme sind die Produktions- und Konstruktionsabteilung sowie ferner die Umweltschutzabteilung des Unternehmens. Die BUIS-spezifischen Aspekte ergeben sich unmittelbar aus den Ausführungen in Kapitel 3 und bedürfen daher keiner weiteren Erläuterung.

3.8 Empfohlene Literatur

Als Übersichts- und Lehrbuch zum Thema PPS wird hier (Kurbel 1998) empfohlen. Grundlagen der Umwelt-PPS sind in (Haasis 1994) und Grundlagen der PRPS in (Rautenstrauch 1997) dokumentiert.

Die produktionswirtschaftlichen Grundlagen hierzu findet man z. B. in (Dyckhoff 1994), (Adam 1993a), (Kreikebaum 1992) und (Steven 1994). Die Grundlagen einer umweltorientierten Materialwirtschaft behandelt (Stahlmann 1988).

Die Thematik der recyclinggerechten Konstruktion sowie der Demontageplanung und -steuerung gehört primär zur ingenieurwissenschaftlichen Domäne. Unter dem Begriff „Life Cycle Engineering" veranstaltet die CIRP (Collège International pour l'Etude Scientifique des Techniques de Production Mécanique), eine wissenschaftliche Vereinigung, die sich mit diesem Thema befasst, alljährlich eine internationale Tagung, die in Proceedings dokumentiert wird. Weiterhin bringt die CIRP das internationale Journal „Annals of the CIRP" heraus, in dem die weltweit laufenden Aktivitäten kontinuierlich veröffentlicht werden.

	Merkmal	Ausprägung							
Umweltorganisation	Strategie	präventiv				nachsorgend			
	Unternehmensziel	EMAS/ISO-Zertifizierung		Umweltoptimierung/Ökoeffizienz		Erfüllen gesetzlicher Umweltauflagen		Darstellung der Umweltleistung	
	Zeithorizont	Strategisch langfristig		Taktisch mittelfristig			Operativ kurzfristig		
	Adressaten	Unternehmensleitung	Umweltschutzabteilung	Produktion/Materialwirtschaft	Andere Fachabteilungen	Behörden	Versicherungen	Investoren	Lieferanten und Kunden
BUIS-spezifische Aspekte	Einsatzbereich	Ökobilanzierung	Stoffstrommanagement	Demontage/Recycling	Konstruktion	Meta IS	Umweltberichterstattung	Zwischenbetriebliche Logistik	Verbundkoordination
	Methoden	Datenbanken	Modellbildung und Simulation	Wissensbasierte Systeme	Computergrafik	Dokumentmanagement		Neuro-Fuzzy-Techniken	Metainformationen
	Systemgrenze	Bereich/Unternehmen		Prozess		Produkt		Zwischenbetrieblich	

Abbildung 50: Morphologischer Kasten für produktionsnahe BUIS

4 Umweltberichterstattung

Ein *Umweltbericht* vermittelt dem Adressaten ein den tatsächlichen Verhältnissen entsprechendes und in angemessener Form aufbereitetes Bild der Umweltbeziehungen des Berichterstatters. Umweltberichte werden von Unternehmen sowohl zur Befriedigung des Informationsbedürfnisses verschiedener unternehmensinterner und -externer Stakeholder, insbesondere auch der Öffentlichkeit, sowie zur Befriedigung gesetzlicher Auflagen aus dem Kreislaufwirtschaftsgesetz und der EMAS-Verordnung angefertigt. Der enorme Aufwand für die erforderliche Datenaufbereitung hat dazu geführt, dass Automatisierungspotentiale für eine zumindest teilweise rechnergestützte Generierung von Umweltberichten erschlossen wurden. Weiterhin werden Umweltberichte der Öffentlichkeit nicht nur in gedruckter Form, sondern auch als HTML-Dokumente über das WorldWideWeb bereitgestellt.

4.1 Freiwillige und gesetzliche Berichterstattungspflichten

Umweltberichte können als eigenständige Berichte oder Teil des Geschäftsberichts verfasst sein. Für derartige freiwillige Berichte sind keine bindenden Normen vorgegeben. Sie dienen der Information interessierter interner und externer Stakeholder des Unternehmens (siehe Kapitel 1.4) und haben prinzipiell den Charakter einer Imagewerbung. Dennoch kann die Umweltberichterstattung zumindest partiell erfolgswirksam sein, da z. B. Versicherungen und Banken zunehmend auch die Abschätzung ökologischer Risiken in ihr Kalkül mit aufnehmen (Schoop/ Schraml 1995, 42f).

Anders ist dies bei *Umwelterklärungen*. Sie sind die Grundlage der Umweltbetriebsprüfung gemäß EMAS-Verordnung. In Artikel 5 III ist dort geregelt, dass folgende Inhalte vorzulegen sind (Nissen/Falk 1996, 40ff):

- *Untersuchungsgegenstand*: Unternehmen, Standort, Branche, Tätigkeiten am Standort, Umweltbelastungspotentiale,
- *Umweltpolitik*,
- *Umweltprogramm*,
- *Umweltmanagementsystem*,
- *Zusammenfassung der Werte* zu Schadstoffemissionen, Abfallaufkommen, Rohstoff-, Energie- und Wasserverbrauch, Lärm für den Auditierungszeitraum.

Während die ersten vier Punkte eher statischer Natur sind, ist beim fünften Punkt offensichtlich, dass hier aggregierte Informationen aus der Ökobilanzierung vorzulegen sind.

Die durch das Kreislaufwirtschaftsgesetz geforderte Umweltberichterstattung ist in den §§ 19 und 20 geregelt. Hier sind bestimmte Abfallerzeuger verpflichtet, Bilanzen über Art, Menge und Verbleib der verwerteten oder beseitigten besonders überwachungsbedürftigen Abfälle vorzulegen. Weiterhin sind hierfür auch Verwertungs- und Beseitigungsnachweise zu erstellen. Allerdings erlaubt das KrW/AbfG auch die Substitution der Einzelnachweise durch Nachweise von Abfallwirtschaftskonzepten und Abfallbilanzen. Damit können Instrumente des Umweltmanagements für die Erfüllung der Dokumentationspflicht genutzt werden (Jaeckel 1996).

Weitere Berichterstattungspflichten sind u. a. in folgenden Gesetzen festgelegt:

- Die *Emissionserklärung* gemäß §27 Bundesimmisionsschutzgesetz,
- die *Mitteilungspflicht zur Betriebsorganisation* gemäß §52a II Bundesimmissionsschutzgesetz,
- die *Informationen über Sicherheitsmaßnahmen* gemäß §11a Störfallverordnung,
- die *Erklärungspflicht* gemäß §11 Abwassergesetz,
- die *Mitteilungspflichten* gemäß §16 Chemikaliengesetz und
- die *Nachweisbücher* gemäß §11 Abfallgesetz.

Weiterhin gibt es noch freiwillige Selbstverpflichtungen zur Berichterstattung, z. B. bei grafischen Papieren oder Altautos.

4.2 Computerunterstützung der Umweltberichterstattung

Die unterschiedlichen Umweltdokumente basieren auf ähnlichen und teilweise überlappenden Informationen. Die Anfertigung jedes einzelnen dieser Dokumente ist sehr aufwendig, da die darin enthaltenen Informationen mühevoll zusammengesucht und in die entsprechende Form gebracht werden müssen. Eine zumindest teilweise Automatisierung der Dokumentation erscheint daher zweckmäßig. Die Automatisierung der Dokumentation basiert auf folgenden Technologien und Techniken (Schraml 1996):

- *Metainformationen*, aus denen entnehmbar ist, welche Umweltinformation wo und in welcher Form zu finden sind, helfen beim Zusammentragen der Daten.
- Für die korrekte Zusammenführung von Umweltinformationen und Dokumentbausteinen wird ein *Dokumenterzeugungsprozess* definiert.
- Für die Aufbereitung des Berichts sind *Dokumentbausteine* vorzubereiten.
- Für den Aufbau der Dokumente sind Formatvorgaben in Form von *Dokumenttypdefinitionen (DTDs)* zu erstellen.
- Auf Basis der DTDs und Dokumentbausteine können dann die erforderlichen Umweltdokumente generiert werden.

4.2 Computerunterstützung der Umweltberichterstattung

Auf das Thema Metainformationen wird in Kapitel 5 detailliert eingegangen. Nützlich ist für die Dokumenterstellung vor allem ein betrieblicher Umweltdatenkatalog (BUDK), in dem verzeichnet ist, wo welche Informationen abgelegt sind, und welche Beziehungen zwischen einzelnen Datenobjekten bestehen (Arndt et al. 1996).

Der Dokumenterzeugungsprozess lässt sich als Workflow modellieren. Geeignete Modellierungssprachen hierfür sind z. B. Pr/T-Netze (siehe Kapitel 2.2.3) oder ereignisgesteuerte Prozessketten (EPKs) (Scheer 1995, 49ff). Da verschiedene Dokumentbausteine in verschiedenen Umweltdokumenten vorkommen können, empfiehlt sich die Definition je eines Workflows pro Dokumentbaustein.

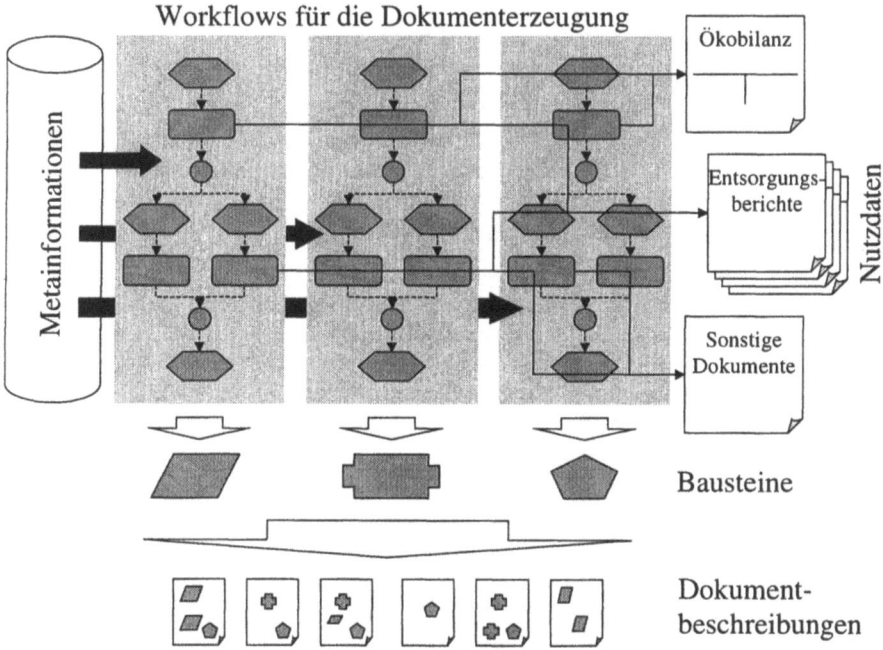

Abbildung 51: Konzeptioneller Rahmen der Umweltberichterstattung

Für die Definition der Dokumentstrukturen wird die Anwendung der im ISO-Standard SGML (Standard Generalized Markup Language) (Goldfarb 1990) definierten (Document Type Definitions (DTDs)) empfohlen (Schöop/Schraml 1995, 47). Mit DTDs lassen sich semiformale konzeptionelle Modelle zur Beschreibung der Dokumentstruktur erstellen. Ein SGML-Dokument besteht dann aus dem Namen des Dokumenttyps (z. B. Umwelterklärung), der DTD und dem eigentlichen markierten Inhalt des Dokuments. Die DTD benennt die Elemente, die Teil eines solchen strukturierten Dokuments sind, und legt anwendungsabhängig die Semantik der Dokumentauszeichnung (das Markup) eindeutig fest. Inhaltsmodelle spezifizieren dann den Inhalt der Elemente. Elemente können wiederum andere Elemente enthalten.

	Merkmal	Ausprägung							
Umweltorganisation	Strategie	präventiv				nachsorgend			
Umweltorganisation	Unternehmensziel	EMAS/ISO-Zertifizierung	Umweltoptimierung/Ökoeffizienz	Erfüllen gesetzlicher Umweltauflagen	Darstellung der Umweltleistung				
Umweltorganisation	Zeithorizont	Strategisch langfristig	Taktisch mittelfristig	Operativ kurzfristig					
Umweltorganisation	Adressaten	Unternehmensleitung	Umweltschutzabteilung	Produktion/Materialwirtschaft	Andere Fachabteilungen	Behörden	Versicherungen	Investoren	Lieferanten und Kunden
BUIS-spezifische Aspekte	Einsatzbereich	Ökobilanzierung	Stoffstrommanagement	Demontage/Recycling	Konstruktion	Meta IS	Umweltberichterstattung	Zwischenbetriebliche Logistik	Verbundkoordination
BUIS-spezifische Aspekte	Methoden	Datenbanken	Modellbildung und Simulation	Wissensbasierte Systeme	Computergrafik	Dokumentmanagement	Neuro-Fuzzy-Techniken	Metainformationen	
BUIS-spezifische Aspekte	Systemgrenze	Bereich/Unternehmen	Prozess	Produkt	Zwischenbetrieblich				

Abbildung 52: Morphologischer Kasten für die Umweltberichterstattung

Aus SGML-Beschreibungen lassen sich dann sowohl Papier- wie auch HTML-Dokumente erstellen. Da zwischen den einzelnen Elementen in Umweltberichten eine Vielzahl von Querverweisen existieren können, ist eine Hypertext-Struktur mit entsprechenden Navigationsmöglichkeiten für die Umweltberichte sinnvoll. Abbildung 51 zeigt das hier skizzierte Konzept noch einmal im Zusammenhang. In der Praxis beschränkt sich die Funktionalität von BUIS für die Umweltberichterstattung in der Regel auf Autorensysteme, die für die Umweltberichterstattung zugeschnitten sind (Loosli/Gmelin 1996; Weiß 1996; Leib 1996).

Anzumerken ist, dass die hier beschriebenen Konzepte nicht nur für die betriebliche, sondern auch für die überbetriebliche Umweltberichterstattung sowie die Erstellung komplexer Dokumente auf Basis betrieblicher Informationen geeignet ist. Ein allgemeines Konzept für das Dokumentenmanagement ist in (Schraml 1997) beschrieben.

Aus den Ausführungen dieses Kapitels lässt sich unmittelbar die in Abbildung 52 dargestellte Klassifikation von BUIS für die Umweltberichterstattung ableiten. Erläuterungsbedürftig ist hier der scheinbare Widerspruch zwischen dem Adressatenkreis „Unternehmensführung" und dem mittelfristigen Zeithorizont: Umweltberichte enthalten in der Regel Informationen über einen mittelfristigen Zeithorizont, die allerdings als Grundlage für langfristig-strategische Entscheidungen geeignet sein können.

5 Meta-Informationssysteme

Für Ökobilanzierung und Umweltberichterstattung ist es zweckmäßig, auf Informationen aus anderen betrieblichen und externen Informationssystemen zurückzugreifen. So sind die Produktionsprozesse in PPS-Systemen als Arbeitspläne, die Zusammenhänge zwischen Teilen in Erzeugnisstrukturen und der Materialdurchsatz in Fertigungsaufträgen dokumentiert. Andere Informationsquellen sind z. B. die Auftragsverwaltung, in der die Materialzugänge von Lieferanten und die Materialabgänge an Kunden dokumentiert sind. Auch Debitoren- und Kreditorenbuchhaltung lassen oftmals Rückschlüsse auf den Materialzu- und -abgang zu. Weitere Quellen sind Emissionsmessungen und Abfallberichte, aus denen Informationen zu unerwünschtem Output entnommen werden können.

Schon diese zwangsläufig unvollständige Auflistung möglicher Informationsquellen zeigt, dass umweltrelevante Informationen in unterschiedlicher Form auf verschiedene betriebliche Informationssysteme verstreut sind. Weiterhin kann sogar der Rückgriff auf externe Informationsquellen erforderlich werden, z. B., wenn extern festgelegte Grenzwerte zu berücksichtigen sind. Wegweiser durch den Dschungel verstreuter und in unterschiedlicher Form vorliegender Informationen sind *Meta-Informationssysteme* für Umweltinformationen.

Metainformationen beziehen sich nicht direkt auf konkrete Anwendungsdaten wie z. B. Aufträge, sondern beschreiben deren Struktur. Diese Strukturinformationen betreffen folgende Aufgabenbereiche:

- *Lokalisieren von Datenelementen*: Hier wird angegeben, wo welche Daten in welcher Form abgespeichert sind (Directory-Funktion).
- *Erklärung der Semantik von Datenelementen*: Die verbale Beschreibung von Datenelementen und deren Beziehung zu anderen Daten ist ebenfalls eine Metainformation (Dictionary-Funktion).
- *Einrichtung und Sicherung von Datenzugriffen*: Auch Zugriffsrechte (Privilegien) und Benutzerrollen gehören zu den Metainformationen.

Meta-Umweltinformationen werden in betrieblichen Umweltdatenkatalogen und betrieblichen Verweis- und Kommunikations-Services verwaltet. Beide Arten von Meta-Informationssystemen werden im Folgenden näher beschrieben.

5.1 Umweltdatenkataloge

Betriebliche Umweltdatenkataloge (BUDK) stellen Metainformationen über Struktur, Bedeutung, Methoden zur Erhebung und Auswertung sowie Speicherungsort und -form von Umweltinformationen bereit (Arndt et al. 1997). Umweltdatenkataloge (UDK) sind ursprünglich eine Entwicklung des Landes Niedersachsen, die mittlerweile von neun weiteren Bundesländern vorangetrieben wird. Folgende Ziele soll ein UDK erfüllen (Lessing/Schütz 1994, 159):

- Der UDK soll ein Verzeichnis von Umweltinformationen sein, in dem dokumentiert ist, welche Informationen an welcher Lokalität und in welcher Form abgespeichert sind.
- Mit dem UDK soll ein Informationsnetzwerk entstehen, über das verschiedene Dienststellen auf verschiedenen Ebenen Metadaten eingeben und abrufen können.

Das Konzept des „Landes-UDKs" ist bei der Konzeption und Entwicklung eines BUDK weitgehend übernommen worden. Dabei werden alle Umweltinformationen auf folgende Objekte des *UDK-Objektmodells* (Lessing et al. 1995, 393) abgebildet:

- *Umweltobjekte*, die Objekte der realen Umwelt wie Gewässer, Biotope, Fabrikgelände u. ä. beschreiben,
- *Umwelt-Datenobjekte*, die Umweltdaten mit Bezug auf Umweltobjekte umfassen, und
- *UDK-Objekte*, dies sind Meta-Datenobjekte zur Beschreibung von Umwelt-Datenobjekten,

Dabei taucht allerdings die Schwierigkeit auf, dass in BUIS nicht nur Umweltinformationen, sondern auch umweltrelevante Informationen (siehe Kapitel 1.4) referenziert werden, denen ein direkter Bezug zu Umweltobjekten fehlt. Daher sind hier Umwelt-Datenobjekte zugelassen, die indirekten Bezug zu Umweltobjekten haben. Im Einzelnen werden folgende Klassen von Umwelt-Datenobjekten im BUDK unterschieden (Arndt et al. 1997, 69):

- Daten zu Stoff- und Energieströmen,
- Daten zu Wirkungskategorien,
- Daten zur Bewertung,
- Daten zu Anlagen und Gebäuden,
- Produktdaten,
- Organisation und Zuständigkeiten,
- Verfahrens- und Arbeitsanweisungen,
- Dokumentationen und
- (Umwelt-)Vorschriften.

Als Zugriffskonzept auf einen BUDK wird der *Thesaurus* vorgeschlagen. Ein Thesaurus ist ein alphabetisch und systematisch geordnetes Verzeichnis von Sachwörtern und Sachwortgruppen. In einem Thesaurus sind insbesondere die Beziehungen zwischen Begriffen (z. B. Ober-/Unterbegriff) abgebildet, so dass der Be-

5.1 Umweltdatenkataloge

nutzer eines Thesaurus die Möglichkeit hat, über die Verfolgung von Beziehungspfaden die Zusammenhänge zwischen Begriffen zu erschließen.

Jeder Begriff, nach dem ein Benutzer suchen kann und von dem aus er weitere Beziehungspfade verfolgen kann, wird *Deskriptor* genannt. Jedem Deskriptor können folgende (Meta-)Informationen zugeordnet werden:

- *Begriffsbestimmung*: Eine Begriffsbestimmung ist die genaue und verbindliche Definition des Deskriptors. Im BUDK kann sie insbesondere aus Normen und Verordnungen wie der EMAS-Verordnung, verschiedenen Umweltgesetzen oder auch unternehmensinternen Normen entnommen werden.
- *Ober-/Unterbegriffszuordnung* (hierarchisch) anderer Deskriptoren.
- Zuordnung zu *verwandten Deskriptoren* (nicht-hierarchisch).
- Zuordnung von *Non-Deskriptoren*: Als Non-Deskriptoren werden Synonyme von Deskriptoren bezeichnet, die nur für die Navigation, nicht aber für das Auffinden von Informationen im BUDK verwendet werden können.

Abbildung 53 zeigt einen Ausschnitt der hierarchischen Klassifikation des Begriffs „Umweltmanagementsystem" im Thesaurus des BUDK (Arndt et al. 1997, 75).

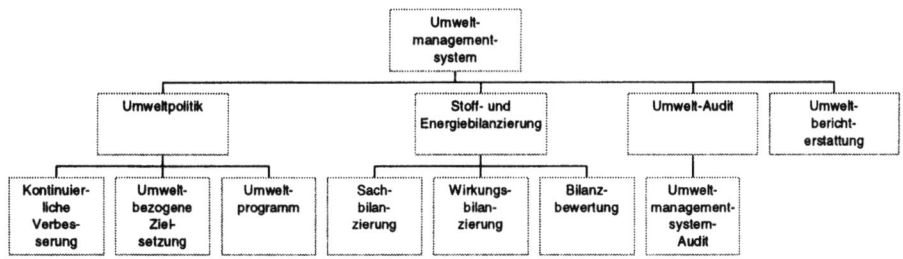

Abbildung 53: Begriffshierarchie in einem Thesaurus

Der BUDK-Thesaurus hat folgende Aufgaben zu erfüllen:

- Als Benutzerschnittstelle ist er das wesentliche Zugriffskonzept für den Endbenutzer.
- Alle verwendeten Begriffe werden über den Thesaurus zentral verwaltet. Damit wird die Erfassung von Synonymen als Deskriptoren unterbunden.
- Der Thesaurus ist ein Glossar aller wichtigen Definitionen im betrieblichen Umweltschutz.
- Auf der Grundlage des Thesaurus lassen sich BUDK-Klassen bilden, die als BUDK-Objekte verwaltet werden.

5.2 Verweis- und Kommunikationsservices

Ein BUDK verwaltet Verweise und erklärende Informationen zu Umwelt-Datenobjekten, erlaubt aber noch nicht den direkten Zugriff auf die dokumentierten Daten. Die hierfür notwendigen Format- und Zugriffsbeschreibungen sowie Kommunikationsfunktionen sind Bestandteile eines *betrieblichen Verweis- und Kommunikations-Services (bVKS)* (Röttgers et al. 1997). Ein betrieblicher VKS beinhaltet neben verschiedenen anderen Servicefunktionen im Wesentlichen eine *Verweiskomponente*, die eine Übersicht über verfügbare Umweltdaten und deren Anbieter umfasst und auf dem BUDK basieren kann, und eine *Kommunikationskomponente*, mit der Recherchen und Zugriffe auf Angebote von Fachinformationssystemen und -datenbanken ermöglicht werden.

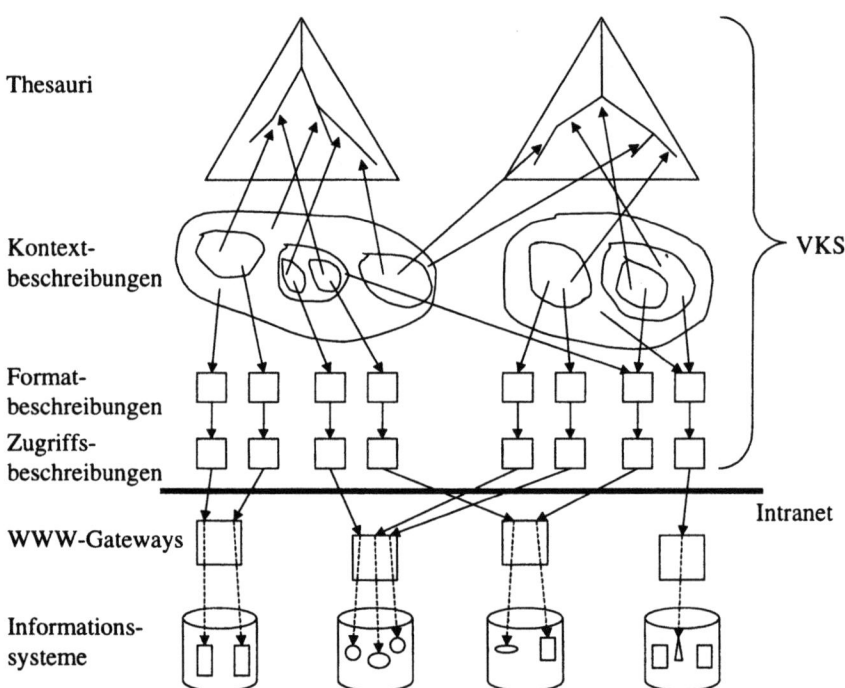

Abbildung 54: Architektur eines VKS

Ein bVKS erlaubt den Zugriff auf dezentral gespeicherte Daten auf Basis zentral gespeicherter Metadaten. Abbildung 54 zeigt die Grobarchitektur eines bVKS (Röttgers et al. 1997, 60). Wie in einem bUDK werden auch in einem bVKS die Metadaten in Form eines Thesaurus organisiert. Während in einem bUDK Metadaten auf die Dictionary-Funktion beschränkt sind, sind in einem bVKS auch Directory Informationen notwendig. Damit können Thesauri aus bUDKs prinzipiell als Grundlage von bVKS verwendet werden. Directory- und Dictionary-Informa-

5.2 Verweis- und Kommunikationsservices

tionen werden in *Kontexten* zusammengefasst. Jeder Kontext besteht aus einem Kommentar und einer Menge von Feldern, die Konzepte, Kontextbeschreibungen, Beschreibungen von Subkontexten oder Verweise auf real existierende Datenobjekte beschreiben. Die Directory-Informationen werden als Format- und Zugriffsinformationen verwaltet. In den Formaten sind Beschreibungen der physischen Speicherstruktur abgelegt. Die Zugriffsinformationen beinhalten die Adressen der Datenobjekte, auf die zugegriffen werden soll. Bei Internet-Zugriffen wird hier z. B. der Uniform Resource Locator (URL) der betreffenden Informationen gespeichert.

	Merkmal	Ausprägung						
Umweltorganisation	Strategie	präventiv			nachsorgend			
	Unternehmensziel	EMAS/ISO-Zertifizierung	Umweltoptimierung/Ökoeffizienz		Erfüllen gesetzlicher Umweltauflagen		Darstellung der Umweltleistung	
	Zeithorizont	Strategisch langfristig	Taktisch mittelfristig			Operativ kurzfristig		
	Adressaten	Unternehmensleitung	Umweltschutzabteilung	Produktion/Materialwirtschaft	Andere Fachabteilungen	Behörden	Versicherungen	Investoren	Lieferanten und Kunden
BUIS-spezifische Aspekte	Einsatzbereich	Ökobilanzierung	Stoffstrommanagement	Demontage/Recycling	Konstruktion	Meta IS	Umweltberichterstattung	Zwischenbetriebliche Logistik	Verbundkoordination
	Methoden	Datenbanken	Modellbildung und Simulation	Wissensbasierte Systeme	Computergrafik	Dokumentmanagement	Neuro-Fuzzy-Techniken	Metainformationen	
	Systemgrenze	Bereich/Unternehmen		Prozess		Produkt		Zwischenbetrieblich	

Abbildung 55: Morphologischer Kasten für Meta-Informationssysteme

Bei Meta-IS leitet sich das Klassifikationsschema unmittelbar aus den Ausführungen dieses Kapitels ab (siehe Abbildung 55). Ihr indirekter Wirkungscharakter lässt keine sinnvolle Zuordnung von Ausprägungen der Merkmale „Strategie", „Unternehmensziel" und „Zeithorizont" zu.

6 BUIS für die zwischenbetriebliche Logistik

Zwischenbetriebliche UIS werden zu den BUIS gezählt, da sie ausschließlich betrieblichen Zwecken dienen. Auch hier werden in erster Linie betriebliche Umweltbelastungen für die Planung und Steuerung von Umweltschutzmaßnahmen erfasst.

Unter dem Begriff *Logistik* werden alle Prozesse für Transport, Umschlag und Lagerung von Gütern zusammengefasst (Becker/Rosemann 1993, 4). Dabei werden innerbetriebliche (*Produktionslogistik*) und zwischenbetriebliche (*Distributionslogistik*) unterschieden. Die umweltrelevanten Aspekte der Produktionslogistik (Berücksichtigung von Recyclinggütern und Abfällen in der PPS, Bewertung von Transportvorgängen usw.) sind bereits im Kontext der produktionsnahen BUIS und Produktbilanzierung behandelt worden.

Die Ziele der Logistik lassen sich an Hand der fünf Rs beschreiben: Logistikkonzepte haben dafür zu sorgen, dass das *r*ichtige Material zur *r*ichtigen Zeit in der *r*ichtigen Menge am *r*ichtigen Ort in der *r*ichtigen Qualität zu minimalen Kosten bereitgestellt wird (Pfohl 1972, 28f). Aus einer „naiv theoretischen" Sicht scheint die ökonomische Zielsetzung zum ökologischen Ziel, die logistikbedingten Umweltbelastungen so gering wie möglich zu halten, im Einklang zu stehen. Allerdings gilt die Formel „kürzeste Wege = geringste Kosten = geringste Umweltbelastung" nur sehr bedingt. Dies hat mehrere Ursachen:

- Die Energiepreise, insbesondere für Kerosin, sind im Verhältnis zu den Umweltschäden, die durch ihre Verbrennung entstehen, extrem preisgünstig und stellen nur einen vergleichsweise geringen Anreiz zur Kosteneinsparung dar.

- Wesentlichen Anteil an den Logistikkosten hat auch das in den Transportgütern gebundene Kapital. Daher kann es aus ökonomischer Sicht sinnvoll sein, einem schnellen und ökologisch weniger günstigen Transportmittel den Vorzug zu geben.

Die Bedeutung der Logistik hat sich von einer reinen Servicefunktion zu einem Wettbewerbsfaktor gewandelt (Becker/Rosemann 1993, 9f). Die Verknüpfung von interkontinentalen, kontinentalen, landesweiten und regionalen Logistikdienstleistern ermöglicht es, prinzipiell jede Ware von jedem Ort zu jedem anderen Ort zu vertretbaren Kosten zu transportieren.

Im Rahmen der Logistikplanung ist zu entscheiden, welcher Auftrag von welchem Lager aus mit welcher Distributionsart in welcher Zeit zu beliefern ist. Dabei sind langfristige (z. B. Standortwahl), mittelfristige (z. B. Fuhrpark versus Zukauf von Transportdienstleistungen) und kurzfristige (z. B. Tourenplanung) Entscheidungssituationen zu berücksichtigen (Buhl 1997, 27f).

6.1 Ökologistik

Die Grundidee der *Ökologistik* ist es, ökologische und wirtschaftliche Zielsetzungen der Logistik zusammenzubringen. Hierzu sind *robuste* (d. h. nicht unbedingt optimale) *Logistikstrategien* zu entwickeln, die unter verschiedenen Rahmenbedingungen und Planunghorizonten die Zielsetzungen in vertretbarem Maß erfüllen (Hilty 1993, 60f).

Für die Entwicklung robuster Logistikstrategien sind Simulationsmodelle ein geeignetes Hilfsmittel. Das Simulationsmodell JAM bildet einen Rahmen für Simulationsexperimente, bei denen der Benutzer Szenarien definieren kann, welche die Infrastruktur, raum-zeitliche Struktur des Verkehrsaufkommens, den eigenen Beitrag zum Verkehr durch den sogenannten Auftragsprozess und den dafür eingesetzten Fuhrpark umfassen. Abbildung 56 zeigt die in JAM erfassten Größen (Hilty 1993, 62).

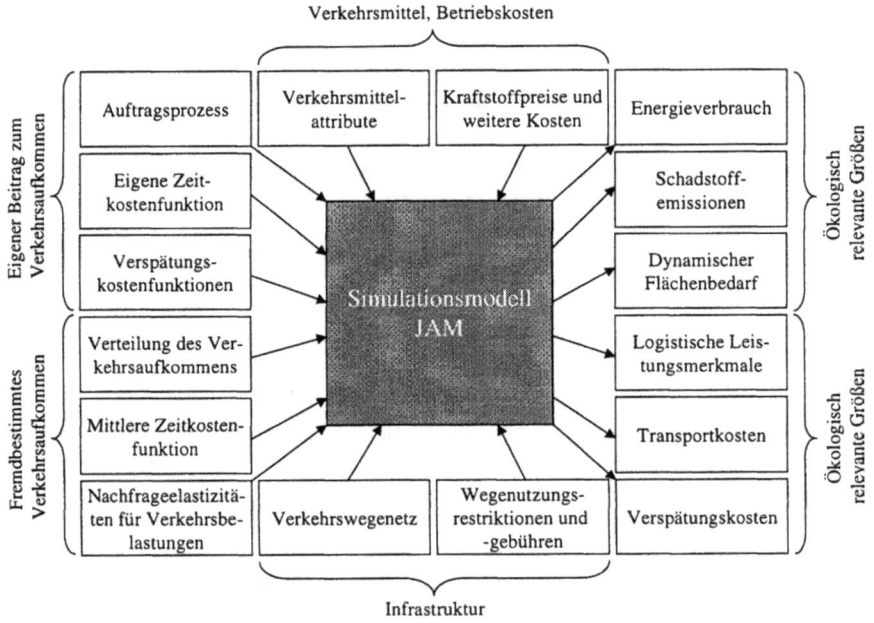

Abbildung 56: JAM-Simulationsmodell

Der Benutzer hat die Möglichkeit, kurz-, mittel- und langfristige Entscheidungssituationen zu variieren und durch systematisches Experimentieren die Robustheit der ausgewählten Strategie überprüfen. Die Entscheidungssituationen betreffen

- die Wahl der Transportmittel,

- organisatorische Maßnahmen, zu denen neben der Tourenplanung auch die Nutzung von Telematik zur Unterstützung der Logistikplanung gehört, und
- *strukturelle Maßnahmen* wie Standortplanung, Wahl der Fertigungstiefe u. a.

Interessant sind dabei vor allem die beobachtbaren Zusammenhänge zwischen der Variierung der Modelle und deren Auswirkungen auf zeitliche und wirtschaftliche Erfolgsfaktoren. Hierzu einige Beispiele:

- Steigt die Auslastung des Verkehrsnetzes, dann sinkt die durchschnittliche Geschwindigkeit, wodurch die zeitbedingten Kosten steigen.

- Führt eine Erhöhung der Verkehrsauslastung zudem zu räumlichen Ballungen, reduziert sich die Kalkulierbarkeit einzelner Verkehrsvorgänge, was zu Verspätungskosten führen kann.

- Eine Erhöhung der Kosten kann zu einer Verringerung der Nachfrage führen, was wiederum eine Verringerung der Verkehrsbelastung nach sich ziehen kann. Allerdings wird hierbei unterstellt, dass Kostensteigerungen direkt auf die Preise umgelegt werden.

Die Liste lässt sich beliebig fortsetzen, wenn man weitere Infrastruktur- und Kostengrößen hinzunimmt. Welche Größen und Zusammenhänge in einem Simulationsexperiment zu beobachten sind, ist dabei von der jeweiligen Unternehmenssituation abhängig.

6.2 Entsorgungslogistik

Die *Entsorgungslogistik* ist Teil der Distributionslogistik (Becker/Rosemann 1993, 141ff). Sie befasst sich mit der Planung und Steuerung von Logistikprozessen vom Abfallerzeuger bis zum Entsorger, wobei Entsorger sowohl Abfallbeseitiger wie auch Recyclingunternehmen sein können. Im Kontext der Entsorgungslogistik ist das in den zu transportierenden Gütern gebundene Kapital im Vergleich zu konventionellen Gütern als gering einzustufen. Während bei der konventionellen „Versorgungslogistik" die Bereitstellung von Gütern beim Empfänger im Vordergrund steht, variiert die primäre Aufgabe der Entsorgungslogistik fallweise, wobei folgende drei Fälle zu unterscheiden sind:

- Die Entsorgungsgüter werden von einem Erzeuger zur Deponierung abgegeben. In diesem Fall ist die logistische Aufgabe die zuverlässige und kostengünstige Entsorgung.

- Die Entsorgungsgüter werden zu einem Verwerter gebracht. Nach heutigem Sachstand ist auch in diesem Fall die primäre logistische Aufgabe die zuverlässige und kostengünstige Entsorgung des abgebenden Unternehmens, da Verwertungsbetriebe in der Regel passive Recyclingstrategien verfolgen. Passive Recyclingstrategien sind dadurch gekennzeichnet, dass die Recyclingplanung auf Basis eines Bestands angelieferter Recyclinggüter durchgeführt wird (Inderfurth 1997). Für eine aktive vorausschauende Strategie fehlen in der Praxis taugliche Prognoseverfahren, auch wenn erste Ansätze in der Forschung verfügbar sind (Marx-Gómez/Rautenstrauch 1999).

- Die Entsorgungsgüter kommen nach einem Gebrauchsprozess vom Erzeuger zur Verwertung zurück. Dieser Fall wird *Redistributionslogistik* genannt. Bekanntestes Beispiel hierfür ist die Mehrfachverwendung von Mehrwegflaschen. Hierbei ist sowohl eine kostengünstige und reibungslose Entsorgung wie auch die Versorgung der Produktionsbetriebe erforderlich. Die Priorität liegt hier allerdings auch auf der Seite der Entsorgung.

Aus der BUIS-Perspektive ist die Redistributionslogistik besonders interessant. Geringe zeitliche Anforderungen und Kapitalbindung reduzieren die Planungsaufgabe der Redistributionslogistik auf die Bündelung der Mengenströme auf preiswerte Umschlagflächen am Rande der Ballungsräume, um dann mit ausgelasteten Transportmitteln den Transport über längere Strecken durchzuführen (Röttchen/ Moukabary 1997).

Beispiel für ein BUIS zur Optimierung von Redistributionssystemen, an dem Hersteller, Handel, Entsorger und Logistikdienstleister beteiligt sein können, ist das am Fraunhofer Institut für Materialfluss und Logistik (IML) in Dortmund entwickelte Softwarewerkzeug EDS-RLog (Moukabary/Röttchen 1998). Abbildung 57 zeigt die Grobarchitektur von EDS-RLog. Das System unterstützt die Planung von Redistributionssystemen von der strategischen bis zur operativen Ebene:

- *Strategisch*: Auswahl von Regionen, die in das System einbezogen werden sollen, sowie Anzahl und Lage der Standorte,
- *Taktisch und operativ*: Revier- und Tourenplanung.

Zur Erfüllung dieser Aufgaben verfügt EDS-RLog über eine Datenbasis, in der die planungsrelevanten Informationen in unterschiedlicher Aggregation vorliegen. Zur Datenbasis gehören:

- *Auftrags- und produktbezogene Daten*: Hierzu gehören z. B. produktbezogene Stammdaten wie Volumen, Gewicht oder enthaltene Wertstoffe. Zu den Auftragsdaten gehören Mengen- und Zeitangaben bezogen auf Anfallstellen.

- *Informationen über Anfallstellen (Quellen) und Behandlungsanlagen (Senken)*: Die Stammdaten umfassen die Lokalität, Kapazität und Produktarten, die anfallen bzw. behandelt werden können.

6.2 Entsorgungslogistik

- *Geografische Daten* umfassen Verkehrswege und Gebietsflächen aufgeschlüsselt nach Postleitzahlengebieten, Gemeinden, Kreisen und Ländern.

- *Globale und aggregierte Kenngrößen* beschreiben die wirtschaftlichen Parameter mit Durchschnittswerten z. B. für Erlöse, Entsorgungs- und Transportkosten.

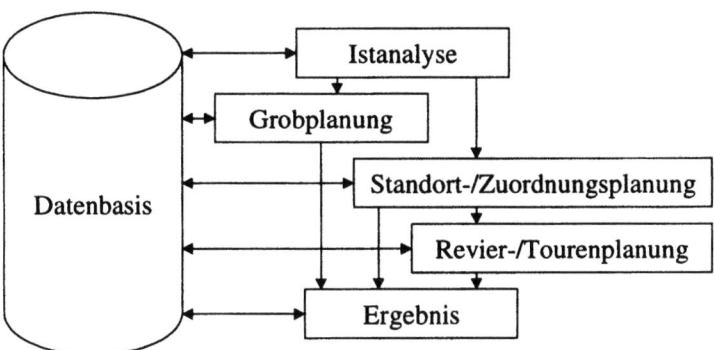

Abbildung 57: Architektur von RDS-RLog

Da sich die Funktionalität von EDS-RLog über verschiedene Planungsstufen erstreckt, wird gemäß Sukzessivplanungsprinzip vorgegangen. Zunächst wird eine Grobplanung durchgeführt, bei der verschiedene Standortszenarien verglichen werden können. Die Festlegung, welche Standorte in ein solches Szenario aufgenommen werden, ist dabei von den Auftragsdaten und globalen wirtschaftlichen Kenngrößen abhängig. Mit Hilfe von Methoden der neueren Künstlichen Intelligenz (naturanalogen Verfahren) können Szenarien auf Basis dieser Daten auch automatisch generiert werden. Weiterhin besteht auch die Möglichkeit, Mehrproduktverwertungsanlagen in Szenarien aufzunehmen. Bei der Standortplanung werden Restriktionen bezüglich Kapazitäten und Transportwegen berücksichtigt.

Ein wesentlicher Unterschied zwischen Grob- und Feinplanung von Standorten besteht darin, dass in der Grobplanung zur Vereinfachung der Analysen Anfallstellen zu Ersatzquellen zusammengefasst werden können. Ist in der Grobplanung ein günstiges Szenario ermittelt worden, dann müssen Ersatzquellen in der Feinplanung in reale Quellen aufgelöst werden. Gegebenenfalls werden auch weitere Depots für die Zwischenlagerung und Umschlag hinzugefügt. Weiterhin wird in der Feinplanung auf genauere, d. h. weniger aggregierte, Auftragsdaten zurückgegriffen.

Weiterhin ist die Revier- und Tourenplanung Gegenstand der Feinplanung. In der Redistribution ist davon auszugehen, dass in einer Tour mehrere Depots angefahren werden müssen, handelt es sich hier um ein *Mehrdepot-Tourenplanungspro-*

blem. Auch wenn zur Lösung dieses Problems geeignete Algorithmen existieren, besteht bei realen Anwendungsszenarien das Problem, dass die Variablenanzahl explodiert, so dass Lösungen – wenn überhaupt – erst nach langen Rechenzeiten gefunden werden. Daher wird hier das Problem in mehreren Teilschritten vereinfacht. Ist eine optimierte Zuordnung von Depots zu Quellen bekannt, so werden diese Depots zu einem (logischen) Depot zusammengefasst. Weiterhin werden bei der Tourenplanung die Zuordnungen zwischen Quellen und Depots und Depots und Senken getrennt berechnet.

6.3 BUIS für Verwertungsverbunde

Als Verwertungsverbunde werden alle Arten von Unternehmenskooperationen bezeichnet, deren Zweck eine effiziente Verwertung von Abfällen ist. Diese Verbunde können sowohl zufällig entstehen und nur sporadisch existieren wie z. B. Austauschbeziehungen über Recyclingbörsen oder wohlorganisiert und langfristig angelegt sein wie z. B. Recyclingnetze.

6.3.1 Recyclingbörsen

6.3.1.1 Von konventionellen zu elektronischen Recyclingbörsen

In Deutschland bieten Industrie- und Handelskammern (IHKs) sowie andere Organisationen und Verbände flächendeckend sogenannte *Recyclingbörsen* an. Für die Teilnahme an einer Recyclingbörse füllen Anbieter und Nachfrager vorgegebene Formulare aus, in denen ihr Angebot qualitativ und quantitativ beschrieben wird. Diese Angebote werden an die regionale IHK weitergegeben und dort zumindest in einigen Regionen in Datenbanken eingegeben. Die Angebote und Gesuche werden mit einer Chiffrenummer versehen und entsprechend anonymisiert (dies ist eine wesentliche Anforderung an Recyclingbörsen, da Produktionsunternehmen ein hohes Interesse daran haben, dass nicht publik wird, welche Abfälle sie produzieren) und in den regionalen Mitgliederzeitschriften der IHKs veröffentlicht. Nachfrager können auf diese Chiffreanzeigen antworten und die IHK stellt dann den Kontakt zwischen Anbietern und Nachfragern von Recyclinggütern her. Ähnlich funktionieren auch die Recyclingbörsen anderer meist branchenorientierter Verbände wie z. B. dem VCI (Verband der chemischen Industrie). Problematisch ist dabei, dass zwischen dem Angebot von Recyclinggütern und der Nachfrage in der Regel mehrere Wochen vergehen. Das bedeutet für das anbietende Unternehmen, dass die Abfallstoffe in dieser Zeit eingelagert werden müssen, was auch dann geschehen muss, wenn sich kein Nachfrager für diese Güter meldet. Dies ist insofern problematisch, da Lagerung Kosten und auch andere Probleme wie Verfall, Korrosion etc. in nicht vernachlässigbarer Größenordnung verursacht. Ein weiteres Problem bestehender Recyclingbörsen ist ihre passive Ausrichtung. Betreiber derartiger Recyclingbörsen vermitteln Angebote ausschließlich reaktiv. In der Regel durchaus vorhandene Kenntnisse bezüglich möglicher Verwertungsbeziehungen zwischen Unternehmen werden nicht für die Vermittlung von Recyclinggütern genutzt.

Wichtigste Aufgabe einer *elektronischen* Recyclingbörse (Meyer et al. 1994) ist es, die Durchlaufzeit zwischen der Bereitstellung eines Angebots und Befriedigung des Nachfragers zu verkürzen. Erste Bemühungen des Dachverbands der IHKs, dem Deutschen Industrie- und Handelstag (DIHT), eine elektronische Recyclingbörse auf Basis des T-Online Dienstes zu realisieren, sind vom Markt nicht akzeptiert worden. Daher erfolgte eine Portierung der Recyclingbörse auf das WorldWideWeb (WWW) (http://recy.ihk.de). Allerdings wird das bisherige manuelle Verfahren nur insofern vereinfacht, dass Online-Recherche-Möglichkeiten in Gesuchen und Angeboten geschaffen werden. Außerdem wird lediglich die Verwertung von Recyclinggütern unterstützt, d. h., man versucht hier entsorgende und verwertende Produktionsbetriebe zusammenzubringen. Die vielversprechende Möglichkeit, Recyclinggüter auch zwischen Produktionsunternehmen und Entsorgungsbetrieben zu vermitteln, ist nicht geplant. Mittlerweile befinden sich weitere elektronische Recyclingbörsen im WWW (z. B. http://www.wwi.de), deren Funktionalität nur unwesentlich von der IHK-Recyclingbörse abweicht.

6.3.1.2 OSKAR – Online System of Konstanz Advanced Recycling

Die Elektronische Recyclingbörse OSKAR, die in der Fachgruppe Informationswissenschaft der Universität Konstanz entwickelt wurde und ebenfalls auf WWW-Technologie basiert, stellt eine umfassendere Lösung dar. Hier haben Anbieter die Möglichkeit, ihr Angebot mittels einer WWW-Seite direkt in die Recyclingbörsen-Datenbank einzuspeisen, und Nachfragern stehen komfortable Recherche- und Selektionsmöglichkeiten auf dem Angebot zur Verfügung. Da Angebote und Nachfragen nach wie vor anonym gehandhabt werden müssen, ist die Möglichkeit, per Chiffre Angebote und Gesuche zu platzieren, auf elektronischem Wege realisiert. Entsorgungsbetriebe und andere Dienstleister in dieser Branche können in Form langfristiger Gesuche kostenlos werben und von potentiellen Kunden direkt per Email angesprochen werden. Damit übernimmt dieses System auch eine Vermittlerrolle in Bezug auf recyclingorientierte Technologien. In diesem Zusammenhang bietet sich an, dass rückstandsspezifische Technologien vor allem über Branchengrenzen hinweg vermittelt werden.

OSKAR arbeitet vollautomatisch, d. h. im Normalbetrieb sind keinerlei Eingriffe durch Systemadministratoren erforderlich, sofern kein Missbrauch durch Saboteure oder Scherzbolde vorliegt. Jedem Angebot und Gesuch ist ein Gültigkeitszeitraum zugeordnet, so dass nicht mehr aktuelle Angebote, die nicht vom Benutzer gelöscht wurden, automatisch entfernt werden. Benutzer können nach ihrer Registrierung Angebote und Gesuche anlegen, ändern und löschen. Jedes Angebot oder Gesuch kann hinter einer Chiffre-Nummer versteckt werden. Das in OSKAR integrierte Email-System zur Beantwortung von Angeboten oder Gesuchen kann dann ggf. die Chiffre-Nummer auf die tatsächliche Email-Adresse abbilden. Eine Registrierung ist allerdings nur für Benutzer, die Angebote oder Gesuche eingeben, erforderlich; Recherchen können anonym durchgeführt werden.

Anders als andere elektronische Recyclingbörsen ist OSKAR nicht in das Online-Informationssystem eines Verbands oder Verwertungsunternehmens eingebunden, sondern in den regionalen elektronischen Marktplatz Electronic Mall Bodensee (EMB), in dem verschiedenartigste deutsche, österreichische und Schweizer Anbieter von Dienstleistungen und Produkten aus dem Bodenseeraum ihre Leistungen unter einem einheitlichen, ansprechend gestalteten und leicht zugänglichen WWW-Dienst anbieten. Die Integration von OSKAR in einen regionalen elektronischen Marktplatz wird als vorteilhaft angesehen, da Recyclingbörsen einen regionalen Charakter haben und das „zufällige" Finden in regionalen Marktplätzen wahrscheinlicher als bei anderen Zuordnungen ist.

Die Implementierung von OSKAR als Teil der EMB impliziert wichtige Rahmenbedingungen:

- Das System muss absolut robust sein.
- Alle Informationen sind über einen Datenbankserver zu verwalten.
- Jedes Teilsystem der EMB sollte so wenig proprietär wie möglich gestaltet werden, da die Betreiber verschiedene Software- und Hardwareplattformen unterstützen.
- Da davon auszugehen ist, dass die meisten Zugriffe auf die EMB über Provider (insbesondere T-Online) mit gewissen Flaschenhälsen erfolgt, muss das System gute Performance-Eigenschaften haben.

Bei der Entwicklung von OSKAR war schon im Vorhinein klar, dass nicht alle der o. g. Anforderungen erfüllbar sind, da die drei erstgenannten konfliktär zur letzten Anforderung stehen. Die Realisierung erfolgte in einer Windows NT-Umgebung. Als Datenbank wird der Microsoft SQL-Server 6.5 verwendet, auf den über eine ODBC-Schnittstelle zugegriffen wird, so dass der Datenbank-Server im Prinzip austauschbar ist. Als Schnittstelle zwischen der ODBC-Zugriffsschicht und dem HTML-Browser wird der Internet Information Server (IIS) verwendet. Dies verstößt zwar gegen die Anforderung, möglichst wenig proprietäre Basissysteme zu verwenden (die nicht-proprietäre Lösung wäre hier die ausschließliche Nutzung des CGI gewesen, wobei anzumerken ist, dass der IIS auch den Datenbank- bzw. ODBC-Zugriff via CGI als Methode unterstützt), allerdings bietet der IIS eine Reihe von Vorteilen gegenüber reinen CGI-Lösungen, die im Folgenden kurz beschrieben werden.

6.3 BUIS für Verwertungsverbunde

Der IIS unterstützt für die dynamische Generierung von HTML-Seiten sowohl die Push- als auch die Pull-Methode. Bei der Push-Methode sendet der Browser die Anforderung nach einer HTML-Seite an den IIS. Wird diese Seite dynamisch mit der Push-Methode aus der Datenbank generiert, dann führt das IIS-Modul „SQL Web Assistant" periodisch oder ereignisorientiert (d. h., wenn sich in der Datenbank etwas geändert hat) SQL-Anfragen aus, deren Ergebnistabellen in HTML-Seiten umgewandelt werden. Diese vom SQL Web Assistant generierten HTML-Seiten werden dem IIS wie jede andere statische HTML-Seite übergeben. Die Informationen werden vom SQL-Server dem IIS auf diese Weise (unter-)geschoben. Der Vorteil dieses Verfahrens ist, dass Browser-Zugriffe und die dynamische Generierung der Seiten, auf die zugegriffen wird, zeitlich entkoppelt werden und dadurch sehr schnell erfolgen. Die Push-Methode wird bei OSKAR z. B. in der Verwaltung der Antworten auf Angebote verwendet. Da (noch) davon auszugehen ist, dass verhältnismäßig wenig Antworten pro Angebot eintreffen, werden die HTML-Seiten für jeden Anbieter mittels Push-Methode vorgehalten. Die Abfrage der Antworten erfolgt dann mit sehr kurzen Antwortzeiten.

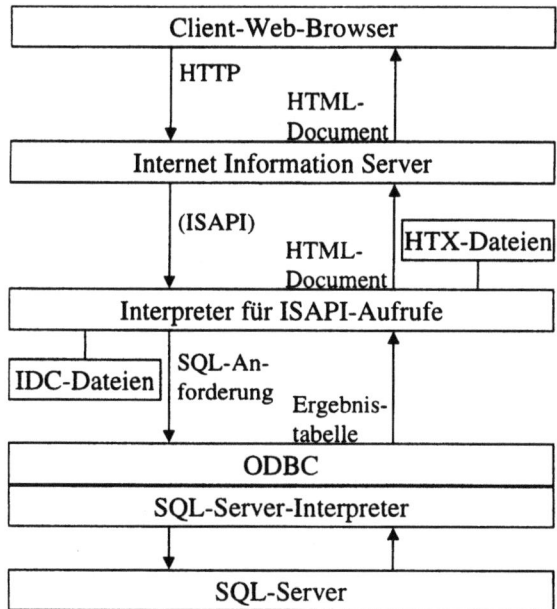

Abbildung 58: Architektur von OSKAR

Die Push-Methode kann nicht eingesetzt werden, wenn auf Basis von Online-Recherchen HTML-Seiten erzeugt werden sollen (z. B., wenn ein Benutzer das Angebot nach durch ihn verwertbaren Stoffen durchsucht). Hierfür wird die Pull-Methode verwendet, die von Internet Data Connector (IDC) des IIS unterstützt wird. Der WWW-Browser fordert in diesem Fall eine HTML-Seite an, an deren Endung

.idc der IIS erkennt, dass diese Seite aus der Datenbank dynamisch zu generieren ist. Der IDC sendet in diesem Fall eine SQL-Anfrage an den ODBC-Treiber und setzt aus der vorgefertigten Schablone und der Ergebnistabelle eine HTML-Seite zusammen, die dann via IIS an den Browser zurückgeliefert wird.

Auch bei der Pull-Methode ist der IIS gegenüber einer reinen CGI-Lösung bezüglich der Performance-Eigenschaften vorteilhaft, da für die Kommunikation zwischen IIS und SQL-Server mit dem Internet-Server-API implementierte Funktionen verwendet werden, die als DLLs direkt auf dem Server ausgeführt werden. Weiterhin kann sowohl HTML- als auch SQL-Code in einem Skript vorkommen, was die Wartbarkeit des Systems gegenüber CGI-Lösungen, bei denen HTML- und SQL-Code getrennt werden müssen, verbessert. Abbildung 58 zeigt die Architektur von OSKAR. Eine vollständige Beschreibung enthält (Bischoff et al. 1997).

Bislang sind Elektronische Recyclingbörsen nicht mit BUIS gekoppelt, obwohl insbesondere in der Materialdisposition eine solche Kopplung vorteilhaft wäre. Neben Eigenproduktion und Einkauf von Primärmaterialien sind Recycling bzw. Recyclingbörsen die dritte Quelle zur Deckung des Materialbedarfs durch Sekundärmaterialien. Hilfreich wäre z. B. eine Funktion, mit der die verfügbaren Recyclingbörsen periodisch oder bedarfsorientiert auf verwendbare Materialien durchsucht werden, wobei man davon ausgehen kann, dass diese erheblich günstigere Einstandspreise als die entsprechenden Primärmaterialien haben. Hierfür ist die Implementierung eines Meta-Informationssystems erforderlich, mit dem über ein standardisiertes Datenmodell und einen geeigneten Thesaurus verschiedene Recyclingbörsen auf brauchbare Güter systematisch untersucht werden können.

6.3.2 Recyclingnetze

6.3.2.1 Grundlagen

Während marktlich organisierte Rückstandsannahme und -abgabe mit Hilfe einer regionalen Recyclingbörse hauptsächlich für den sporadischen Austausch von Recyclinggütern sinnvoll eingesetzt werden kann, ist für den über längeren Zeitraum stabilen Austausch von Recyclinggütern die Einrichtung von Recyclingnetzen sinnvoll. In Recyclingnetzen verpflichten sich „Produzenten" und Abnehmer von Recyclinggütern per Kontrakt zur gegenseitigen Ver- und Entsorgung von Recyclinggütern über einen definierten Zeitraum. Da Ver- und Entsorger in der Regel nicht bilateral zueinander stehen, d. h. nicht *gegenseitig* ihre Recyclinggüter ver- und entsorgen, ist ein Geflecht aus mehreren unterschiedlichen Unternehmen für Einrichtung und Betrieb eines stabilen Recyclingnetzes, die über Input- und Output-Beziehungen von Recyclinggütern miteinander verbunden sind. Die auszutauschenden Recyclinggüter können dabei z. B. von verschrotteten Maschinen, über verölte Späne und chemische Substanzen bis hin zur Abwärme reichen. Ebenso offen ist der Teilnehmerkreis in Recyclingverbunden; hier können Produktionsunternehmen verschiedener Branchen, Energieerzeuger oder auch kommunale Betriebe wie Schwimmbäder beteiligt sein.

Charakteristisch für ein *Recyclingnetz* ist die zielgerichtete Zusammenarbeit zahlreicher Unternehmen aus unterschiedlichen Branchen. Dabei versuchen die am Recyclingnetz beteiligten Unternehmen, ausgehend von vorhandenen Produktionsverfahren und Rückstandsmengen bzw. -arten, die nicht vermeidbaren und im eigenen Unternehmen nicht verwertbaren Rückstände im Rahmen der ökonomischen, technischen und ökologischen Möglichkeiten innerhalb des Netzes als Rohstoffersatz und/oder als Energieträger einzusetzen und zum System passende Unternehmen zu integrieren. Zahlreiche Rückstandsarten, die in der eigenen Branche auf Grund ähnlich gelagerter Fertigungsstrukturen keiner Verwertung zugeführt werden können, sind bei branchenübergreifender Vernetzung von Betrieben zu wirtschaftlichen Bedingungen rezyklierbar. Zwischen den Netzwerkakteuren finden Austauschprozesse wie

- Vertriebs- und Transformationsprozesse von Rückständen (d. h. primär Transport- und Recyclingvorgänge) oder auch „nur"
- der Austausch strategisch relevanter Informationen z. B. über Verwertungspotentiale, Recyclingtechnologien, Genehmigungsverfahren usw. statt.

Durch die aus einem recyclingorientierten Unternehmensverbund resultierenden Vorteile (z. B. reduzierte Transaktionskosten zur Errichtung neuer Verwertungsbeziehungen durch Intensivierung der zwischenbetrieblichen Kommunikation sowie gestiegenes Informationsniveau der Netzwerk-Akteure bezüglich anfallender Rückstände, Verwertungstechnologien und -möglichkeiten) erhöht sich das Potenzial an unter wirtschaftlichen Gesichtspunkten in einer Region verwertbaren Rückständen. Dies wirkt sich auch unmittelbar positiv auf die betriebliche und regionale Entsorgungs- und Versorgungssicherheit aus. Recyclingnetze sind somit eine Möglichkeit für Produktionsbetriebe, weitgehend ohne Inanspruchnahme öffentlicher Entsorgungseinrichtungen die „eigenen" Produktionsrückstände – auch im Interesse der Implementierung einer Kreislaufwirtschaft – systemintern zu verwerten. Weiterhin kann ein funktionierendes Recyclingnetz die öffentliche Hand bei der Verwertung von Konsumrückständen substanziell unterstützen.

Da sich Unternehmen zunehmend mit der Frage beschäftigen, wie aus einem Rückstand ein Rohstoff- oder Energieträgerersatz wird, erhöht sich automatisch die Bereitschaft und die Fähigkeit für zusätzliche Recyclinglösungen. Durch die intensive Auseinandersetzung mit der betrieblichen Rückstandsproblematik steigt auch die Wahrscheinlichkeit innerbetriebliche Vermeidungspotentiale zu identifizieren. Recyclingnetze sind im Gegensatz zu Recyclingbörsen insbesondere durch die Permanenz der Beziehungen zwischen Rückstandserzeugern und -verwertern gekennzeichnet. Die Anbahnung von Erzeuger-Verwerter-Beziehungen ist daher in Recyclingnetzen erheblich schwieriger, zumal diese in der Regel aus völlig unterschiedlichen Branchen stammen, so dass bei den Unternehmen oft das Knowhow zum Erkennen einer Verwertungsbeziehung fehlt. Tabelle 7 (Rautenstrauch/ Schwarz 1997, 51) stellt die wesentlichen Unterschiede zwischen Recyclingbörsen und -netzen gegenüber.

Recyclingbörse	Recyclingnetz
sporadische Anbieter-Abnehmer-Beziehung	permanente Anbieter-Abnehmer-Beziehung
sinnvoll bei selten und unregelmäßig anfallenden Recyclinggütern	Absicherung mittel- bis langfristiger Entsorgungssicherheit
Anonymitätsprinzip	Anbieter und Abnehmer sind bekannt
Anbahnung einer Anbieter-Nachfrager-Beziehung sehr einfach	Aufbau schwierig

Tabelle 7: Abgrenzung von Recyclingbörsen und -netzen

6.3.2.2 Informationserfordernisse in einem regionalen Recyclingnetz

Basisinformationen für den Aufbau und Ausbau von Recyclingnetzen sind konkrete Informationen über die im Einzugsbereich der beteiligten Unternehmen (= Region) verfügbaren Rückstandsmengen, deren Zusammensetzung und Einsatzmöglichkeiten. Wie empirische Arbeiten in der österreichischen Industrie gezeigt haben, verfügen Unternehmen vielfach nur über detaillierte Informationen zu jenen Rückständen, die ihnen Probleme (etwa hohe Kosten oder großes Risikopotential) bereiten (Strebel et al. 1996).

Zur Ermittlung des Recyclingpotentials eines Recyclingnetzes sind aber Kenntnisse über alle von den Betrieben nach außen abgegebenen sowie von außen angenommenen Rückstandsströme notwendig. Um diese Informationen liefern zu können, müssen Unternehmen das zumeist monetär ausgerichtete Rechnungswesen um ökologische Aspekte erweitern. Im konkreten Fall sind von den Unternehmen eines Recyclingnetzes Material- und Energiebilanzen zu erstellen und die für das Recycling relevanten Informationen den übrigen Netzwerksmitgliedern zugänglich zu machen.

6.3.2.3 Beispiel eines regionalen Recyclingnetzes

Als erfolgreiches und in der Literatur bereits vielfach zitiertes Beispiel für ein funktionierendes Recyclingnetz ist die Industrial Symbiosis Kalundborg (Dänemark) zu nennen (z. B. Elkington et al. 1991; Schwarz 1996). Die großen Erfolge dieses Recyclingnetzes waren auch Anlass im Jahr 1993 im Bundesland Steiermark (Österreich) Produktionsunternehmen im Hinblick auf recyclingorientierte Vernetzungen zu untersuchen (Schwarz 1994; Strebel et al. 1996). Ergebnis dieser Studie war die Identifikation eines umfangreichen Verwertungssystems, dessen wesentliche Knoten im Bereich der Grundstoffindustrie liegen.

Die Gründe für die große „Recyclingbereitschaft" des Grundstoffsektors sind vielfältig. So können in einigen Branchen – wie in der eisenerzeugenden oder der Metallindustrie – vor allem durch die verwendeten Verfahren und Einsatzstoffe Primärstoffe oft zu hohen Prozentsätzen durch Rückstände substituiert werden, ohne dass darunter die Qualität der Produkte leidet. In anderen Branchen wie der papiererzeugenden Industrie hat sich vor allem auf Grund gesellschaftlichen Wertewandels bereits ein Markt für Recyclingprodukte entwickelt. Die Stein- und Keramikindustrie, und hier insbesondere die Zementindustrie, bildet aufgrund des großen Bedarfs an thermischer Energie eine wesentliche Senke für stofflich schwierig zu verwertende Konsumgüter- und Produktionsrückstände (etwa Altreifen, Altöle und Lösungsmittel). Weiterhin können auf Grund der Fähigkeit des Zements bzw. dessen Verbindungen, Schwermetalle im Kristallgitter zu binden, anderweitig schwer zu rezyklierende Rückstände einer stofflichen Verwertung zugeführt werden. Auch werden Schlacken aus der eisenerzeugenden Industrie sowie REA-Gips und Flugaschen aus kalorischen Kraftwerken dem Produkt Zement zugemischt und somit stofflich verwertet.

Abgesehen von den einzelwirtschaftlichen Vorteilen bringt das steirische Verwertungssystem durch den Einsatz von Rückständen in der Produktion auch ökologischen und ökonomischen Nutzen für die gesamte Region. So werden von den in Abbildung 59 dargestellten Unternehmen etwa 1,5 Mio. Tonnen an Rückständen stofflich und thermisch verwertet und damit Entsorgungseinrichtungen (z. B. Deponien, Müllverbrennungsanlagen) entlastet sowie natürliche Ressourcen geschont.

Bei einer im Jahr 1996 erfolgten neuerlichen Istanalyse des steirischen Verwertungssystems zeigte sich, dass nahezu alle Recyclingbeziehungen noch aufrecht sind bzw. das Netz in einigen Fällen sogar ausgebaut wurde. Dieses Ergebnis ist einerseits ein Hinweis für die Beständigkeit und Langfristigkeit recyclingorientierter Unternehmenskooperationen. Andererseits kann es auch als ein Indiz gewertet werden, dass durch industrielle Verwertungsverbunde die regionale Entsorgungssicherheit langfristig gewährleistet werden kann.

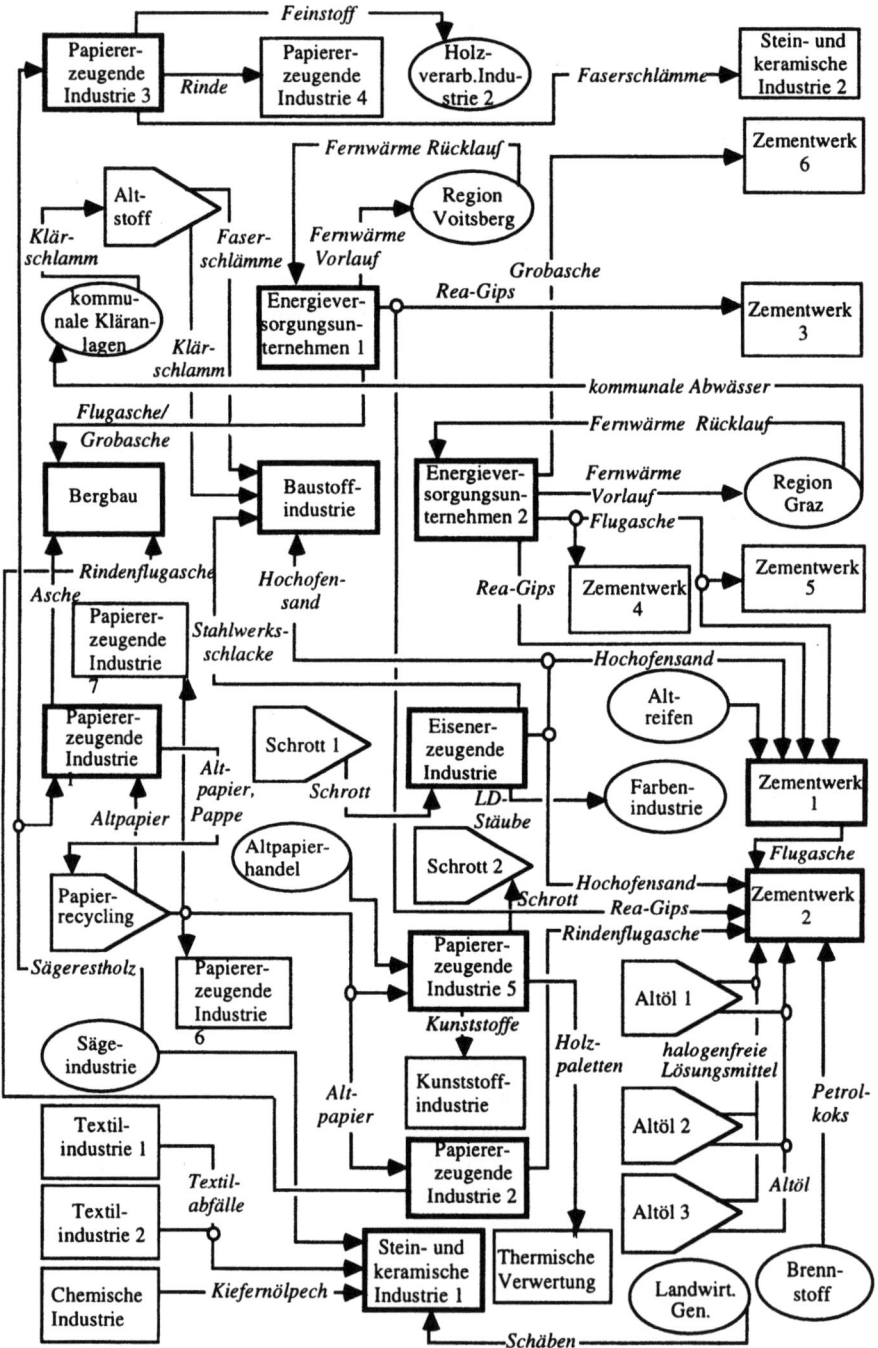

Abbildung 59: Recyclingnetz Steiermark (Stand 1996)

6.3.2.4 Beratungsdienstleistungen in einem Recyclingnetz

Produktionsunternehmen verfügen oft nur über unzureichende Kenntnisse über „Rückstandsmärkte" sowie über potentielle Recyclingtechnologien. Da der Bedarf für neue Verwertungswege im einzelnen Produktionsbetrieb lediglich selten eintritt und Lösungen relativ lange vorhalten, ist es oft nicht zielführend, eigenes Personal dafür einzusetzen, sondern die Dienstleistungen externer Berater in Anspruch zu nehmen.

Zur Erfüllung der an den Rückstands- und Technologiemittler – hier *Verwertungsagenturen* genannt – gestellten Aufgaben müssen bei diesem sowohl entsorgungsbezogene Daten wie verfügbare Menge, Bedarf, Zusammensetzung der zur Zeit zu entsorgenden Rückstände als auch produktionsbezogene Angaben wie Einsatzstoffe und -mengen zur Abschätzung der regionalen Recyclingpotentiale zusammenlaufen. Analog zu betrieblichen Stoff- und Energiebilanzen wird daher langfristig die Erstellung von regionalen Bilanzen notwendig sein, die zumindest die wichtigsten produktionsbedingten Stoff- und Energieflüsse beinhalten. Weitere Aufgabengebiete für eine Verwertungsagentur im Rahmen eines regionalen Recyclingnetzes sind folgende (vgl. Ewen et al. 1991):

- Die Zusammenführung der Unternehmen sowie die Erarbeitung eines Projektplans bei unternehmensübergreifenden Projekten,
- die unparteiische Beratung von Rückstandslieferanten und -abnehmern,
- die beratende Unterstützung bei der juristischen Ausgestaltung der Projekte sowie bei der Finanzierung unter Berücksichtigung öffentlicher Förderprogramme,
- die Abstimmung der Projekte mit anderen Anlagen und
- die begleitende Öffentlichkeitsarbeit.

6.3.2.5 Konzept eines Informationssystems für eine Verwertungsagentur

Die Verwertungsagentur hat die Aufgabe, Verwertungsbeziehungen in der von ihr betreuten Region zu initiieren und die Funktionstüchtigkeit des Verwertungsverbunds, der aus einem Geflecht von Verwertungsbeziehungen besteht, sicherzustellen. Eine solche Koordinationsstelle ist notwendig, da die einzelnen Unternehmen in der Region normalerweise nicht über die branchenübergreifenden Kenntnisse verfügen, die für die Aufnahme einer Versorger-Verwerter-Beziehung erforderlich sind. Das Informationssystem für die Verwertungsagentur (RECIS = REcycling Information Center Information System) hat daher die Aufgabe, das hierfür erforderliche Know-How und leistungsfähige Recherchemöglichkeiten auf diesen Informationen bereitzustellen.

Kernstück von RECIS ist eine Know-How-Datenbank, die über Informationen zu folgenden Bereichen verfügen muss:

- *Abfalldatenbank*: In dieser Datenbank werden alle bekannten Abfälle klassifiziert und abgespeichert.

- *Branchen*: Hier werden Branchen und ihre typischen Abfallarten und Verwertungsmöglichkeiten verwaltet. Branchen gelten hier als übergeordnete Datenstruktur zu Einzelunternehmen.

- *Verwertungsoptionen*: Verwertungsoptionen geben an, welche Branchen prinzipiell in der Lage sind, welche Arten von Abfällen zu verwerten.

- *Verfahrenstechnische Rahmenbedingungen*: Für die Bereitstellung von Output-Gütern sowie deren Übernahme durch verwertende Unternehmen ist ggf. eine verfahrenstechnische Behandlung erforderlich bzw. gesetzlich vorgeschrieben.

- *Gesetzliche Rahmenbedingungen*: Die gesetzlichen Rahmenbedingungen umfassen alle gesetzlichen Regelungen bezogen auf die erfassten Abfälle, Branchen und verfahrenstechnischen Rahmenbedingungen. Sie sind hierarchisch nach ihrem Gültigkeitsbereich von der EU- bis zur kommunalen Ebene zu strukturieren.

- *Unternehmen in einer Region*: In diesem Teil der Datenbank sind alle Unternehmen der Region zu erfassen, die als potentielle Teilnehmer eines Recyclingverbunds in Frage kommen. Sie sind dabei Branchen zuzuordnen.

- *Unerwünschte Output-Stoffe (Abfälle) der Unternehmen*: Die unerwünschten Output-Stoffe der Unternehmen sind auf der Output-Seite der Ökobilanz aufgeschlüsselt und können an Hand ihrer Zuordnung im Öko-Kontenrahmen leicht identifiziert werden. Da ein Verwertungsverbund auf der Langfristigkeit von Verwertungsbeziehungen beruht, ist zudem die Periodizität des mengenmäßigen Stoffanfalls zu erfassen.

- *Mögliche Sekündär-Input-Stoffe*: In Analogie zu den unerwünschten Output-Stoffen sind auch die potenziellen Sekundär-Input-Stoffe aus der Ökobilanz zu übernehmen und die Periodizität des mengenmäßigen Stoffbedarfs zu erfassen.

Dabei soll RECIS folgende Geschäftsprozesse unterstützen:

- *Anbahnung von Verwertungsbeziehungen*: Ausgangspunkt für die Anbahnung von Verwertungsbeziehungen ist die Anfrage eines Unternehmens (Nachfra-

6.3 BUIS für Verwertungsverbunde

ger), das entweder einen Ver- oder Entsorgungspartner sucht (im Folgenden wird stets davon ausgegangen, dass ein Entsorgungspartner gesucht wird, um unnötige sprachliche Verkomplizierungen zu vermeiden). Liegt eine Ökobilanz des anfragenden Unternehmens vor, dann werden an Hand der hier aufgeführten Abfälle die Verwertungsoptionen recherchiert, andernfalls muss der Nachfrager konkrete Angaben zu den Abfällen machen, die ein Entsorgungspartner verwerten oder beseitigen soll. Sind die Verwertungsoptionen geklärt, wird untersucht, welche Anreize oder Restriktionen auf Grund verfahrenstechnischer und gesetzlicher Rahmenbedingungen existieren. Sollten diese kritische Erfolgsfaktoren für die Wahrnehmung der Verwertungsoption darstellen, ist eine Entscheidung des Nachfragers erforderlich. Sollte die Entscheidung positiv ausfallen oder keine kritischen Erfolgsfaktoren zum Tragen kommen, werden in der Region passende Unternehmen als Entsorgungspartner gesucht. Die Verwertungsagentur schafft die Verbindung zwischen den potentiellen Vertragspartnern die im Falle erfolgreicher Verhandlungen einen Ver- und Entsorgungskontrakt abschließen. Dieser Prozess kann als Referenzprozess angesehen werden, da die nachfolgend beschriebenen Geschäftsprozesse im Wesentlichen Variationen dieses Prozesses sind.

- *Verwaltung und kontinuierliche Verbesserung bestehender Verwertungsbeziehungen*: Verwertungsverbunde sind auf mittel- bis langfristige Existenz angelegt. Da Unternehmen stetig gefordert sind, sich ändernden Marktbedingungen anzupassen, sind auch Änderungen auf der Input- und Output-Seite möglich. In diesem Fall müssen ggf. neue Verwertungsoptionen recherchiert, bestehende Kontrakte neu verhandelt und neue Kontrakte ausgehandelt werden.

- *Beratung von Verbundpartnern*: Technischer Fortschritt und Änderungen in der Gesetzgebung können ebenfalls Veränderungen der Verwertungsbeziehungen nach sich ziehen. Über diese Veränderungen müssen die Verbundpartner jederzeit auf dem Laufenden gehalten werden. Auch solche Änderungen können neue Verwertungsoptionen eröffnen und bestehende in Frage stellen.

- *Know-How-Austausch mit anderen Verwertungsagenturen*: Erkenntnisfortschritte, die in der globalen Datenbank dokumentiert werden, sind grundsätzlich für alle Verwertungsagenturen relevant und müssen zwischen diesen ausgetauscht werden. Ein solcher Informationsaustausch kann wiederum die Beratung lokaler Verbundpartner anstoßen.

Für die Verwaltung der Geschäftsprozesse sind folgende Basisfunktionen zu implementieren (Abbildung 60 zeigt die grobe Funktionshierarchie im Überblick):

- *Stammdatenverwaltung*: Mit den Funktionen der Stammdatenverwaltung sind alle Entitäten der Know-How-Datenbank zu verwalten. Hier stehen die üblichen Funktionen zur Anlage, Löschung und Änderung der Daten zur Verfügung. Weiterhin wird die Plausibilität der erfassten Beziehungen durch Integritätsregeln geprüft und sichergestellt.

- *Recherchemöglichkeiten auf strukturierten Daten und Dokumenten*: Die Know-How-Datenbank beinhaltet sowohl strukturierte (bzw. formatierte) Daten wie auch Textdokumente (z. B. Gesetzestexte). Daher werden sowohl Recherchemöglichkeiten auf Basis von Datenbankanfragen wie auch Volltextsuche bereitgestellt, die auch miteinander kombiniert werden können. Da die Recherchemöglichkeiten auch für ungeübte Benutzer offen sein sollen, was insbesondere bei Datenbankabfragen wegen der zu Grunde liegenden Abfragesprachen wie SQL nicht einfach ist, wird hier sowohl ein Browser für die Navigation durch Datenstrukturen wie auch ein komfortabler Abfrageeditor implementiert.

- *Automatisierte Analyse der Rahmenbedingungen*: Stellt ein Unternehmen eine Anfrage zur Anbahnung einer Verwertungsbeziehung, dann sind die verfahrenstechnischen und gesetzlichen Rahmenbedingungen dahingehend zu analysieren, ob kritische Erfolgsfaktoren hierdurch berührt werden. Weiterhin ist bei der Änderung von Rahmenbedingungen zu analysieren, welche bestehenden Kontrakte hierdurch in welcher Weise zu ändern sind. Diese Analysen sind so weit wie möglich zu automatisieren.

- *Informationsabgleich zwischen verschiedenen Verwertungsagenturen*: Für den Abgleich der globalen Informationen verschiedener Know-How-Datenbanken ist ein Replikationsmechanismus zu implementieren, der nicht-konfliktäre Datenbestände repliziert und konfliktäre Daten gemäß einer einstellbaren Konfliktlösungsstrategie (z. B. „aktuellstes Datum gewinnt immer" oder „Datenbank X gewinnt immer") auflöst.

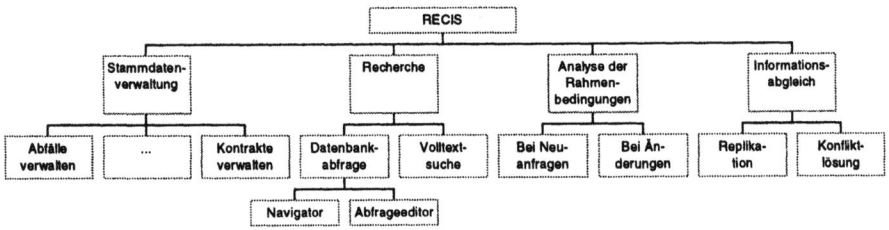

Abbildung 60: Funktionshierarchie von RECIS

Die informationstechnische Unterstützung von Recyclingnetzen beschränkt sich allerdings nicht nur auf die Beratungsleistung von Verwertungsagenturen in der Anbahnungsphase. Betriebliche Umweltinformationssysteme (BUIS) für das Öko-Controlling, betriebliche Recycling-Informationssysteme (RIS) und PRPS-Systeme können die Handhabung von Recyclingnetzen unterstützen, wenn sie Informationen über den zeitlichen und mengenmäßigen Anfall von Recyclinggütern über geeignete Schnittstellen einem Koordinationssystem für Recyclingverbunde bereitstellen. So können an Hand der Daten aus Recyclinginformations- und PRPS-Systemen die kurzfristig anfallenden Mengen an Recyclinggütern hinreichend exakt ermittelt werden (diese Informationen sind prinzipiell auch als Input für Recyclingbörsen relevant), während Sachbilanzen Aussagen über die mittel- bis langfristigen Bedarfe und Output an Recyclinggütern erhalten.

6.4 Klassifikation von zwischenbetrieblichen UIS

Abbildung 61 zeigt das Klassifikationsschema für zwischenbetriebliche UIS. Der sowohl nachsorgende wie auch präventive Charakter derartiger Systeme ergibt sich aus der Unternehmensperspektive, da alle zwischenbetrieblichen Maßnahmen erst dann greifen, wenn innerbetrieblich die Möglichkeiten zur Abfallvermeidung und Recycling ausgeschöpft sind. Die weiteren Ausprägungszuordnungen sind offensichtlich. Interessant ist die hohe Zahl von Methoden, die in derartigen Systemen angewendet werden. So spielt z. B. die Computergrafik durch die Einbindung von GIS-basierten Benutzeroberflächen hier eine besondere Bedeutung. Weiterhin bekommt man Probleme mit realweltlichen Dimensionen offensichtlich nur mit simulativen und heuristischen Verfahren in den Griff.

6.5 Empfohlene Literatur

Als Logistik-Lehrbuch wird hier zunächst (Becker/Rosemann 1993) empfohlen, da es Logistik insbesondere im Zusammenhang CIM und den damit verbundenen Informationsprozessen betrachtet. Weiterhin werden zusätzlich (Isermann 1994) und Rinschede/Wehking 1993) als Logistik-Lehrbücher ans Herz gelegt, da sie sich ausführlich mit der Entsorgungslogistik befassen.

Verwertungsverbunde als Spezialfall von Unternehmenskooperationen sind ausführlich in (Schwarz 1994), (Strebel et al. 1996) und (Strebel/Schwarz 1998) dokumentiert.

	Merkmal	Ausprägung							
Umweltorganisation	Strategie	präventiv				nachsorgend			
	Unternehmensziel	EMAS/ISO-Zertifizierung		Umweltoptimierung/Ökoeffizienz		Erfüllen gesetzlicher Umweltauflagen		Darstellung der Umweltleistung	
	Zeithorizont	Strategisch langfristig		Taktisch mittelfristig				Operativ kurzfristig	
	Adressaten	Unternehmensleitung	Umweltschutzabteilung	Produktion/Materialwirtschaft	Andere Fachabteilungen	Behörden	Versicherungen	Investoren	Lieferanten und Kunden
BUIS-spezifische Aspekte	Einsatzbereich	Ökobilanzierung	Stoffstrommanagement	Demontage/Recycling	Konstruktion	Meta IS	Umweltberichterstattung	Zwischenbetriebliche Logistik	Verbundkoordination
	Methoden	Datenbanken	Modellbildung und Simulation	Wissensbasierte Systeme	Computergrafik		Dokumentmanagement	Neuro-Fuzzy-Techniken	Metainformationen
	Systemgrenze	Bereich/Unternehmen		Prozess		Produkt		Zwischenbetrieblich	

Abbildung 61: Morphologischer Kasten für zwischenbetriebliche UIS

7 Beispiel: Ein kommerzielles BUIS

Als Beispiel für ein kommerzielles BUIS dient hier das System E1 der LMS Umweltsysteme Ges. m. b. H. in Leoben/Österreich. Es wurde ausgewählt, da es einen für kommerzielle Systeme repräsentativen Funktionsumfang hat und seit einigen Jahren erfolgreich von Anwenderunternehmen verschiedener Branchen eingesetzt wird. Genaugenommen handelt es sich bei E1 um eine Produktfamilie, die aus einzelnen leicht integrierbaren Modulen besteht und alle wesentlichen Funktionen des Umweltmanagements (siehe Kapitel 1.3) unterstützt. Technische Basis von E1 ist Lotus Notes. Im Folgenden wird die Funktionalität der Module im Überblick dargestellt (LMS 1999a).

7.1 Emissionsmonitoring

Unter *Umweltmonitoring* versteht man die kontinuierliche, automatisierte Beobachtung des Zustands der Umwelt (Günther et al. 1995, 73). Im betrieblichen Umfeld ist insbesondere das Monitoring von Emissionen als wesentlicher Teil der UDE (siehe Kapitel 3.6) relevant. Dabei sind folgende Fälle zu unterscheiden:

- *Kontinuierliche Messungen*: Hierbei werden die Messwerte in definierten Zeitabständen aufgenommen, ggf. verdichtet und abgespeichert.
- *Diskontinuierliche Kontrollmessungen*: In diesem Fall werden unregelmäßig und häufig auf Grund extern festgelegter Messfristen Messungen vorgenommen und aufgezeichnet. Das System überwacht dabei die Einhaltung der Fristen und löst eine Messung ggf. durch Generierung einer Messaufforderung aus.

Die Mindestanforderungen an ein solches Messsystem sind folgende (Adelwöhrer/ Buchberger 1995, 186):

- Normgerechte Erfassung, Bearbeitung, Speicherung und Auswertung der Emissionsdaten,
- frei parametrisierbare und dynamisch steuerbare Erfassung und Steuerung von Prozess- und Produktionsdaten für die verursachungsgerechte Zuordnung der gemessenen Emissionen,
- frei konfigurierbare Darstellung der zeitlichen Verläufe der erfassten Daten sowie eine einfache Anlagenvisualisierung und
- problemlose Einbindung von übergeordneten Steuer-, Regelungs- und Optimierungsstrategien über offengelegte Schnittstellen.

Das Modul PE von E1 unterstützt das Emissionsmonitoring durch die Aufnahme von Messprotokollen und Labordaten, den Nachweis der Erfüllung von gesetzlichen Auflagen, die automatische Erstellung von periodenbezogenen Emissionsberichten sowie Auswertungen, Analysen und Erstellung von Emissionskatastern. Insbesondere für die Überwachung der Erfüllung gesetzlicher Auflagen können gesetzlich vorgegebene Grenzwerte erfasst und mit den realen Messwerten verglichen werden. Weiterhin gehen die Emissionsdaten in die Ökobilanzierung ein.

7.2 Ökobilanzierung

Die Ökobilanzierung wird durch das Modul EI (Eco-Inventory) unterstützt. Hiermit können Betriebs-, Prozess- und Produktbilanzen erstellt werden. Der zu Grunde liegende Öko-Kontenrahmen ist in Tabelle 1 dargestellt. Die Bilanzen können auf Produktgruppen- und -typenebene verdichtet werden. Weiterhin ist eine Auflösung von Prozessbilanzen auf Chargen, Produktgruppen und Produkttypen für eine umweltrelevante Produktbewertung möglich. Dabei werden die Besonderheiten der kontinuierlichen Produktion insofern berücksichtigt, dass Chargen mit Zeitmarken versehen werden, die über zeitliche Bilanzgrenzen hinausgehen.

Ökobilanz	Zeitraum
Input	Output
Material	Produkte
Wasser	Abfall
Luft	Abwasser
	Emissionen
Energie	Abwärme
	Lärm

Tabelle 8: Öko-Kontenrahmen von EI

Die Bilanzen können sowohl grafisch (sofern sie auf Zeitreihen basieren) wie auch numerisch dargestellt werden. Eine Bilanzanalyse auf Basis von Kennzahlen ist möglich, weiterhin können für die Wirkungsanalyse standardisierte wie auch individuelle Verfahren eingesetzt werden. EI verfügt über Schnittstellen zur Übernahme von Stoffdaten aus anderen betrieblichen Informationssystemen sowie zur Übergabe von Bilanzdaten an das Berichtswesen, z. B. für Umweltklärungen.

7.3 Produktionsnaher Bereich - Abfallbewirtschaftung

Anders als in Kapitel 3 dargestellt, stützt sich die Abfallbewirtschaftung (MW) nicht auf die PPS(-Daten) ab, sondern ist ein eigenständiges Modul. Es ergänzt die Produktionslogistik um die Erfassung aller Abfalldaten entlang des Prozesses der Sammellogistik. Hierzu gehören alle Abfallbewegungen von der Verursachung

7.3 Produktionsnaher Bereich - Abfallbewirtschaftung

über Sammlung und Zwischenlagerung bis zur Beseitigung. Die systematische Erfassung von Abfalldaten dient der Unterstützung folgender Funktionen:

- *Gefahrgutentsorgung*: Für Gefahrgüter gelten besondere Transport- und Kennzeichnungspflichten wie sie z. B. laut GefStoffV oder GGVS vorgeschrieben sind (siehe Kapitel 1.2). Für die Rückverfolgung gefährlicher Stoffe ist eine lückenlose Dokumentation der verursachenden Prozesse und des Wegs durch das Unternehmen erforderlich. Hierfür wird jede Abfallbewegung auf das jeweilige Lager ein- und bei Abgängen wieder ausgebucht. Verlässt der Abfall das Unternehmen, wird ein *Entsorgungsauftrag* erstellt, mit dessen Abarbeitung der Prozess beendet wird. Weiterhin muss ein *Abfallkatalog* erstellt werden, in dem die Abfälle entsprechend ihrer Gefahrenklassen einzuordnen sind und Daten zu Menge, Art und Verursachern erfasst werden. Bestandteil des Abfallkatalogs sind ferner Verweise auf geltende Vorschriften für den Gefahrguttransport. Für die Zuordnungen und Verweise stehen Datenbanken zur Verfügung, in denen die Standardklassifikationen nach bestimmten und regional unterschiedlichen Vorschriften (wie z. B. dem Europäischen Abfallkatalog EAK) bereitgestellt werden.

- *Abfallverwaltung*: Während im Abfallkatalog festgehalten wird, welche Abfälle welcher Art anfallen, befasst sich die Abfallverwaltung mit der Erstellung von *Abfallkatastern*. In Abfallkatastern wird dokumentiert, an welchen Orten welche Abfälle anfallen. Hierzu ist eine Verwaltung von Abfall(zwischen)lagern erforderlich. Weiterhin gehört zur Abfallverwaltung auch die Führung der Abfallbuchhaltung, in der die Zu- und Abgänge von Abfällen in den verschiedenen Lagern gespeichert werden.

- *Dokumenterstellung*: Sowohl für die Abfalltransporte wie auch zur Erfüllung gesetzlicher Auflagen werden Dokumente erstellt, die auf den genannten Abfalldaten basieren. Hierzu gehören Begleitscheine (insbesondere für Gefahrguttransporte), Entsorgungsnachweise und Verrechnungspapiere. Die Generierung der Papiere wird durch Entsorgungsaufträge ausgelöst.

- *Schwachstellenanalyse*: Für die Schwachstellenanalyse können verschiedene Berichte, welche die Abfallbewegungen bezogen auf unterschiedliche Perioden (z. B. Monat oder Jahr) in grafischer und tabellarischer Form erstellt werden. Die Auswertungen können nach Verursachern oder Kostenstellen aufgeschlüsselt werden, so dass sie als Hilfestellung bei der Aufdeckung von Schwachstellen in Entsorgungsprozessen geeignet sind.

In der Abfallbewirtschaftung wird nicht zwischen Beseitigung und Recycling unterschieden, da in beiden Fällen die effiziente Entfernung von unerwünschtem Output ohne Beteiligung der üblichen Absatzwege für Produkte das Ziel ist. Beobachtet werden dabei primär Massenbewegungen. Kosteninformationen werden als

Rechnungsbeträge von Entsorgungsbetrieben in Entsorgungsaufträgen erfasst. Sollte sich mit einem subjektiven Abfall ein Erlös erwirtschaften lassen, wird dieser als negativer Kostensatz verbucht.

7.4 Gefahrstoffmanagement

Der gesetzeskonforme Umgang mit Gefahrstoffen ist für Unternehmen ein kritischer Erfolgsfaktor, da Verstöße gegen derartige Auflagen empfindliche Geldstrafen und sogar Betriebsschließungen nach sich ziehen können. Nicht minder wichtig ist außerdem die Gefahr, die für die Gesundheit der Mitarbeiter und Bewohner umliegender Ortschaften ausgeht, falls Gefahrstoffe unkontrolliert entweichen.

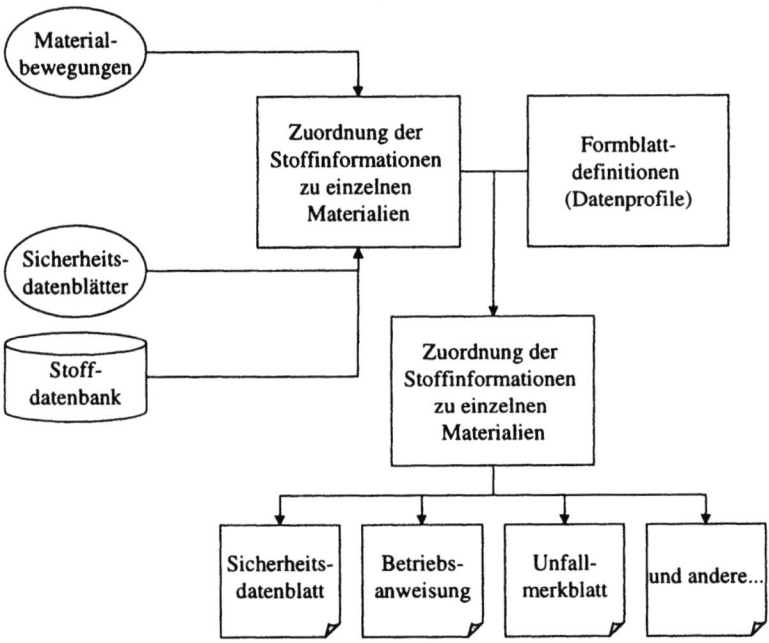

Abbildung 62: Ablauf der Dokumenterstellung beim Gefahrstoffmanagement

Während die zu beachtenden Besonderheiten bei der Entsorgung von Gefahrstoffen Gegenstand der Abfallbewirtschaftung sind, geht es beim Gefahrstoffmanagement um die Erstellung und Handhabung aller Dokumente, die für einen verantwortlichen Umgang mit Gefahrstoffen gefordert bzw. notwendig sind. Alle bei der Handhabung eines Gefahrstoffs zu beachtenden Gesetzes- und Verfahrensvorschriften sind in sogenannten *Sicherheitsdatenblättern* dokumentiert. Jeder Gefahrstoff, der als Material in das Unternehmen hineinkommt, und jeder Gefahrstoff, der das Unternehmen verlässt, ist mit einem entsprechenden Sicherheitsdatenblatt zu versehen. Alle Stoffe, die in der Produktion eingesetzt werden, werden in einer Stoffdatenbank verwaltet. Mit der Erfassung der eingehenden Materialien und der beigefügten Sicherheitsdatenblätter sowie der Zuordnung von Stoffen aus der Stoffdatenbank zu Materialien (ein Material kann aus mehreren Stoffen bestehen) sind zunächst alle relevanten Informationen zu Gefahrstoffen im Unternehmen verfügbar.

Allerdings sind Sicherheitsdatenblätter nicht die einzigen Dokumente im Zusammenhang mit Gefahrstoffen, je nach Stoff können unterschiedliche weitere Dokumente wie z. B. Betriebsanweisungen oder Unfallmerkblätter erforderlich sein. Daher ist es nicht sinnvoll, ein starres Gerüst von Formularen für das Gefahrstoffmanagement vorzugeben. Gleiches gilt für die Attributierung der Informationen in der Stoffdatenbank, auch hier müssen Attribute ggf. frei hinzugefügt werden können.

Aus Informationen von durch den Benutzer definierten Formblättern, deren Formularfelder wiederum Attribute der Stoffdatenbank referenzieren, lassen sich dann die für Produktion und Auslieferung notwendigen Formblätter generieren. Abbildung 66 zeigt eine Übersicht des Dokumenterzeugungsprozesses im Gefahrstoffmanagement (LMS 1999b).

7.5 Bescheid- und Auflagenmanagement

Die Genehmigung von Anlagen und Betriebserweiterungen ist heute ein langwieriger und kostspieliger Prozess. Insbesondere umweltschutzbezogene Anforderungen stellen für Unternehmen eine große Herausforderung dar. Genehmigungsverfahren laufen grob nach folgendem Schema ab:

1. Das Unternehmen beantragt eine Genehmigung.

2. Der Antrag wird geprüft. Dabei kann es durch Rückfragen und Antworten zu wechselseitiger Kommunikation zwischen Antragsteller und Genehmigungsbehörde kommen und beschieden.

3. Dann folgt die Bescheidung. Hierbei gibt es drei Möglichkeiten:

    a) Der Antrag ist formal oder inhaltlich fehlerhaft; er wird negativ beschieden.

    b) Es liegen kleiner, aber keine grundsätzlichen Fehler vor. In diesem Fall kann mit Auflagen genehmigt werden, was bedeutet, dass der Antragsteller die Auflagen innerhalb bestimmter Fristen erfüllen und nachweisen muss.

    c) Der Antrag ist in Ordnung und wird positiv beschieden.

Ablehnungen oder unerfüllbare Auflagen führen häufig zu Neuanträgen, bei denen der komplette Ablauf erneut durchlaufen wird. Ein rechnergestütztes Bescheid- und Auflagenmanagement unterstützt den Genehmigungsablauf durch folgende Funktionen:

- Im System werden Bescheide und Auflagen sowie die zugeordneten Verantwortlichkeiten und Betriebsanlagen mit Vollzugskalender geführt. Hiermit wird die Verwaltung und Organisation der Abwicklung von Genehmigungsverfahren durch die Überwachung von Fristen und Terminen unterstützt. Ggf. werden zeitkritische Maßnahmen angestoßen. Weiterhin werden die Ergebnisse des Verfahrens in Prüfbüchern dokumentiert.

- Die aktuellen Zustände verschiedener Genehmigungsverfahren können jederzeit in Berichten zusammengefasst werden. Diese können den Status Quo, aber auch Terminlage oder Verantwortlichkeiten dokumentieren.

7.6 Unterstützung des Umweltmanagements

Das Umweltmanagement (siehe Kapitel 1.3) wird durch die Bereitstellung umfassender Informationen und Funktionen zur Definition und Operationalisierung strategischer Zielvorgaben unterstützt. Abbildung 63 zeigt die Informationspyramide des Moduls OD „organisationale Dokumentation" (LMS 1999c). Jedes Element der Pyramide repräsentiert eine oder mehrere (Lotus-Notes-)Datenbanken. Je weiter oben eine Datenbank angesiedelt ist, desto näher ist sie der strategischen Ebene.

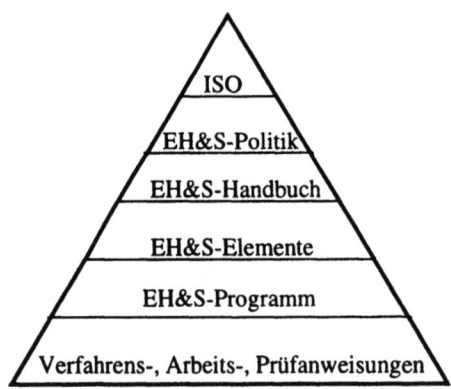

Abbildung 63: Datenbank-Pyramide

- *ISO:* Die Datenbank beinhaltet alle Originaldokumente der ISO-14001-Norm. Neben dieser gehören zum Bereich „ISO" noch weitere informative Daten-

7.6 Unterstützung des Umweltmanagements

banken, die z. B. ein Glossar mit Metadaten zu verwendeten Begriffen, die ICC-Charta (International Chamber of Commerce) oder die EMAS-Verordnung enthalten. Die Datenbanken haben die Funktion eines elektronischen Nachschlagewerks für Entscheidungsträger.

- *EH&S (Environment, Health, and Safety) Politik*: In dieser Datenbank werden alle umweltbezogenen Unternehmensziele und Handlungsgrundsätze abgespeichert.

- *EH&S-Handbuch*: Im Handbuch werden alle aufbau- und ablauforganisatorischen Rahmenbedingungen für das Umweltmanagement dokumentiert. Hierzu gehören Zuständigkeiten, Ziele, Programme, Kontrollverfahren sowie alle für die Durchführung von Betriebsprüfungen und Audits notwendigen Informationen.

- *EH&S-Elemente*: In dieser Datenbank werden handlungsrelevante Einzelaspekte des Umweltmanagements und deren Auswirkungen in eine Zielsystematik eingeordnet, die bis zur zielorientierten Maßnahmenplanung reicht (siehe Abbildung 64).

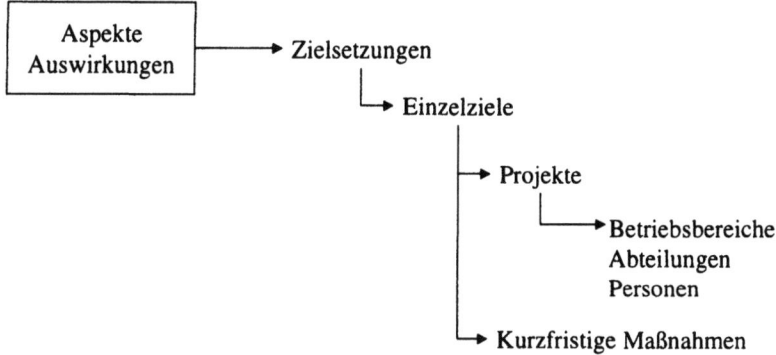

Abbildung 64: Von Aspekten über Ziele zu Maßnahmen

- *EH&S-Programm*: Maßnahmen können zu Programmen gebündelt werden. Programme können zielabhängig sowie nach Fristen und Kosten priorisiert werden. Zur Durchführung von Programmen ist es notwendig, nachgeordnete Organisationseinheiten mit den notwendigen Unterweisungen zu versorgen. Daher werden in dieser Datenbank die Verfahrens-, Arbeits- und Prüfanweisungen erstellt und verwaltet. Auf Grund der im EH&S-Handbuch verfügbaren Zuständigkeiten können die Unterweisungen auch an die richtigen Mitarbeiter delegiert werden. Sonderfälle von Programmen sind Auditierungen. In der EH&S-Audit-Datenbank werden alle Maßnahmen zur Audit-Planung, -Durchführung und -Nacharbeit gespeichert.

7.7 Zusammenfassung

Zunächst sei erwähnt, dass zu LMS E1 noch die Module Arbeitssicherheitsmanagement und Arbeitsplatzevaluierung gehören, die jedoch keine BUIS im engeren Sinne sind. Bei näherem Hinsehen zeigt sich, dass sich E1 eng an die Anforderungen gemäß EMAS bzw. ISO 14001 anlehnt.

	Merkmal	Ausprägung						
Umweltorganisation	Strategie	präventiv			nachsorgend			
	Unternehmensziel	EMAS/ISO-Zertifizierung	Umweltoptimierung/Ökoeffizienz		Erfüllen gesetzlicher Umweltauflagen		Darstellung der Umweltleistung	
	Zeithorizont	Strategisch langfristig	Taktisch mittelfristig				Operativ kurzfristig	
	Organisationseinheit	Management	Fachbereich		Umweltbeauftragter		Dezentrale Verantwortung	
	Einsatzbereich	Abfallwirtschaft	Gewässerschutz	Emissionsschutz	Energiemanagement	Gefahrstoffmanagement	Stoffdatenverwaltung	Anlagenverwaltung	Stoffstrommanagement
BUIS-spezifische Aspekte	Aufgaben	Berichterstellung	Unterstützung der Prozessplanung	Unterstützung der Prozesssteuerung	Unterstützung der Prozessüberwachung	Vorgehensunterstützung/Leitfaden	Informationsschnittstelle	Organisationsunterstützung	Umweltbilanzierung
	Funktionalität	Analyse	Modellierung	Simulation	Zeitnahes Monitoring	Dokumentmanagement	Reportgenerator	Workflow-Komponente	
	Systemgrenze	Bereich/Unternehmen		Prozess			Produkt/LCA		
IT	Integrationsgrad	Stand-alone mit Schnittstellen		Add-On			Integriertes System		
	Betriebssystem	Windows		Unix		OS/2		Sonstige	
	Formate	HTML		ODBC		Office-Formate		Sonstige	

Abbildung 65: Klassifikation von E1

7.7 Zusammenfassung

Im Zentrum der Funktionalität steht daher das Dokumentmanagement und die funktionale Orientierung an den einem solchen Umweltmanagement zu Grunde liegenden Geschäftsprozessen.

Für die Klassifikation von E1 wird, da es sich hier um ein reales kommerzielles BUIS handelt, das Klassifikationsschema aus Abbildung 9 herangezogen. Dabei zeigt sich in Abbildung 65, dass E1 einen enorm breiten Anforderungsbereich abdeckt. Bemerkenswert ist auch, dass hier Aspekte der strategischen Planung zumindest teilweise abgedeckt werden, während die in den vorhergehenden Kapiteln dargestellten Konzepte diesen Bereich auslassen.

8 (Umwelt-)Informationssysteme und Umweltschutz – kritische Anmerkungen

Dieses Kapitel fällt ein bisschen aus dem Rahmen. Wurden in den vorigen Kapiteln BUIS und ihre Grundlagen nüchtern wissenschaftlich abgehandelt, werden hier die Folgen des Einsatzes von betrieblichen und überbetrieblichen Informationssystemen aus ökologischer Sicht kritisch beleuchtet. Auf der einen Seite soll dieses Kapitel als Anregung zur Diskussion verstanden werden, auf der anderen Seite soll eine Vision aufgezeigt werden, nach der Systementwickler den Anforderungen einer erweiterten Produktverantwortung, wie sie das KrW/AbfG vorsieht, gerecht werden können. Den Abschluss bildet eine Fallstudie darüber, wie „umweltfreundlich" die PC-Technologie ist.

8.1 Wie „sauber" ist die Informationstechnologie?

„Es gibt ein Umweltprogramm, das Rote, Schwarze, Blaugelbe und Grüne vertreten: die Daten-Infobahn ... Die wahrscheinlich wichtigste Umwelttechnologie heißt Telekommunikation." schreibt die Deutsche Telekom in einer Werbeanzeige (zitiert nach (Rolf 1998, 245)). Offensichtlich herrscht Einigkeit darüber, dass Themen wie Datenautobahn, Informationsgesellschaft, Multimedia etc. gewissermaßen „von sich aus" umweltfreundlich sind. Vordergründig betrachtet scheint es auch so zu sein, wie folgende Beispiele zeigen:

- Softwareentwicklung ist – abgesehen von vernachlässigbarem (?) Stromverbrauch – mit keinen negativen Umweltwirkungen verbunden.

- Die ständige Miniaturisierung von Hardwarekomponenten kompensiert (?) den steigenden Bedarf an Hardwareressourcen.

- Weltumspannende Netze sowie preisgünstige und leistungsfähige PC-Systeme eröffnen die Möglichkeit zur Telearbeit. Hierduch werden Anfahrtwege von und zur Arbeitsstelle gespart, was zu einer Reduzierung der verkehrsbedingten Umweltbelastungen führt. Weiterhin werden durch Videokonferenzen Reisen überflüssig und Teleshopping erspart den Kunden den Weg zum Händler.

Diese einseitige Sicht auf die ökologische Unbedenklichkeit der Informationstechnologie wird auch der „computerökologische Wunschpunsch" genannt (Rolf 1998, 245). Die positiven und im Folgenden aufgeführten negativen Umweltwirkungen der Informatik (Rolf 1998, 246) sind jedoch zwei Seiten der gleichen Medaille:

- Anfang 1998 ging die Meldung durch die Presse, dass der gesamte jährliche Stromverbrauch von elektronischen Geräten im Standby-Betrieb in der Bundesrepublik Deutschland dem jährlichen Stromverbrauch von Berlin entspricht. Signifikanten Anteil hieran haben Computersysteme und ihre Peripherie.

- Die Miniaturisierung von Hardwarekomponenten bzw. – etwas allgemeiner gefasst – die zunehmende Dematerialisierung technischer Produkte führt etwa nicht zu einer Verringerung des Materialverbrauchs, sondern zu einer Erhöhung. Dieses Paradoxon wird auch „Rebound-Effekt" genannt (Radermacher 1998, 16). Ursache hierfür ist die offensichtlich unbegrenzte Konsumfähigkeit des Menschen.

- Telearbeit wird heute weniger durch die Einräumung der Möglichkeit motiviert, dass Mitarbeiter ihren Arbeitsplatz im Unternehmen gegen einen Heimarbeitsplatz eintauschen können. Der typische Telearbeiter ist heute allerdings eher der (ohnehin schon außerhalb des Unternehmens arbeitende) Außendienstmitarbeiter, der dank informationstechnischer Anbindung über eine verbesserte Informationsbasis verfügt, mit der Folge einer erhöhten Kundenpräsenz und damit verbundenen erhöhten Reisetätigkeit.

- Bei Videokonferenzen hat eine empirische Untersuchung das sogenannte „Informationsparadoxon" nachgewiesen (Picot et al. 1996). Demnach reisen Manager, die besonders viel technisch kommunizieren, auch besonders viel. Offensichtlich verursachen besonders viele technikgestützte Kontakte auch entsprechend viele persönliche Treffen.

- Beim Teleshopping muss der Verringerung des Kundenverkehrs auch die Erhöhung des Lieferverkehrs gegengerechnet werden.

Aber dies sind aus ökologischer Sicht eher Nebenschauplätze. Die wahrscheinlich schwerwiegendste ökologische Folge des Einsatzes weltweit vernetzter Informationssysteme liegt in der Unterstützung weltweit vernetzter Logistikprozesse. Weltweit agierende Logistikdienstleister sorgen dafür, dass Dank ausgeklügelter Informationssysteme Waren von jedem Ort der Welt zu jedem anderen Ort preisgünstig transportiert werden können. Selbst eine Paketverfolgung (tracking) via Internet ist heute möglich.

Die Leistungen der Logistikdienstleister eröffnen die Möglichkeit, jede Ware zu jedem Zeitpunkt dem Konsumenten zumindest in den westlichen Industrienationen anzubieten. Eine Stichprobe im März in einem beliebigen Supermarkt in der Nähe von Magdeburg ergab an einem Tag ein Angebot von frischen Erdbeeren aus Südspanien, Äpfeln aus Neuseeland, Kartoffeln aus Marokko usw. Ein besonders plastisches Beispiel ist auch das Dorf Aalsmeer in den Niederlanden (Rolf 1998, 247ff). Hier wurde die Distributionslogistik für Schnittblumen computergestützt schrittweise so weit perfektioniert, dass von Aalsmeer aus bedarfsgesteuert

8.1 Wie „sauber" ist die Informationstechnologie?

die Produktion und Auslieferung weltweit verteilter Schnittblumenproduzenten gesteuert werden kann. Die ökologischen Folgen sind erhöhter Verbrauch von Kerosin, entsprechende Schadstoffemissionen und mehr Abfall.

Der Ausbau des Internets als elektronischer Marktplatz schafft eine weltweit bislang nicht dagewesene Markttransparenz, da jeder Teilnehmer im Prinzip bei jedem Anbieter unabhängig davon, wo dieser geografisch angesiedelt ist, Waren bestellen kann. Es ist davon auszugehen, dass dieser Effekt die weltweiten Logistikaktivitäten und damit verbundenen Umweltbelastungen anregt.

Selbst BUIS können negative ökologische Wirkungen nach sich ziehen. Haben BUIS zur Ökobilanzierung und Umweltberichterstattung eher dokumentierenden und Meta-Informationssysteme eher unterstützenden Charakter, greifen BUIS zur Maßnahmenunterstützung in Stoffströme ein. Das Beispiel Recycling zeigt, dass die offensichtlichen ökologisch positiven Wirkungen durch Effizienzsteigerungen konterkariert werden können.

Unbestritten ist, dass Recycling Deponievolumen schont und den Verbrauch von Primärgütern reduziert. BUIS zur Unterstützung einer recyclinggerechten Konstruktion und effizienten Recyclingplanung und -steuerung stellen sicher, dass (bei idealisierter Darstellung) eine ständige Wieder- und Weiterverwendung der Produkte und Stoffe garantiert werden. Damit werden Materialkreisläufe mit allen logistischen Konsequenzen angekurbelt und eine Reduzierung der Kreisläufe durch die Entwicklung langlebiger Produkte ver- bzw. zumindest behindert (Rolf 1998, 258). Weiterhin ist z. B. in den USA das rechnergestützte Recycling von Teppichen und Läufern mittlerweile so lukrativ, wie eine Fallstudie aus den USA zeigt, dass sich selbst Transporte über Tausende von Kilometern rechtfertigen lassen (Newton et al. 1999).

Die oben aufgeführten Beispiele sollen jedoch nicht darüber hinwegtäuschen, dass die Informationstechnik und die weltweite Vernetzung von Computersystemen auch positive Umweltwirkungen haben. Der elektronische Versand von Nachrichten, Dokumenten und Software via Email sowie die Informationsbereitstellung über das WWW vermindern das konventionelle Versandvolumen signifikant. Das Beispiel Tagungsorganisation im wissenschaftlichen Bereich verdeutlicht dies eindrucksvoll: So wurden für das 13. Symposium Informatik für den Umweltschutz je 3.000 Calls for Papers und Programmhefte per Post („Snailmail") und ca. 7.500 weltweit über Email-Verteiler versendet. Von 52 eingereichten Beiträgen wurden 41 elektronisch eingereicht. Die in Papierform eingegangenen Beiträge wurden eingescannt und als .PDF-Dateien abgespeichert, so dass alle Beiträge per Email an das internationale Programmkomitee weitergegeben werden konnten. Die Begutachtungsergebnisse wurden direkt in ein Formular im WWW eingegeben. Die Benachrichtigung der Autoren und die Entgegennahme der endgültigen Ausarbeitungen erfolgte dann ausschließlich per Email. Allein im Bereich der Einreichung,

Begutachtung und Entgegennahme der Beiträge für das Tagungsprogramm sind so ca. 200 Postsendungen gegenüber einer konventionellen Tagungsorganisation eingespart worden.

Ein anderes eindrucksvolles Beispiel zu einer positiven ökologischen Wirkung des Internets beschreibt ein Interview mit Gunter Pauli aus der Süddeutschen Zeitung vom 22./23. November 1997 (o. V. 1997, zitiert nach Rolf 1998, 300f). Hier wird das Konzept einer Brauerei in Namibia skizziert, in der 100% der eingesetzten Mittel wiederverwendet werden. So ist die Brauerei der Namibia Brewing Ltd. in einen Verwertungsverbund eingebunden, der die Brauereiabfälle zur Produktion von Pilzen, Hühnerfutter, Geflügel, Methangas, Fischfutter und Speisefischen weiterverwendet. Der Aufbau dieses Verwertungsverbunds wäre ohne das Internet nicht möglich gewesen, da hierüber die für dieses Projekt notwendigen Experten gefunden wurden und die Kommunikation zwischen den Experten stattfand.

8.2 Technikfolgenabschätzung

Natürlich soll hier nicht die (Wirtschafts-)Informatik an den ökologischen Pranger gestellt werden. Die Entwicklung einer Informationsinfrastruktur als Basis für eine weltumspannende Logistik oder eine effiziente Recyclingwirtschaft ist nicht etwa Ergebnis einer hemmungslosen Technologieeuphorie, sondern dient der Erreichung wirtschaftlicher Zielvorgaben. Allerdings ist diese Entwicklung eine ökologische und – zumindest langfristig – auch ökonomische Einbahnstraße. Ohne Implementierung der Konzepte des Sustainable Development ist ein Fortbestand unserer Zivilisation bei gleichbleibendem bzw. steigendem Wohlstand nicht möglich, was z. B. auch durch umfangreiche Studien durch die Simulation verschiedener Szenarien in Weltmodellen nachgewiesen wurde (Meadows/Meadows 1992).

Der Systementwickler sitzt damit zwangsläufig in der Zwickmühle zwischen kurz- bis mittelfristigen Zielvorgaben seines Auftraggebers und den mittel- bis langfristigen Konsequenzen seiner Entwicklung. Da auch Software ein Produkt ist, das in der Regel einen längeren Lebenszyklus durchläuft, kann die langfristige Produktverantwortung gemäß Kreislaufwirtschaftsgesetz nicht ohne Weiteres außer Acht gelassen werden, auch wenn diese Erkenntnis bislang kaum die Köpfe der Verantwortlichen erreicht hat.

Es ist daher davon auszugehen, dass auf Entwickler betrieblicher Anwendungssysteme eine neue Aufgabe zukommt: Sie müssen in der Lage sein, die direkten und indirekten ökologischen Folgen des Einsatzes ihrer Systeme abzuschätzen. Das Thema *Technikfolgenabschätzung* (TA) ist zumindest im ingenieurwissenschaftlichen Bereich nicht neu (VDI 1991) und methodisch untersetzt (Mack 1998). Klassische Methoden der TA sind

8.2 Technikfolgenabschätzung

- *Diskursive Methoden*, z. B. Brainstorming, Delphi-Methode oder Seer-Technik,
- *Zeitorientierte Methoden*, z. B. Trendextrapolation, historische Analogiebildung oder Szenario-Gestaltung,
- *Systematische Methoden*, z. B. morphologische Klassifikation, Nutzwert-Analyse oder Checklisten, und
- *Graphentheoretische Methoden*, z. B. Relevanzbaum-, Entscheidungsbaum- oder Risikoanalyse.

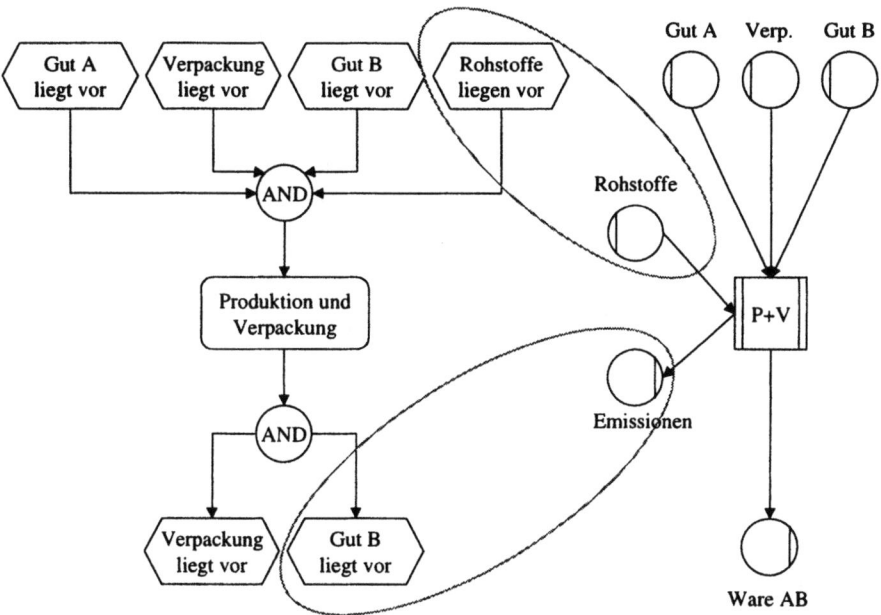

Abbildung 66: Integration von Steuerungs- und Stoffstromsichten

Für die Softwareentwicklung bietet sich jedoch eine weitere Möglichkeit an. Software hat insbesondere dann eine ökologische Wirkung, wenn sie Stoffströme beeinflusst. Daher liegt es nahe, Stoffstrommodelle z. B. in Form von Stoffstromnetzen in den Entwurf von Informationssystemen zu integrieren. Diese Modelle können dann für die Stoffstromanalyse und -bilanzierung genutzt werden und somit die Folgen der Nutzung des Informationssystems transparent machen. Vor diesem Hintergrund erscheint der Vorschlag, Stoffstromnetze als fünfte Sicht neben Organisations-, Funktions-, Steuerungs- und Datensicht in das ARIS-Konzept (ARIS = Architektur integrierter Informationssysteme) zu integrieren (Bruckmann/Weinert 1998), plausibel und sinnvoll. Dabei hat dieser Vorschlag eine gewisse Brisanz, wird doch in der Orginalquelle zu ARIS die Sicht der Werkstofftransformation letztendlich ausgeklammert (Scheer 1998). Abbildung 66 zeigt die sichtenübergreifende Integration einer ereignisgesteuerten Prozesskette (EPK) zur Modellierung der Steuerungssicht und einem Stoffstromnetz.

Die Konsequenz einer solchen Vorgehensweise wäre, dass BUIS(-Konzepte) flächendeckend zum integralen Bestandteil betrieblicher Informationssysteme werden und damit ihr Mauerblümchen-Dasein in der Welt der Informationssysteme beenden. Es bleibt abzuwarten, ob sich eine solche Entwicklung durchsetzt.

8.3 Fallstudie: Der PC – ein ökologisches Produkt?

Auch dem PC eilt der Ruf voraus, eine saubere Technologie zu sein. Vielleicht rührt es daher, dass die ökologischen Wirkungen der PC-Technologie in der Vergangenheit vernachlässigt wurden. Angesichts der Tatsache, dass das Moore'sche Gesetz, nach dem sich die Leistung von Informationstechnologie etwa alle 18 Monate verdoppelt, heute immer noch gilt, ist der PC ein vergleichsweise kurzlebiges Produkt. Daher wird hier an Hand einer Lebenszyklusanalyse gezeigt, ob der PC tatsächlich ein ökologisches Produkt ist oder signifikante Umweltbelastungen verursacht. Der Lebenszyklus eines PCs umfasst die Phasen Abbau/Transport der Rohstoffe, Produktion, Vertrieb, Betrieb und Wiederverwertung.

Für die Produktion von PCs werden ca. 700 Stoffe verwendet, von denen ein signifikanter Anteil hochreine und teilweise edle Werkstoffe wie z. B. Zinn, Blei, Gold, Palladium, Antimon oder Strontium sind. Beim Abbau dieser Stoffe entsteht eine gewaltige Abraummenge. So wird beispielsweise Kupfer aus Kupfererz mit einem Kupferanteil von bis zu 5% gewonnen, d. h. dass bei der Gewinnung einer Tonne Kupfer 95 Tonnen Abraum entstehen. Daneben gibt es weitere energie- und rohstoffintensive Bereiche in der ersten Phase des Produktlebenszyklusses. Die hiermit verbundenen Umweltbelastungen bleiben den westlichen Industrienationen in der Regel verborgen, da sowohl die Rohstoffgewinnung wie auch die Produktion von PCs in Überseeländern stattfindet.

Das Wissen um die Produktion von PCs ist bislang verhältnismäßig lückenhaft, da die Hersteller kaum Informationen herausgeben und empirische Forschung in diesem Bereich geldintensiv und schwierig ist. Erste Eckdaten lieferte eine amerikanische Studie zur „Environmental Consciousness". Demnach gehen nur 1,4 % der für die Herstellung benötigten Roh- und Hilfsstoffe in das fertige Produkt ein. Weiterhin verursacht die Produktion einen hohen ·Wasserverbrauch, vielfältige Schadstoffemissionen, insbesondere bei der Herstellung von Kabelisolierungen, und bei der Halbleiterproduktion in der Reinraumatmosphäre auch einen hohen Energieverbrauch.

Im Vertrieb führt die Erkennung falscher Trends und Überproduktion zu einer Rücklaufquote von 25%, d. h. dass jeder vierte fabrikneue PC dem Recycling zu-

8.3 Fallstudie: Der PC – ein ökologisches Produkt?

geführt wird. Weiterhin sorgen die entfernten Produktionsstätten für einen erheblichen Transportaufwand zum Kunden.

Im Betrieb halten sich die Umweltbelastungen in Grenzen. Energiesparende Technologie ist heute Standard, so dass der Energieverbrauch von PCs heute ca. 50-85 KWh pro Jahr beträgt.

Zur Wiederverwertung von PCs legte Siemens eine Studie vor. Von allen Teilen, die dem Recyclingzentrum in Paderborn zugeführt werden, können 75,6% als Material wiederverwertet und 10,4% als Teile wiederverwendet werden. Nur 14% der Teile werden deponiert. Es ist geplant, die Verwendungs- und Verwertungsquote bis zum Jahr 2000 auf 90% zu steigern. Problematisch ist jedoch, dass nur ein Viertel der verkauften PCs zur Verwertungsgesellschaft zurückkommen. Offensichtlich besteht eine große Hemmschwelle, PCs zu entsorgen. Weiterhin werden veraltete aber noch funktionsfähige Systeme in die GUS oder dritte Welt exportiert.

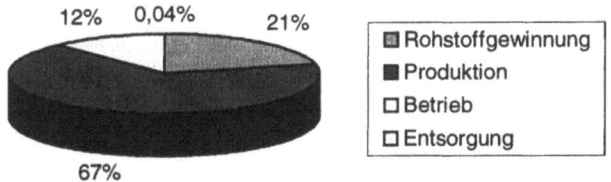

Abbildung 67: Lebenzyklusweiter Ressourcenverbrauch beim PC in MIPS

Abbildung 67 zeigt, wie sich der Ressourcenverbrauch zur Herstellung eines PCs auf die einzelnen Lebenszyklusphasen verteilt. Die bei der Herstellung eines PCs mit Monitor anfallenden Umweltbelastungen lassen sich wie folgt quantifizieren:

- Stromverbrauch: 5335 kWh
- Verschmutzte Wassermenge: 33 000 Liter
- Luftbelastung: 56 Mio. m^3
- Abfallmenge: fast 320 kg, davon 20 kg Sondermüll
- CO_2-Ausstoß: mehr als 3 Tonnen

Aus diesen Belastungen läßt sich ein ökologisch wahrer Ladenpreis in Höhe von 2.777,69 Euros berechnen. Dabei stellt sich die Frage, mit welchen Maßnahmen die von PCs verursachten ökologischen Belastungen reduziert werden können. Zunächst sollten die Regeln einer umweltgerechten Konstruktion auch bei diesen Geräten konsequent eingehalten werden. Hierzu gehört die Substitution von Gefahrstoffen durch umweltverträgliche Materialien, die recyclinggerechte Konstruktion und die Reduktion von Baugruppen. Weiterhin sollte die Lebensdauer von PCs durch ein zeitloses Design und die Möglichkeit, mit Upgrades Altgeräte preisgünstig auf den neuesten Stand zu bringen, verlängert werden.

9 Ausblick: Wie geht es mit BUIS weiter?

Für einen Blick in die Zukunft von BUIS braucht man nicht das Orakel zu befragen, da sich bereits zwei Tendenzen deutlich am Horizont abzeichnen: Integration und Migration.

9.1 Integrationsanforderungen an BUIS

9.1.1 Innerbetriebliche Integration

Schon in Kapitel 1.7 angedeutet, ist eine Integration von BUIS mit anderen BIS auf Grund der engen funktionalen Verzahnung der verschiedenen Systeme sowohl in horizontaler wie auch vertikaler Richtung notwendig. Unter horizontaler Integration versteht man die Integration von Informationssystemen entlang der betrieblichen Wertschöpfungskette, während als vertikale Integration die Integration von Informationssystemen verschiedener Ebenen von operativen IS bis zu Planungs- und Kontrollsystemen für das Management bezeichnet (Rautenstrauch 1993, 24).

Aus den Klassifikationsschemata in den Abbildungen 23, 47, 49, 52 und 58 wird deutlich, dass die computergestützte Versorgung der Führungsebene mit Umweltinformationen noch in den Kinderschuhen steckt. Zwar gibt es vereinzelt innovative Steuerungsansätze für die Unternehmensleitung, wie z. B. in (Bahlinger 1999) beschrieben, allerdings lässt sich über deren Anwendbarkeit in der Praxis bislang nur spekulieren. Eine vertikale Integration von BUIS und BIS zur Unterstützung des strategischen Umweltmanagements ist daher geboten.

Die vertikale Integration von BUIS und BIS ist bereits Gegenstand aktueller Forschungsarbeiten, wie dem im Kapitel 3.6 skizzierten OPUS-Projekts. Eine zentrale Rolle nehmen dabei offensichtlich PPS-Systeme ein. Erste Ansätze zur Operationalisierung einer monetären Bewertung von Umweltbelastungen (z. B. Möller et al. 1998) lassen allerdings auch einen zunehmenden Integrationsbedarf zum betrieblichen Rechnungswesen erkennen.

Ein umfassendes Integrationskonzept für BUIS und BIS, das sowohl die horizontale wie auch vertikale Integration umfasst, ist Gegenstand des Projekts ECO-Integral (Wagner et al. 1996). Die Integration von BUIS geht dabei nicht so weit, dass die BUIS-Funktionen in anderen BIS vollständig aufgehen. Vielmehr bleibt eine eigenständige Planungs- und Steuerungskomponente mit starker Vernetzung zu betrieblichen und technischen DV-Systemen erhalten, um die explizite Unterstützung von Umweltschutzaufgaben sicherzustellen.

160   9 Ausblick: Wie geht es mit BUIS weiter?

Das Integrationskonzept von ECO-Integral wird als Referenzmodell definert, das aus sechs Modulen besteht. Weiterhin werden die externen Rahmenbedingungen für die Umsetzung des Referenzmodells als Berichte zu Normungsaktivitäten und zum Umweltrecht modelliert werden. Abbildung 68 zeigt die Modulstruktur von ECO-Integral im Überblick.

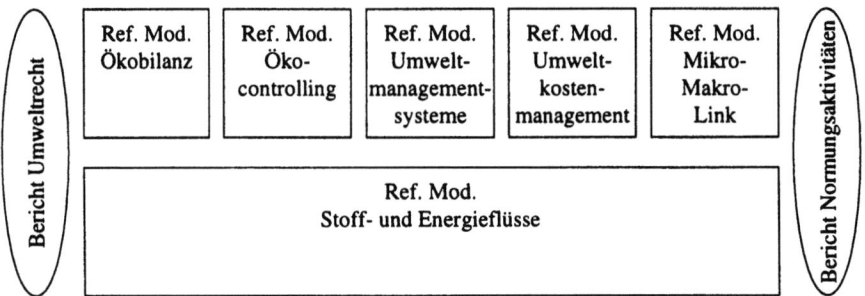

Abbildung 68: Modulstruktur von ECO-Integral

Die wesentlichen Eigenschaften der einzelnen Module sind folgende:

- *Modul Ökobilanz*: Es werden alle Arten von Ökobilanzen (siehe Kapitel 2.2) unterstützt. Bilanzgrenzen und Kontenrahmen sind variabel festlegbar. Die Schnittstellen zu den zu Grunde liegenden Datenquellen sind explizit modelliert.

- *Modul Ökocontrolling*: Dieses Modul beinhaltet alle Elemente zur systematischen Datenerhebung und Auswertung. Auswertungen sind z. B. auf Basis von Kennzahlensystemen oder Zeitreihenmodellen möglich. Bei der Modellierung des Moduls wurden insbesondere Normungsaktivitäten nach ISO 14000 berücksichtigt.

- *Modul Umweltmanagementsystem*: Hiermit werden alle Funktionsbereiche des Umweltmanagements gemäß EMAS und ISO 14001 (siehe Kapitel 1.3) unterstützt, soweit dies informationstechnisch sinnvoll ist.

- *Modul Umweltkostenmanagement*: Mit Hilfe des Umweltkostenmanagements werden Umweltkosten und ihre Verursacher transparent gemacht und in bestehende Kostenarten-, Kostenstellen- und Kostenträgerrechnungen zugeordnet. Weiterhin wird die Aggregation von Umweltkosten zur Vorbereitung von Managemententscheidungen unterstützt.

- *Modul Micro-Macro-Link*: Dieses Modul ist die Schnittstelle zu Informationserfordernissen aus nationalen und internationalen Rahmenbedingungen. Über diese Schnittstelle können betriebliche Umweltinformationen so aufbereitet

9.2 Migration

werden, dass sie von übergeordneten Instanzen z. B. für Umweltstatistiken oder eine umweltökonomische Gesamtrechnung (UGR) verwendet werden können.

- *Modul Stoff- und Energieflüsse*: Dieses Modul bildet die Grundlage für die Integration der anderen Module. Hierbei werden Stoff- und Energieflüsse (siehe Kapitel 2.2.3) mit allen für die anderen Module und BIS relevanten Merkmalen erfasst.

Das Projekt ECO-Integral war zum Zeitpunkt der Drucklegung dieses Werks bereits abgeschlossen, allerdings lag der Abschlussbericht, der in einer eigenständigen Monografie veröffentlich wird, noch nicht vor. Insgesamt erscheint dieser Integrationsansatz vielversprechend, da hier sowohl die vertikale wie auch horizontale Integration berücksichtigt wurde und auch einige aus Sicht der BUIS-Forschung noch wenig berücksichtigte Aufgabenstellungen wie die Umweltkostenrechnung oder Schnittstellen zu volkswirtschaftlichen Aufgabenstellungen und UIS der öffentlichen Verwaltung bearbeitet wurden.

9.1.2 Zwischenbetriebliche Integration

Im Bereich der zwischenbetrieblichen Integration sind gerade in jüngster Vergangenheit einige vielversprechende Ansätze entwickelt worden (siehe Kapitel 6), die allerdings erst als Anfang einer umfassenden Entwicklung angesehen werden können. Ein überbetriebliches Stoffstrommanagement als Resultat einer umfassenden zwischenbetrieblichen Integration von Herstellern, Logistikdienstleistern und Entsorgern, dient nicht nur der Verringerung von Umweltbelastungen, sondern kann sogar einen Beitrag zur Regionalentwicklung leisten. Das Beispiel der Industrial Symbiosis Kalundborg (siehe Kapitel 6.3.2.3) zeigt, dass ein funktionierender und kostengünstiger Verwertungsverbund Anreize für die Ansiedlung von Unternehmen schaffen kann. Die Technologien für eine informationstechnische Unterstützung solcher Netzwerke wie Internet, Meta-Informationssysteme und XML sind verfügbar und ausgereift, so dass einer weiteren Öffnung von BUIS in Richtung zwischenbetriebliche Integration kaum noch etwas im Wege steht (Arndt/Görsch 1999). Erste Ansätze zur Internet-gestützten Koordination von Herstellern und Entsorgern sind bereits verfügbar (Kurbel et al. 1999).

9.2 Migration

Mit Migration wird hier die Übertragung von Techniken und Technologien zwischen verschiedenen Bereichen der Umweltinformatik bezeichnet. Ein gutes Beispiel für eine solche Migration ist die Entwicklung betrieblicher Meta-IS (siehe Kapitel 5), bei denen auf Konzepte öffentlicher Meta-IS aufgesetzt wurde. In anderen Bereichen sind allerdings Parallelentwicklungen zu beobachten, wodurch mögliche Synergien unausgeschöpft bleiben. Dies betrifft vor allem die Umweltberichterstattung, in der im öffentlichen Bereich große Anstrengungen vorgenommen werden (siehe zahlreiche Beiträge in (Riekert/Tochtermann 1998)), ohne dass hierbei ein erkennbarer Austausch der Ergebnisse mit BUIS-Forschung erfolgt.

Auf der anderen Seite erscheint eine Ausweitung bzw. Migration von Konzepten des Stoffstrommanagements auf zwischenbetriebliche und öffentliche Anwendungen unter Einbeziehung der Verkehrstelematik zweckmäßig. Hierdurch können die in Kapitel 9.1.2 skizzierten Potentiale auch unter Berücksichtigung der Konsequenzen für die regionale Verkehrsentwicklung ausgeschöpft werden.

Ein Forschungsschwerpunkt der Umweltinformatik sind Geografische Informationssysteme (GIS). Das Beispiel des Systems RDS-Log aus Kapitel 6.2 zeigt, dass GIS in der Redistributionslogistik sinnvoll eingesetzt werden können. Damit sind die Potenziale allerdings noch nicht ausgeschöpft – als Einsatzbereich für GIS bieten sich offensichtlich z. B. auch Informationssysteme für die Koordination von Recyclingverbunden an, etwa um zwischenbetriebliche Stoffströme raumbezogen transparent darzustellen.

9.3 Eine langfristige Perspektive für BUIS

Man kann die ketzerische Frage stellen, ob BUIS vor dem Hintergrund eines gesamtwirtschaftlichen Umbaus hin zu einer nachhaltigen Informationsgesellschaft überhaupt eine langfristige Überlebenschance haben. Eine unsinnige Frage??

Nun, wenn in nicht allzu langer Zukunft das Sustainable Development zur Handlungsmaxime jeglichen wirtschaftlichen Handelns geworden ist (und dass es hierzu keine Alternative gibt, wird irgendwann auch der letzte Lobbyist und Hardcore-Betriebswirt begreifen), hat dies auch entsprechend tiefgreifende Konsequenzen für die Entwicklung betrieblicher Informationssysteme. Die Entwicklung eines Fachkonzepts für ein betriebliches Informationssystem ohne Berücksichtigung umweltrelevanter Aspekte ist dann undenkbar. Die explizite Entwicklung von BUIS wird dann genauso überflüssig wie heute etwa die Entwicklung „gewinnorientierter betrieblicher Informationssysteme". Vielleicht sind BUIS daher nur eine Übergangserscheinung auf dem Weg zu einer nachhaltigen Gesellschaft.

Glossar

Abfall: *Abfälle* sind alle unerwünschten Produktionsoutputs, die *entsorgt* werden müssen und festen Aggregatszustand haben.

Abfallbeseitigung: *Abfallbeseitigung* ist die „endgültige" Entledigung von *Abfällen*.

Arbeitsplan: Ein *Arbeitsplan* enthält die Vorschriften zur Fertigung eines Teils und ist in verfahrensbezogene Arbeitsgänge aufgeteilt.

Altprodukt: siehe *Recyclinggüter*

Ausschuss: Als *Ausschuss* werden solche Teile bezeichnet, deren Qualität für eine weitere Nutzung im Produktionsprozess oder Gebrauch nicht ausreichend sind.

Betriebliches Umweltinformationssystem (BUIS): Ein *BUIS* ist ein organisatorisch-technisches System zur systematischen Erfassung, Verarbeitung und Bereitstellung umweltrelevanter Informationen in einem Betrieb. Es dient in erster Linie der Erfassung betrieblicher Umweltbelastungen und der Planung und Steuerung von Umweltschutzmaßnahmen.

Deckungsbeitrag: Der Deckungsbeitrag eines Produkts ist die in einem Zeitraum realisierbare Differenz zwischen Erlösen und variablen Kosten sowie zurechenbaren Fixkosten.

Demontage: Die systematische Zerlegung eines *Recyclingguts* mit dem Ziel, *Sekundärteile* zu erhalten, deren ursprüngliche Produktgestalt erhalten bleibt, wird *Demontage* genannt.

Emission: Als *Emissionen* werden alle gasförmigen und flüssigen unerwünschten und nicht-warenförmigen Kuppelprodukte bezeichnet. Ferner werden auch flüchtige feste Stoffe (wie Stäube oder Aschen) als Emissionen bezeichnet.

Entsorgung: Entsorgung ist der Überbegriff für *Recycling* und *Abfallbeseitigung*.

Erzeugnisstruktur: Eine *Erzeugnisstruktur* beschreibt die mengenmäßigen „geht-ein-in"- bzw. „besteht-aus"-Beziehungen zwischen' verschiedenen Teilen eines Produkts.

Fraktion: Der *Output des Recycling* besteht zunächst aus *Fraktionen*, die verwertbar oder nicht verwertbar (d. h. objektive Abfälle) sein können. Wieder- oder weiterverwendbare Outputs des Recycling werden als *Recyclate* bezeichnet.

Immission: Als *Immission* wird der Niederschlag von Schadstoffen aus der Atmosphäre bezogen auf einen bestimmten Raum bezeichnet.

Kuppelprodukt: Ein Kuppelprodukt ist ein unerwünschter Output eines Produktionsprozesses, der wiederverwertbar oder am Markt veräußerbar ist.

Logistik: *Logistik* umfasst alle planenden, steuernden und realisierenden Tätigkeiten, welche die Raum- und Zeitüberbrückung im Realgüterbereich sicherstellen. Der inner-, zwischen- und überbetriebliche Materialfluss wird insbesondere durch die Kernfunktionen des Transportierens, Umschlagens und Lagerns (TUL) hergestellt.

Meta-Informationssysteme: *Meta-Informationssysteme* beschreiben auf verschiedene Systeme verstreute Umweltinformationen und unterstützen Recherchen und Zugriffe auf diese Daten.

Ökobilanz: In *Ökobilanzen* werden Input und Output an Stoffen und Energien bezogen auf einen bestimmten Untersuchungsgegenstand gegenübergestellt. Dabei werden Betriebsökobilanzen, Produktlebenswegbilanzen und Prozessbilanzen unterschieden. In Betriebsökobilanzen werden Input und Output von Stoffen und Energie über eine feste Periode, bezogen auf einen Betrieb, gegenübergestellt. Produktlebenswegbilanzen (auch LCA – life cycle assessment – genannt) werden für ein Produkt und dessen gesamten Lebensweg aufgestellt und in Prozessbilanzen wird ein bestimmter (Produktions-)Prozess bilanziert.

Ökocontrolling: Mit *Ökocontrolling* wird die Analyse, Planung und Kontrolle aller ökologisch relevanten Aktivitäten eines Unternehmens bezeichnet.

PPS-System: Ein *PPS-System* ist ein Softwaresystem, das zur operativen Planung und Steuerung des Produktionsgeschehens in einem Industriebetrieb eingesetzt wird.

Produktionsintegrierter Umweltschutz: Man spricht von *produktionsintegriertem Umweltschutz*, wenn die Produktionsprozesse selbst dahingehend verändert werden, dass die materiell-energetischen Faktoreinsatzmengen und Schadstoffemissionen verringert werden.

PRPS-System: Ein *PRPS-System* ist ein *PPS-System*, in das Funktionen zur Recyclingplanung und -steuerung integriert sind.

Recyclat: Wieder- oder weiterverwendbare Outputs des Recycling werden als *Recyclate* bezeichnet. Liegt ein Recyclat in einer Form vor, wie es nicht in die Herstellung des ursprünglichen Produkts eingegangen ist (d. h. es kommt in seiner Produktgestalt nicht in einer Stückliste bzw. Rezeptur des ursprünglichen Produkts vor) wird es *Sekundärmaterial oder -stoff*, andernfalls je nach Beschaffenheit *Sekundärteil* oder *-baugruppe* genannt.

Recycling: *Recycling* umfasst die Rückführung fester, flüssiger und gasförmiger Reststoffe, Ausschußmengen und Altprodukte in Produktionsprozesse. Recycling mit dem Ziel der Wiedergewinnung von *Sekundärstoffen* bzw. *-material* wird *Materialrecycling* und die Rückführung von gebrauchten Produkten in ein neues Gebrauchsstadium unter Beibehaltung der Produktgestalt *Produktrecycling* genannt.

Recyclinggüter: *Recyclinggüter* sind alle Inputgüter des *Recycling*. Hierzu gehören als Produktionsrückstände *Ausschuss* und *Reststoffe* sowie *Altprodukte*, die aus einem Gebrauchprozess dem Recycling zugeführt werden.

Reststoff: *Reststoffe* sind alle *Kuppelprodukte*, die nach einem Recyclingprozess wieder der Produktion zugeführt werden können.

Sekundärteil, -stoff, -material, -baugruppe: siehe *Recyclat*.

Sustainable Development: *Sustainable Development* besagt, dass die Bedürfnisse der Gegenwart befriedigt werden sollen, ohne die Möglichkeiten nachfolgender Generationen zu beschränken.

Stoffstrommanagement: Mit *Stoffstrommanagement* wird die Modellierung, Analyse und Bewertung von Stoffströmen im Hinblick auf eine Dokumentation und Verbesserung der zugrunde liegenden Produktionsprozesse bezeichnet.

Thesaurus: Ein *Thesaurus* ist ein alfabetisch und systematisch geordnetes Verzeichnis von Sachwörtern und Sachwortgruppen.

Umweltbericht: Ein *Umweltbericht* vermittelt dem Adressaten ein den tatsächlichen Verhältnissen entsprechendes und in angemessener Form aufbereitetes Bild der Umweltbeziehungen des Berichterstatters.

Umweltdaten: *Umweltdaten* geben unmittelbar Auskunft über den Zustand der Medien Boden, Wasser oder Luft.

Umweltinformatik: *Umweltinformatik* ist eine Teildisziplin der Angewandten Informatik, die mit Methoden und Techniken der Informatik diejenigen Informationsverarbeitungsverfahren analysiert, unterstützt und mitgestaltet, die einen Beitrag zur Untersuchung, Behebung, Vermeidung oder Minimierung von Umweltbelastungen und Umweltschäden leisten können.

Umweltinformationen: Werden *Umweltdaten* mit Bezug zu Raum und Zeit sowie einem fachlichen Kontext interpretiert, spricht man von *Umweltinformationen*

(z. B. ist die Emission eines bestimmten Schadstoffs im Vergleich zum zulässigen Grenzwert über einen bestimmten Zeit- und Ausbreitungsraum eine Umweltinformation). Im Kontext des betrieblichen Umweltschutzes sind zudem die *umweltrelevanten Informationen* wesentlich, die nur mittelbaren Bezug zu Umwelteinwirkungen haben.

Umweltkennzahl: Eine *betriebliche Umweltkennzahl* ist eine umweltrelevante Größe in Form einer absoluten oder relativen Zahl, die gezielt einen betrieblichen Sachverhalt mit erhöhtem Erkenntniswert beschreibt.

Umwelt-PPS-Systeme: *Umwelt-PPS-Systeme* sind Erweiterungen konventioneller PPS-Systeme, die neben den wirtschaftlichen Zielgrößen auch ökologische Zielgrößen wie Emissionsminimalität und den Rückfluss von Reststoffen in die Produktion in der Planung berücksichtigen. Sie sind dabei primär auf die Rahmenbedingungen der prozessorientierten Fertigung zugeschnitten.

Literatur

Adam, D. (1993a): Ökologische Anforderungen an die Produktion. In: Adam, D. (Hrsg.): Umweltmanagement in der Produktion. Wiesbaden, S. 5-31.
Adam, D. (1993b): Industriebetriebslehre. Arbeitsunterlage zur Materialbedarfsrechnung und Bestellpolitik, 9. A. Münster.
Adelwöhrer, G./Buchberger, G. (1995): Emissionsmonitoring im betrieblichen Einsatz. In: Haasis, H.-D./Hilty, L. M./Kürzl, H./Rautenstrauch, C. (Hrsg.): Betriebliche Umweltinformationssysteme (BUIS). Marburg, S. 185-189.
Aghte, I./Rey, U. (1998): Umweltgerechte Produktion durch eine kontinuierliche Optimierung der Planungsparameter und umweltorientierte Erweiterung der Planungsfunktionalitäten. In: Haasis, H.-D./Ranze, K. C. (Hrsg.): Umweltinformatik '98 – Vernetzte Strukturen in Informatik, Umwelt und Wirtschaft, Band I. Marburg 1998, S. 112-128.
Ahbe, S./Braunschweig, A./Müller-Wenk, R. (1990): Methodik für Ökobilanzen auf der Basis ökologischer Optimierung. Bern 1990.
Alb, H./Hartmann, H./Huber, R./Schild, B. (1991): Einbezug ökologischer Gesichtspunkte in die Unternehmensführung – Allgemeine Überlegungen und Anwendungen am Beispiel der JOWA Teigwarenfabrik Buchs AG. Universität Zürich 1991.
Arndt, H.-K. (1997): Betriebliche Umweltinformationssysteme. Wiesbaden.
Arndt, H.-K. (1993): Ein betriebliches Umweltinformationssystem für das Umwelt-Controlling. In: Arndt, H.-K. (Hrsg.): Umweltinformationssysteme für Unternehmen. Berlin, S. 71-88.
Arndt, H.-K./Görsch, D. (1999): Überbetriebliche Integration von Umweltinformationen mit Hilfe von XML. In: Dade, C./Schulz, B. (Hrsg.): Management von Umweltinformationen in vernetzten Umgebungen. Marburg, S. 151-162.
Arndt, H.-K./Günther, O./Matscheroth, T. (1997): Betrieblicher Umweltdatenkatalog – Eine Metainformationskomponente für betriebliche Umweltinformationssysteme. In: Arndt, H.-K./Günther, O./Hilty, L. M./Rautenstrauch, C. (Hrsg.): Metainformation und Datenintegration in betrieblichen Umweltinformationssystemen (BUIS). Marburg, S. 67-80.
Arndt, H.-K./Günther, O./Matscheroth, T. (1996): Umweltberichterstattung – Betriebliche Umweltinformationssysteme als Groupware-Anwendungen. In: Hilty, L. M./Rautenstrauch, C./Schoop, E./Schraml, T. (Hrsg.): Prozeßorientierte Dokumentation im Betrieblichen Umweltinformationssystem. Marburg, S. 97-109.
Bahlinger, T. (1999): Multiagentensystem für den unternehmensinternen Umweltlizenzhandel. In: Dade, C./Schulz, B. (Hrsg.): Management von Umweltinformationen in vernetzten Umgebungen. Marburg, S. 21-33.
BASF (Hrsg.) (1992): Produktionsorientierter Umweltschutz – oder: Wie es weitergeht. In: Denken, Planen, Handeln – Umweltbericht 1991. Ludwigshafen.
Becker, J./Rosemann, M. (1993): Logistik und CIM. Berlin et al.
Bischoff, E./Birkenbach, J./Hultschig, F./Pauk, A./Simov, A./Stürzel, J./Waltert, J. (1997): OSKAR – **O**nline **S**ystem of **K**onstanz **A**dvanced **R**ecycling. Entwicklung einer Internet-basierten Recyclingbörse. Konstanz.

Bräuer, K. (1992): Konzepte der ökologisch orientierten Betriebswirtschaftslehre. In: WiSt 21 (1), S. 39-42.

Braunschweig, A./Müller-Wenk, R. (1993): Ökobilanzen für Unternehmen: eine Wegleitung für die Praxis. Bern et al.

Bringezu, S. (1993): Where does the Cradle Really Stand? System Boundaries for Ecobalancing Procedures could be Harmonized. In: Fresenius Environmental Bulletin, August.

Bruckmann, C./Weinert, M. (1998): Die fünfte Sicht – ARIS, EPK und Stoffstromnetze. In: Rolf, A.: Einführung in die Organisations- und Wirtschaftsinformatik. Berlin et al., S. 288-289.

Buhl, H.-U. (1997): Anwendungen in der Logistik. In: Mertens, P. (Haupthrsg.): Lexikon der Wirtschaftsinformatik. Berlin et al., S. 27-28.

Bullinger, H.-J./Görsch, R./Rey, U. (1998): Betriebliche Umweltinformationssysteme als Integrationsbasis einer ökoeffizienten Informationswirtschaft. In: Bullinger, H.-J./Hilty, L. M./Rautenstrauch, C./Rey, U./Weller, A. (Hrsg.): Betriebliche Umweltinformationssysteme in Produktion und Logistik. Marburg, S. 9-29.

Bundesumweltministerium/Umweltbundesamt (Hrsg.) (1995): Handbuch Umweltcontrolling. München 1995.

Corsten, H./Reiss, M.: Recycling in PPS-Systemen. In: DBW 51 (5), S. 615-627.

Czorny, E./Dresselhaus, W./Haas, D./Hamels, B.-P. (1994): EXCEPT: Symbiose aus Forschung, Anwendungsentwicklung und Anwendern. In: Hilty, L. M./Jaeschke, A./Page, B./Schwabl, A. (Hrsg.): Informatik für den Umweltschutz, 8. Symposium, Hamburg. Band II: Anwendungen für Unternehmen und Ausbildung. Marburg, S. 133-144.

Dähler, N. (1995): Erfassung von Materialien und Problemstoffen und Erstellen von Demontagegraphen während der Produktentwicklung. In: Haasis, H.-D./Hilty, L. M./ Hunscheid, J./Kürzl, H./Rautenstrauch, C. (Hrsg.): Umweltinformationssysteme in der Produktion. Marburg, S. 137-147.

Dold, G. (1996): Computerunterstützung der produktbezogenen Ökobilanzierung. Wiesbaden.

Dold, G./Krcmar, H. (1994): Computerunterstützung für ökologieorientierte Produktentscheidungen. In: Hilty, L. M./Jaeschke, A./Page, B./Schwabl, A. (Hrsg.): Informatik für den Umweltschutz, 8. Symposium, Hamburg. Band II: Anwendungen für Unternehmen und Ausbildung. Marburg, S. 77-88.

Dyckhoff, H. (1994): Betriebliche Produktion, 2. A. Berlin et al.

Elkington, J./Knight, P./Hailes, J. (1991): The Green Business Guide. London.

Esser, M./Holsten, A./Ranze, K. C. (1998): exupro – Umweltbewertung von Produktionsdaten zur Umsetzung einer ökologischen Produktionsplanung und -steuerung. In: Bullinger, H.-J./Hilty, L. M./Rautenstrauch, C./Rey, U./Weller, A. (Hrsg.): Betriebliche Umweltinformationssysteme in Produktion und Logistik. Marburg, S. 75-93.

Ewen, C./Gensch, C.-O./Hennerich, F. (1991): Vermeidungs-Agentur. Hrsg.: Öko-Institut e.V. Freiburg, Darmstadt.

Feldmann, K./Meedt, O./Meerkamm, H./Weber, J. (1995): Entwicklung einer Design-Disassembly Verfahrenskette auf Basis einer recyclingrelevanten Produktkennzeichnung. In: Haasis, H.-D./Hilty, L. M./Hunscheid, J./Kürzl, H./ Rautenstrauch, C. (Hrsg.): Umweltinformationssysteme in der Produktion. Marburg, S. 123-136.

Forum info 2000 (Hrsg.) (1998): Herausforderungen 2025 – Auf dem Weg in eine weltweite nachhaltige Informationsgesellschaft. Ulm.

Franke, S./Tuma, A./Haasis, H.-D. (1998): Entwicklung umweltschutzorientierter Produktionsleitstände auf der Basis eines belastungsorientierten Kaskadenreglers. In: Bullinger, H.-J./Hilty, L. M./Rautenstrauch, C./Rey, U./Weller, A. (Hrsg.): Betriebliche Umweltinformationssysteme in Produktion und Logistik. Marburg, S. 153-169.

Frings, E./Lehmann, S. (1991): Ökologie hat Vorrang – Das Ökocontrolling soll betriebliche Aktivitäten unter Umweltaspekten steuern. In: Müllmagazin 4 (2), S. 25-29.

Gärtner, E. (1994): Dynamischer Umweltschutz durch Öko-Audit. In: Stromthemen 11, S. 6-7.

Gehrmann, F. (1986): Konstruktion und werterhaltendes Recycling niederwertiger technischer Gebrauchsgüter – dargestellt am Beispiel Haushaltskleinmaschinen. Düsseldorf.

Gilgen, P. W./Bieri, E./Bischoff, E./Gresch, P./Zürcher, M. (1993): Betriebliches Umweltinformationssystem (BUIS). Zürich.

Geiger, D./Zussman, E. (1996): Probabilistic Reactive Disassembly Planning. In: Annals of the CIRP 45 (1), S. 49-52.

Goldfarb, C. (1990): The SGML Handbook. New York.

Günther, O. (1998): Environmental Information Systems. Berlin et al.

Günther, O./Radermacher, F. J./Riekert, W.-F.: Umweltmonitoring: Modelle, Methoden und Systeme. In: Page, B./Hilty, L. M. (Hrsg.): Umweltinformatik – Informatikmethoden für Umweltschutz und Umweltforschung, 2. A. München, Wien, S. 73-100.

Haasis, H.-D. (1996): Betriebliche Umweltökonomie. Berlin et al.

Haasis, H.-D. (1995): EU-Öko-Audit-Verordnung und BUIS. In: Haasis, H.-D./ Hilty, L. M./Kürzl, H./Rautenstrauch, C. (Hrsg.): Betriebliche Umweltinformationssysteme (BUIS) – Projekte und Perspektiven. Marburg, S. 27-36.

Haasis, H.-D. (1994): Planung und Steuerung emissionsarm zu betreibender industrieller Produktionssysteme. Heidelberg.

Haasis, H.-D./Hackenberg, D./Hillenbrand, R. (1989): Betriebliche Umweltinformationssysteme. In: Information Management 4 (1), S. 46-53.

Haasis, H.-D./Hilty, L. M./Kürzl, H./Rautenstrauch, C. (Hrsg.) (1995): Betriebliche Umweltinformationssysteme (BUIS) – Projekte und Perspektiven. Marburg.

Haasis, H.-D./Rentz, O. (1993): Simulation der Maschinenbelegungsplanung mittels emissionsorientierter Prioritätsregeln. In: Hansmann, K.-W. et al. (Hrsg.): Operations Research Proceedings 1992. Berlin et al., S. 78-85.

Haasis, H.-D./Rentz, O. (1992): „Umwelt-PPS" – Ein weiterer Baustein der CIM-Architektur? In: Görke, W./Rininsland, H./Syrbe, M. (Hrsg.): Information als Produktionsfaktor, 22. GI-Jahrestagung. Berlin et al., S. 235-241.

Häuslein, A./Möller, A./Schmidt, M. (1995): Umberto – ein Programm zur Modellierung von Stoff- und Energieflußsystemen. In Haasis, H.-D./Hilty, L. M./ Kürzl, H./Rautenstrauch, C. (Hrsg.): Betriebliche Umweltinformationssysteme (BUIS) – Projekte und Perspektiven. Marburg, S. 121-138.

Hammann, P. (1988): Betriebswirtschaftliche Aspekte des Abfallproblems. In: DBW 48 (4), S. 465-476.

Hallay, H./Pfriem, R. (1992): Öko-Controlling: Umweltschutz in mittelständischen Unternehmen. Frankfurt/M., New York.

Harjula, T./Rapoza, B./Knight, W. A./Boothroyd, G. (1996): Design for Disassembly and the Environment. In: Annals of the CIRP 45 (1), S. 109-114.

Heinrich, L. J. (1998): Informationsmanagement, 6. A. München, Wien.

Hentschel, C./Seliger, G./Zussman, E. (1994): Recycling Process Planning for Discarded Complex Products: A Predictive and Reactive Approach. In: Feldmann, K. (Hrsg.): Proceedings of the 2. International Seminar on Life Cycle Engineering RECY '94. Bamberg. S. 195-209.

Hesselbach, J./Herrmann, C./Kühn, M. (1997): Eco-Potential as a Tool for Design for Environment. In: Seliger, G. (Hrsg.): Proceedings of the 4th Int. Seminar on Life Cycle Engineering. Berlin.

Hesselbach, J./Hermann, C./von Westernhagen, K. (1999): Elektro(nik)schrott – Umweltgerechte Produktgestaltung und Planung der Demontage. In: VDI Umwelt 29 (3), S. 6-12.

Hesselbach, J./von Westernhagen, K. (1999): Systematic Planning of Disassembly with Grouping and Simulation. In: Flapper, S. D. P./de Ron, A. J. (Hrsg.): Proceedings of the Second International Working Seminar on Re-Use. Eindhoven, S. 151-156.

Hilty, L. M. (1993): Ökologistik und Computersimulation. In: Arndt, H.-K. (Hrsg.): Umweltinformationssysteme für Unternehmen. Berlin, S. 51-70.

Hilty, L. M./Rautenstrauch, C. (1997): Konzepte Betrieblicher Umweltinformationssysteme für Produktion und Recycling. In: Wirtschaftsinformatik 39 (4), S. 385-393.

Hilty, L. M./Rautenstrauch, C. (1997b): Betriebliche Umweltinformationssysteme – eine Literaturanalyse. In: Informatik Spektrum 20 (3), S. 159-167.

Hilty, L. M./Rautenstrauch, C. (1995): Betriebliche Umweltinformatik. In: Page, B./Hilty, L. M.: Umweltinformatik – Informatikmethoden für Umweltschutz und Umweltforschung, 2. A. München, Wien, S. 295-312.

Hummel, J./Kytzia, S./Siegenthaler, C. (1995): Umweltschutzrelevante Informationen in Unternehmen – Quellen und Auswertungsmethoden. In: Haasis, H.-D./Hilty, L. M./Kürzl, H./Rautenstrauch, C. (Hrsg.): Betriebliche Umweltinformationssysteme (BUIS). Marburg, S. 103-120.

Hunscheid, J. (1994): Betriebliche und industrielle Umweltinformationssysteme – Beispiele. it+ti 36 (1), S. 49-52.

Inderfurth, K. (1997): Neuere Ansätze zur Produktionsplanung und -steuerung unter Einbeziehung von Recycling. In: Kischka, P./Lorenz, H.-W./Derigs, U./ Domschke, W./Kleinschmidt, P./Möhring, R. (Hrsg.): Operations Research Proceedings 1997. Berlin et al., S. 446-455.

Isermann, Heinz (Hrsg.) (1994): Logistik: Beschaffung, Produktion, Distribution. Landsberg/Lech.

Jaeckel, U. D. (1996): Berichterstattung im Rahmen der Übernahme der Produktverantwortung nach Kreislaufwirtschaftsgesetz. In: Hilty, L. M./Rautenstrauch, C./Schoop, E./Schraml, T. (Hrsg.): Prozeßorientierte Dokumentation im Betrieblichen Umweltinformationssystem. Marburg, S. 25-32.

Jäschke, G./Ranze, K. C./Timm, I./Stuckenschmidt, H./Herzog, O. (1998): Das System cosap – Optimierung von umweltrelevanten Wirkungen auf der Basis einer ökologischen Schwachstellenanalyse. In: Bullinger, H.-J./Hilty, L. M./ Rautenstrauch, C./Rey, U./Weller, A. (Hrsg.): Betriebliche Umweltinformationssysteme in Produktion und Logistik. Marburg, S. 55-73.

Kaiser, H. (1998): Integration umweltschutzbezogener Funktionen und Daten in in PPS-Systeme. In: Luczak, H./Eversheim, W./Schotten, M. (Hrsg.): Produktionsplanung und -steuerung. Berlin et al., S. 596-628.

Kreikebaum, H. (1992): Umweltgerechte Produktion. Wiesbaden.

Kottmann, H. (1997): Einbindung von Metadaten in ein zielorientiertes Umweltmanagement mit Hilfe von Umweltkennzahlen. In: Arndt, H.-K./Günther, O./ Hilty, L. M./Rautenstrauch, C. (Hrsg.): Metainformation und Datenintegration in betrieblichen Umweltinformationssystemen (BUIS). Marburg. S. 113-126.

Kraus, M./Tuma, A./Heimig, I./Haasis, H.-D./Scheer, A.-W. (1995): Computergestütztes Stoffstrommanagement-System zur Realisierung produktionsintegrierter Umweltschutzstrategien. In: Haasis, H.-D./Hilty, L. M./Hunscheid, J./ Kürzl, H./Rautenstrauch, C. (Hrsg.): Umweltinformationssysteme in der Produktion. Marburg, S. 97-107.

Krcmar, H. (1996): Informationsmanagement. Berlin et al.

Kurbel, K. (1998): Produktionsplanung und -steuerung, 3. A. München, Wien.

Kurbel, K./Rautenstrauch, C. (1996): Integrated Planning of Production and Recycling Processes – an MRP II-based Approach. In: Tang, N. K. H. (Hrsg.): Proceedings of the 2nd International Conference on Managing Integrated Manufacturing. Leicester, S. 189-194.

Kurbel, K./Rautenstrauch C. (1991): Graphisches Navigieren durch eine PPS-Datenbasis mit Browsern. In: ZwF 86 (12), S. 615-620.

Kurbel, K./Schneider, B./Etzrodt, A. (1995): Von Produktionsdaten zu Recyclinginformationen. In: Haasis, H.-D./Hilty, L. M./Hunscheid, J./Kürzl, H./Rautenstrauch, C. (Hrsg.): Umweltinformationssysteme in der Produktion. Marburg, S. 165-170.

Kurbel, K./Schneider, B./Zyadeh, H. (1996): Funktionen, Aufbau und Einsatzformen eines betrieblichen Recyclinginformationssystems. In: Industrie Management 12 (5), S. 55-60.

Kurbel, K./Schoof, B. (1998): Ein Entscheidungsunterstützungssystem für Entsorgungsunternehmen. In: Haasis, H.-D./Ranze, K. C. (Hrsg.): Umweltinformatik '98 – Vernetzte Strukturen in Informatik, Umwelt und Wirtschaft, Band I. Marburg 1998, S. 215-225.

Kurbel, K./Schoof, B./Schöne, S./Szulim, D. (1999): Informationsbeschaffung und -bereitstellung in einem EUS für Entsorgungsunternehmen über das World WideWeb. In: Dade, C./Schulz, B. (Hrsg.): Management von Umweltinformationen in vernetzten Umgebungen. Marburg, S. 176-183.

Kytzia, S./Siegenthaler, C. (1993): Die schweizerische Methodik Ökobilanzen für

Unternehmungen und ihre Anwendung mit REGIS für Windows. In: Jaeschke, A./Kämpke, T./Page, B./Radermacher, F. (Hrsg.): Informatik für den Umweltschutz, Proc. 7. Symposium. Berlin et al., S. 89-100.

Leib, S. (1996): Öko-Controlling am Beispiel der neumarkter Lammsbräu. In: Hilty, L. M./Rautenstrauch, C./Schoop, E./Schraml, T. (Hrsg.): Prozeßorientierte Dokumentation im Betrieblichen Umweltinformationssystem. Marburg, S. 143-154.

Lessing, H./Günther, O./Swoboda, W. (1995): Ein objektorientiertes Klassenkonzept für den Umwelt-Datenkatalog (UDK). In: Kremers, H./Pillmann, W. (Hrsg.): Raum und Zeit in Umweltinformationssystemen, Teil I. Marburg, S. 391-399.

Lessing, H./Schütz, T. (1994): Der Umwelt-Datenkatalog als Instrument zur Steuerung von Informationsflüssen. In: Hilty, L. M./Jaeschke, A./Page, B./ Schwabl, A. (Hrsg.): Informatik für den Umweltschutz, 8. Symposium, Hamburg. Band II: Anwendungen für Unternehmen und Ausbildung. Marburg, S. 159-167.

Liedtke, C. (1997): Ökologische Rucksäcke von Produkten. UmweltWirtschaftsForum 5 (1), S. 68-76.

LMS GmbH (1999a): LMS U1 Umweltsystem – Überblick. Leoben.

LMS GmbH (1999b): Kurzbeschreibung LMS U1 MH Gefahrstoffmanagement. Leoben.

LMS GmbH (1999c): Kurzbeschreibung LMS U1 OD. Leoben.

Loosli, H. R./Gmelin, G. (1996): Sicherheits- und Umweltdatensystem in einem multidivisionalem Konzern. In: Hilty, L. M./Rautenstrauch, C./Schoop, E./ Schraml, T. (Hrsg.): Prozeßorientierte Dokumentation im Betrieblichen Umweltinformationssystem. Marburg, S. 111-122.

Mack, J. (1998): Darstellung und Bewertung von TA-Methoden. In: Rolf, A.: Einführung in die Organisations- und Wirtschaftsinformatik. Berlin et al., S. 321-328.

Marx-Gómez, J./Rautenstrauch, C. (1999): Predicting the Return of Scrapped Products through Simulation – a Case Study. In: Flapper, S. D. P./de Ron, A. J. (Hrsg.): Proceedings of the 2nd International Working Seminar on Re-Use. Eindhoven, S. 71-80.

Meadows, D./Meadows, D. (1992): Die neuen Grenzen des Wachstums. Stuttgart.

Meffert, H./Kirchgeorg, M. (1993): Marktorientiertes Umweltmanagement, 2. A. Stuttgart.

Mertens, P. (1998): Integrierte Informationsverarbeitung, Band 1, 11. A. Wiesbaden.

Meyer, K./Schober, F./Siefert, M. (1994): Informationssysteme in der Entsorgungslogistik: Das Projekt „Wertstoffbörse" an der Universität Freiburg. In: Wirtschaftsinformatik 36 (3), S. 223-232.

Miettinen, P. (1993): Software Tools in Life Cycle Assessment. In: Weidema, B. P. (Ed.): Environmental Assessment of Products: UETP-EEE – The Finnish Association of Graduate Engineers. Helsinki, S. 93-104.

Möller, A. (1994): Stoffstromnetze. In: Hilty, L. M./Jaeschke, A./Page, B./ Schwabl, A. (Hrsg.): Informatik für den Umweltschutz, 8. Symposium, Ham-

burg. Band II: Anwendungen für Unternehmen und Ausbildung. Marburg, S. 223-230.
Möller, A./Schmidt, M./Rolf. A. (1998): Ökobilanzen und Kostenrechnung von Produkten. In: Hassis, H.-D./Ranze, K. C. (Hrsg..): Umweltinformatik '98 – Vernetzte Strukturen in Informatik, Umwelt und Wirtschaft, Band I. Marburg 1998, S. 165-178.
Moser, H./Wallner, R. (1995): Konzepte und notwendige Voraussetzungen für den Aufbau eines systemgestützten Umwelt-Managements in einem Industriebetrieb. In: Haasis, H.-D./Hilty, L. M./Kürzl, H./Rautenstrauch, C. (Hrsg.): Betriebliche Umweltinformationssysteme (BUIS). Marburg, S. 151-162.
Moukabary, G./Röttchen, P. (1998): Ökonomische Potentiale bei der Rückführlogistik. EDS-Rlog – ein Planungswaretool. In: Bullinger, H.-J./Hilty, L. M./ Rautenstrauch, C./Rey, U./Weller, A. (Hrsg.): Betriebliche Umweltinformationssysteme in Produktion und Logistik. Marburg, S. 143-152.
Müller-Wenk, R. (1978): Die ökologische Buchhaltung – Ein Informations- und Steuerungsinstrument für eine umweltkonforme Unternehmenspolitik. Frankfurt/M.
Newton, D. J./Realff, M. J./Ammons, J. C. (1999): Carpet Recycling: The Value of Cooperation and a Robust Approach to Determining the Product System Design. In: Flapper, S. D. P./de Ron, A. J. (Hrsg.): Proceedings of the 2nd International Working Seminar on Re-Use. Eindhoven, S. 207-216.
Nissen, U./Falk, H. (1996): Die Umwelterklärung nach der EG-Öko-Audit-Verordnung – Impulse für den betrieblichen Umweltschutz. In: Hilty, L. M./Rautenstrauch, C./Schoop, E./Schraml, T. (Hrsg.): Prozeßorientierte Dokumentation im Betrieblichen Umweltinformationssystem. Marburg, S. 33-51.
o. V. (1997): Interview mit Gunter Pauli. In: Süddeutsche Zeitung vom 22./23.11.1997, S. V3/1.
Page, B./Hilty, L. M. (1995a): Umweltinformatik als Teilgebiet der Angewandten Informatik. In: Page, B./Hilty, L. M. (Hrsg.) (1995): Umweltinformatik – Informatikmethoden für Umweltschutz und Umweltforschung, 2. A. München, Wien, S. 15-31.
Page, B./Hilty, L. M. (Hrsg.) (1995b): Umweltinformatik – Informatikmethoden für Umweltschutz und Umweltforschung, 2. A. München, Wien.
Picot, A./Reichwald, R./Wigand, R. T. (1996): Die grenzenlose Unternehmung. Wiesbaden.
Pillmann, W. (1995): Austausch von Umweltinformation. In: Page, B./Hilty, L. M.: Umweltinformatik – Informatikmethoden für Umweltschutz und Umweltforschung, 2. A. München, Wien, S. 43-56.
Pfleiderer, I./Volz, T./Eyerer, P.: EDV-gestützte Ganzheitliche Bilanzierung. In: Haasis, H.-D./Hilty, L. M./Kürzl, H.,/Rautenstrauch, C. (Hrsg.): Betriebliche Umweltinformationssysteme – Projekte und Perspektiven. Marburg, S. 93-102.
Pfohl, H.-C. (1972): Marketing-Logistik. Mainz.
Radermacher, F.-J. (1998): Telematiktechniken für eine nachhaltige Informationsgesellschaft. In: Riekert, W.-F./Tochtermann, K. (Hrsg.): Hypermedia im Umweltschutz. Marburg, S. 11-21.
Rausch, L./Simon, K.-H./Fritsche, U. (1993): GEMIS-2.0: Objektorientierte Ener-

gie- und Materialfluß-Bilanzierung zur Berechnung von Umweltbeeinträchtigungen. In: Jaeschke, A./Kämpke, T./Page, B./Radermacher, F. (Hrsg.): Informatik für den Umweltschutz, Proc. 7. Symposium. Berlin et al., S. 291-300.

Rautenstrauch, C. (1997a): Effiziente Gestaltung von Arbeitsplatzsystemen. Bonn et al.

Rautenstrauch, C. (1997b): Perspektiven Betrieblicher Umweltinformationssysteme. UmweltWirtschaftsForum 5 (3), S. 7-11.

Rautenstrauch, C. (1997c): Fachkonzept für ein integriertes Produktions-, Recyclingplanungs- und -steuerungssystem (PRPS-System). Berlin, New York.

Rautenstrauch, C. (1993): Integration Engineering. Bonn et al.

Rautenstrauch, C./Schraml T. (1995): Umweltinformationsmanagement und Betriebliche Umweltinformationssysteme. In: WiSt 24 (8), S. 425-429.

Rautenstrauch, C./Schwarz, E. J. (1997): Von betrieblichen zu überbetrieblichen Umweltinformationssystemen – Koordination überbetrieblicher Recyclingverbunde. In: Geiger, W./Jaeschke, A./Rentz, O./Simon, E./Spengler, T./Zilliox, L./Zundel, T. (Hrsg.): Umweltinformatik '97/Informatique pour l'Environnement. Marburg, S. 44-56.

Rautenstrauch, C./Turowski, K. (1998): Leitstände zur dezentralen Produktionsplanung und -steuerung. In: Corsten, H./Gössinger, R. (Hrsg.): Dezentrale Produktionsplanungs- und -steuerungs-Systeme. Stuttgart et al., S. 145-171.

Reisig, W. (1986): Petri-Netze – eine Einführung, 2. A. Berlin, Heidelberg et al.

Rey, U./Jürgens, G./Weller, A. (1998): Betriebliche Umweltinformationssysteme – Anforderungen und Einsatz. Stuttgart 1998.

Rey, U./Schnapperelle, D. (1999): Transferplattform zur Darstellung IT-gestützter Werkzeuge im betrieblichen Umweltschutz. In: Dade, C./Schulz, B. (Hrsg.): Management von Umweltinformationen in vernetzten Umgebungen. Marburg 1999, S. 146-150.

Riekert, W.-F./Tochtermann, K. (Hrsg.): Hypermedia im Umweltschutz. Marburg.

Rinschede, A./Wehking, K.-H. (1994): Entsorgungslogistik. Berlin.

Röttchen, P./Moukabary, G. (1997): Logistik in der Kreislaufwirtschaft – Redistribution als zentraler Baustein für ein effektives Stoffstrommanagement. In: Das Kreislaufwirtschafts- und Abfallgesetz. Taunusstein.

Röttgers, J./Faulstich, L./Spiliopoulou, M. (1997): Ein Verweis- und Kommunikations-Service für den betrieblichen Umweltschutz. In: Arndt, H.-K./Günther, O./Hilty, L. M./Rautenstrauch, C. (Hrsg.): Metainformation und Datenintegration in betrieblichen Umweltinformationssystemen (BUIS). Marburg, S. 53-65.

Rolf, A. (1998): Einführung in die Organisations- und Wirtschaftsinformatik. Berlin et al.

Rosenstengel, B./Wienand, U. (1991): Petri-Netze – eine anwendungsorientierte Einführung, 4. A. Braunschweig, Wiesbaden.

SETAC (Hrsg.) (1993): A Conceptual Framework for Life-Cycle Impact Assessment. Proceedings of the SETAC Workshop 1992. Pensacola, Fl.

Schaltegger, S./Sturm, A. (1992): Ökologieorientierte Entscheidungen in Unternehmen. Bern.

Scheer, A.-W. (1998): ARIS – Vom Geschäftsprozeß zum Anwendungssystem, 3. A. Berlin et al.

Scheer, A.-W. (1995): Wirtschaftsinformatik – Referenzmodelle für industrielle Geschäftsprozesse, 6. A. Berlin et al.

Scheuerer, A. (1995): Beiträge zur Steuerung des betrieblichen Recyclings unter besonderer Berücksichtigung eines Informationssystems zur Unterstützung von Demontageprozessen. Diss. Nürnberg.

Scheuerer, A./Wolf, S. (1994): Demontageplanung unter Berücksichtigung ökonomischer, ökologischer und technologischer Kriterien als Voraussetzung für die Entwicklung eines Informationssystems. Universität Erlangen-Nürnberg, Bereich Wirtschaftsinformatik I, Arbeitspapier 1/94.

Schmidt, M. (1995): Stoffstromanalysen und Ökobilanzen im Dienste des Umweltschutzes. In: Schmidt, M./Schorb, A. (Hrsg.): Stoffstromanalysen in Ökobilanzen und Öko-Audits. Berlin et al., S. 3-13.

Schmidt-Bleek, F. (1993): Wieviel Umwelt braucht der Mensch?: MIPS – das Maß für ökologisches Wirtschaften. Berlin et al.

Schomburg, E. (1980): Entwicklung eines betriebstypologischen Instrumentariums zur systematischen Ermittlung der Anforderungen an EDV-gestützte Produktionsplanungs- und -steuerungssysteme im Maschinenbau. Dissertation Aachen.

Schoop, E./Schraml, T. (1995): Vorschlag einer hypertext-orientierten Methode für eine strukturierte Umweltberichterstattung und -Zertifizierung. In: Haasis, H.-D./Hilty, L. M./Hunscheid, J./Kürzl, H./Rautenstrauch, C. (Hrsg.): Umweltinformationssysteme in der Produktion. Marburg, S. 41-53.

Schraml, T. (1997): Operationalisierung der ökologieorientierten Berichterstattung aus Sicht des Informationsmanagements - Konzeption eines Vorgehensmodells zur formalisierten Explikation von Dokumentstrukturmodellen im Rahmen der Umwelt-Kommunikation von Unternehmen. Diss. Dresden.

Schraml, T. (1996): Anforderungen an eine Berichterstattungskomponente in Betrieblichen Umweltinformationssystemen und Ableitung von Automatisierungsansätzen. In: Hilty, L. M./Rautenstrauch, C./Schoop, E./Schraml, T. (Hrsg.): Prozeßorientierte Dokumentation im Betrieblichen Umweltinformationssystem. Marburg, S. 11-24.

Schultz, J./Weigelt, M./Mertens, P. (1995): Verfahren für die rechnergestützte Produktionsfeinplanung – ein Überblick. In: Wirtschaftsinformatik 37 (6), S. 594-608.

Schwarz, E. J. (1996): Industrielle Recyclingnetze – Ein Beitrag zur Integration ökologischer Aspekte in die Produktionswirtschaft. In: Bellmann, K./Hippe, A. (Hrsg.): Management von Unternehmensnetzwerken. Wiesbaden, S. 349-377.

Schwarz, E. J. (1994): Unternehmensnetzwerke im Recyclingbereich. Wiesbaden.

Seliger, G./Kriwet, A. (1993): Demontage im Rahmen des Recyclings. In: ZwF 88 (11), S. 529-532.

Siestrup, G./Tuma, A./Haasis, H.-D. (1996): Stoffstrombilanzierung und -management durch Anwendung der Fuzzy-Petri-Netz-Simulation. In: Scheer, A.-W./Haasis, H.-D./Heimig, I./Hilty, L. M./Kraus, M./Rautenstrauch, C. (Hrsg.): Computergestützte Stoffstrommanagement-Systeme. Marburg, S. 39-48.

Spath, D. (1994): The Utilization of Hypermedia-Based Information Systems for Developing Recyclable Products and for Disassembly Planning. In: Annals of the CIRP 43 (1), S. 153-156.

Spath, D./Tritsch, C./Hartel, M. (1994): Multimedia-Unterstützung in der Demontage. In: VDI-Z 136 (6), S. 38-41.
Spengler, T. (1998): Industrielles Stoffstrommanagement. Berlin.
Spengler, T. (1994): Industrielle Demontage- und Recyclingkonzepte. Berlin.
Spengler, T./Rentz, O. (1994): EDV-gestützte Demontage- und Recyclingplanung – dargestellt am Beispiel des Elektronikschrott-Recyclings. In/Hilty, L. M., Jaeschke, A./Page, B./Schwabl, A. (Hrsg.): Informatik für den Umweltschutz, 8. Symposium, Hamburg. Band II: Anwendungen für Unternehmen und Ausbildung. Marburg, S. 191-198.
Stahlknecht, P./Hasenkamp, U. (1998): Einführung in die Wirtschaftsinformatik, 8. A. Berlin et al.
Stahlmann, V. (1994): Umweltverantwortliche Unternehmensführung: Aufbau und Nutzen eines Öko-Controlling. München.
Stahlmann, V. (1988): Umweltorientierte Materialwirtschaft. Wiesbaden.
Steven, M. (1994): Produktion und Umweltschutz. Wiesbaden.
Steven, M. (1992): Umweltschutz im Produktionsbereich. In: WISU 21 (1), S. 35-39.
Strebel, H./Hildebrandt, T. (1989): Produktlebenszyklus und Rückstandszyklen – Konzept eines erweiterten Lebenszyklusmodells. Zfo 63 (2), S. 101-106.
Strebel, H./Schwarz, E. (Hrsg.) (1998): Kreislauforientierte Unternehmenskooperation. München, Wien.
Strebel, H./Schwarz, E. J./Schwarz, M. (1996): Externes Recycling im Produktionsbetrieb – Rechtliche Aspekte und betriebswirtschaftliche Voraussetzungen. Wien.
Streit, B. (1994): Lexikon Ökotoxikologie, 2. A. Weinheim et al.
Tuma, A. (1994): Entwicklung emissionsorientierter Methoden zur Abstimmung von Stoff- und Energieströmen aus der Basis von fuzzyfizierten Expertensystemen, Neuronalen Netzen und Neuro-Fuzzy-Ansätzen. Frankfurt/M.
Umweltbundesamt (Hrsg.) (1992): Ökobilanzen für Produkte. Berlin.
Vazsonyi, A. (1962): Die Planungsrechnung in Wirtschaft und Industrie. Wien, München.
VDI (1991): Technikbewertung: Begriffe und Grundlagen. VDI-Richtlinie 3780, Berlin.
Volz, T./Florin, H./Wiedemann, M./Eyerer, P. (1998): Neue Aussagequalitäten der Stoffflußanalyse durch die Kombination mit Szenariotechnik und Parametervariation. In: Haasis, H.-D./Ranze, K. C. (Hrsg.): Umweltinformatik '98 – Vernetzte Strukturen in Informatik, Umwelt und Wirtschaft, Band I. Marburg 1998, S. 141-150.
Wagner, B./Strobel, M./Hoffmann, A./Enzler, S./Krcmar, H./Dold, G./Scheide, W./Fischer, H./Seifert, E. K. (1996): ECO-Integral – ein offener Standard für Betriebliche Umweltinformationssysteme zur Verknüpfung von Ökonomie und Ökologie. In: Hilty, L. M./Rautenstrauch, C./Schoop, E./Schraml, T. (Hrsg.): Prozeßorientierte Dokumentation im Betrieblichen Umweltinformationssystem. Marburg, S. 81-96.
Weber, J. (Hrsg.) (1997): Umweltmanagement. Aspekte einer umweltbezogenen Unternehmensführung. Stuttgart.

Weiland, U. (1993): Umweltbewertung mit EXCEPT. IBM, IWBS-Report 195.
Weiß, O. (1996): Einführung eines Umweltinformationssystems bei der Volkswagen AG. In: Hilty, L. M./Rautenstrauch, C./Schoop, E./Schraml, T. (Hrsg.): Prozeßorientierte Dokumentation im Betrieblichen Umweltinformationssystem. Marburg, S. 123-141.
Wicke, L./Haasis, H.-D./Schafhausen, F./Schulz, W. (1992): Betriebliche Umweltökonomie – Eine praxisorientierte Einführung. München.
Wiendahl, H.-P. (1987): Belastungsorientierte Fertigungssteuerung. München.
Wuppertal Institut für Klima und Energie (Hrsg.) (1998): MIPS Online. http://www.wupperinst.org/Seiten/Projekte/mipsonline/index.html. 12.08.1998.
Zussman, E./Kriwet, A./Seliger, G. (1994): Disassembly-Oriented Assessment Methodology to Support Design for Recycling. In: Annals of the CIRP 43 (1), S. 9-14.

Index

A

Aachener PPS-Modell 106
Aalsmeer 152
ABC-Analyse 38, 48
Abfall
  objektiver 65
  subjektiver 65
Abfallbewirtschaftung 142
Abfallbuchhaltung 143
Abfallkatalog 143
Abfallkataster 143
Abfallwirtschaft 30
Allgemeiner Ökokontenrahmen 22
Altprodukt 65
Altproduktrecycling 71, 73, 83
Arbeitsplan 26, 36
ARIS-Konzept 155
Auftragsdaten 27
Auftragsfreigabe 61
Ausschussquote 87
Ausschussteil 89

B

Baugruppe 28
Belastungsorientierte Auftragsfreigabe 100
Beschaffungswesen 25
Beseitigungskosten 92
Betriebsbilanz 25
Betriebsdatenerfassungssysteme 62
Betriebsmittelstammdaten 27
Betriebsökobilanz 21, 30, 35
Bilanzbewertung 38
Bilanzgrenze 34, 36
Buchhaltung
  ökologische 21
BUIS 2, 11, 25, 138

C

CAD-System 102
Computerökologischer Wunschpunsch 151
Cumpan 36, 55

D

Deckungsbeitrag 46
  des Recycling 71
Demontage 66
Demontageaktivität 69
Demontageebene 68
Demontagefamilie 79
Demontagegraph 68, 77
Demontagekosten 72, 77
Demontagepfad 77
Demontageplanung 66, 76
Demontageplanungssystem 76
Demontagestruktur 78
Demontagestufe 90
Deskriptor 117
Dictionary 115
Directory 115
Distributionslogistik 121
Dokumentenmanagement 113
Dokumenterzeugungsprozess 110
Dokumenttypdefinition (DTD) 110
Doppelte Terminierung 60
Durchlaufterminierung 59
Durchlaufzeiten 57

E

ECO-Integral 159
EcoNet 55
Elektronische Leitstände 62
EMAS-Verordnung 4, 9, 109, 147, 160
Emission 94, 163
  Arten von 96
Emissionskataster 142

Emissionsmonitoring 141
Emissionstrichter 101
Entscheidungsunterstützung 13, 77
Entsorgungsauftrag 143
Entsorgungsbedarf 92
Entsorgungslogistik 123
Entsorgungsunternehmen 77
EPS 55
ereignisgesteuerte Prozesskette 156
Erzeugnisstruktur 26, 27, 59
Erzeugnisstrukturbaum 26, 85
EXCEPT 55

F

Feinterminierung 61
Fertigungsauftrag 28
Fertigungsauftragsstruktur 28, 30
Fertigungssteuerung 61
Fortschrittskontrolle 62
Fraktion 70, 77, 163

G

GaBI 55
Gefahrgut 143
Gefahrstoff 144
GEMIS 55
Geografische Informationssysteme 162
Gozintograph 26, 90
Gruppenbildung 79

H

Hauptprodukt 37
HTML-Dokument 112

I

IKARUS 54
Immissionen 94
Informationsinfrastruktur 10
Informationsmanagement 10
Informationsparadoxon 152
Integration
  horizontale 159
  vertikale 159
  zwischenbetriebliche 161
Integrationsmodell 16
Internalisierung externer Effekte 2
Internet 161

K

Kapazitätsauslastung 58
Kapazitätsplanung 60
Kaskadenregler 100
Kennzahlensystem 160
Know-How-Datenbank 136
Kommunikationskomponente 118
Konstruktionsinformationssystem 102
Kontext 119
Kreislaufwirtschaftgesetz 3, 4, 110, 154
Kuppelprodukt 23, 36, 63, 89, 94, 163

L

Lagerbestandsreduzierung 57
Lagerhaltung 59
Lagerkosten 57
LCA Inventory Tool 55
Lebenswegbilanz 21, 35
Lebenszyklus
  eines PCs 156
Lieferbereitschaft 58
Life Cycle Engineering 102
LifeWay 55
Logistik 71, 121
Logistikplanung 121
Logistikprozess 152
Logistikstrategie 122

M

Massenrecycling 77
Materialbedarf 59
Materialdisposition 28, 59
Materialklasse 31
Materialrecycling 65
Materialverfügbarkeit 61

Materialwirtschaft 59
Mengenplanung 59
Metainformationen 110, 115
Meta-Informationssystem 115, 161
MIPS-Methode 38, 51
Mittelpunktterminierung 60
morphologischer Kasten 17
MRP II-Konzept 58

N

Nebenprodukt 65
Nettobedarfsberechnung 91

O

Ökobilanz 7, 12, 13, 21, 160
 von Betrieben 21
 vonProzessen 21
Ökobilanzierung 115
Ökocontrolling 12, 160
Ökokontenrahmen 30
Ökologistik 122
ökotoxikologische Bewertungszahl 53
OPUS-Projekt 105, 159

P

PC 156
Petri-Netz 32
PLA Educational Tool 55
Plantafeln 62
PPS-System 11, 25, 57, 81, 115
Pr/T-Netz 32, 111
Primärbedarf 28
Primärbedarfsplanung 58
Prioritätsregel 98
Privilegien 115
Produktbilanz 21, 24
Produktionsabfall 65
Produktionsfaktor 63
Produktionskosten 57
Produktionsleitstand
 umweltorientierter 100
Produktionslogistik 121, 142

produktionsnahe BUIS 57
Produktionsprogrammplanung 58, 95
Produktlebensweganalyse 7
Produktlebenswegbilanz 21, 35
Produktlebenszyklus 7
Produktpfad 36
Produktrecycling 80
Prozessbaum 36
Prozessbilanz 21, 24, 31
Prozesssteuerung
 elektronische 64
PRPS-System 83, 138

R

Rebound-Effekt 152
Recyclat 70, 72, 163, 164
Recycling 64, 65, 80, 153
 unmittelbares 91
Recyclingarbeitsplan 87
Recyclingbörse 126
 elektronische 127
Recyclingerzeugnisstruktur 82, 85
Recyclinggraph 82, 102
Recyclinggruppe 104
Recyclinginformationssystem 81, 138
Recyclingnetz 131
Recyclingplanung 72, 84
Recyclingprogramm 73
Recyclingprozess 84
Redistributionslogistik 124, 162
Redistributionssystem 124
Referenzmodell 160
REGIS 55
Relativbewertungsverfahren 38, 46
Remanufacturing 70
Reststoff 65, 89
Rohstoffsubstitution 65
Rückkopplung 90
 unechte 90
Rückstände 63
Rückwärtsterminierung 60

S

Sachbilanz 50
Sammellogistik 142
Schadschöpfungseinheit 14, 45
Sekundärbaugruppe 81
Sekundärentsorgungsbedarf 88
Sekundärmaterial 71, 165
Sekundärstoff 66
Sekundärteil 66
Serviceeinheit 52
SETAC-Methode 49
SGML 111
Sicherheitsdatenblatt 144
SimaPro 2 55
Simulation 52, 80, 154
Simulationsmodell 34, 122
Sozialbilanz 21
Stammarbeitspläne 26
Stillstandszeiten 57
Stoff- und
    Energietransformationsprozess 36
Stoffdatenbank 145
Stoffstromanalyse 31
Stoffstrommanagement 12, 14, 162
Stoffstrommodell 155
Stoffstromnetz 32, 33, 155
Stressor 49
Strukturbild 68
Stücklisten 26
Stücklistenauflösung 29
Stufenplanung 58
Substanzbetrachtung 22
Substitutionsquote 91
Sustainable Development 2, 154, 162

T

Technikfolgenabschätzung 154
Teilestamm 26
Telearbeit 151, 152
Telekommunikation 151
Teleshopping 151, 152
Terminierungsverfahren 93
Termintreue 58

Thesaurus 116
Tourenplanung 125
Toxizitätsäquivalent 15, 53
Transmission 94
Transportprozess 36

U

Überhangbestand 92
UBP-Methode 42
UDK-Objektmodell 116
Umberto 33, 55
Umweltbelastungsfaktor 42
Umweltbelastungspotenzial 40
Umweltbelastungspunkt 38, 42
Umweltbericht 7, 109
Umweltberichterstattung 3, 115
Umweltbetriebsprüfung 5
Umweltdaten 8
Umweltdatenkatalog
    betrieblicher 115
Umwelterklärung 5, 109
Umwelthaftungsgesetz 4
Umweltinformatik 11
Umweltinformationen 8
Umweltinformationsmanagement 10
Umweltinformationssysteme 11
Umweltkennzahl 38
Umweltkosten 40
Umweltkostenmanagement 160
Umwelt-Leitstand 98
Umweltmanagement 4, 6, 146
    strategisches 159
Umweltmanagementsystem 5, 7
Umweltmonitoring 141
umweltökonomische Gesamtrechnung
    161
Umweltpolitik 5
Umwelt-PPS-System 95
Umweltprogramm 5
umweltrelevante Informationen 8
Umweltschutz
    additiver 64
    integrierter 64
    produktintegrierter 64

produktionsintegrierter 64
prozessintegrierter 64

V

Versandlogistik 30
Verweis- und Kommunikations-Service betrieblicher 118
Verweiskomponente 118
Verwendungsnachweisen 26
Verwertungsagentur 135
Verwertungsquote 80
Verwertungsverbund 126, 161
Videokonferenz 151, 152
Vorwärtsterminierung 60

W

Weltmodell 154
Wiedereinsatzquote 86
Wirtschaftsinformatik 11

X

XML 161
XYZ/ABC-Portfolio 42
XYZ-Einstufung 41

Z

Zerstörungsquote 86, 87
Zwischenbetriebliche UIS 121

P. Mertens, A. Back, J. Becker, W. König,
H. Krallmann, B. Rieger, A.-W. Scheer,
D. Seibt, P. Stahlknecht, H. Strunz,
R. Thome, H. Wedekind (Hrsg.)

Lexikon der Wirtschaftsinformatik

3., vollst. neubearb. u. erw. Aufl. 1997. IX, 494 S. 43 Abb.
Brosch. DM 48,-; öS 351,-; sFr 44,50 ISBN 3-540-61917-8

P. Mertens, F. Bodendorf, W. König,
A. Picot, M. Schumann

Grundzüge der Wirtschaftsinformatik

5., neubearb. Aufl. 1998. XI, 214 S. 81 Abb. Brosch.
DM 26,-; öS 190,-; sFr 24,- ISBN 3-540-63752-4

A. Rolf

Grundlagen der Organisations- und Wirtschaftsinformatik

1998. XI, 392 S. 138 Abb. Brosch.
DM 49,90;öS 365,-; sFr 46,- ISBN 3-540-63881-4

P. Stahlknecht, U. Hasenkamp

Einführung in die Wirtschaftsinformatik

8., vollst. überarb. u. erw. Aufl. 1997.
XIII, 590 S. 189 Abb. Brosch.
DM 36,-; öS 263,-; sFr 33,50 ISBN 3-540-62477-5

P. Stahlknecht

Arbeitsbuch Wirtschaftsinformatik

2., aktualisierte u. erw. Aufl. 1996. X, 333 S. 74 Abb. Brosch.
DM 29,90; öS 219,-; sFr 27,50 ISBN 3-540-61331-5

F. Bodendorf

Wirtschaftsinformatik im Dienstleistungsbereich

1999. X, 209 S. 121 Abb., 16 Tab. Brosch.
DM 36,-; öS 263,-; sFr 33,50 ISBN 3-540-65857-2

M. Schader, L. Schmidt-Thieme

Java

Eine Einführung

2. neubearb. u. erw. Aufl. 1999. XVIII,
562 S. 56 Abb., 22 Tab., mit CD-ROM mit
Beispielprogrammen und Lösungen zu den Übungen.
(Objekttechnologie) Brosch.
DM 69,-; öS 504,-; sFr 63,- ISBN 3-540-65716-9

M. Schader, S. Kuhlins

Programmieren in C++

Einführung in den Sprachstandard

5., neubearb. Aufl. 1998. XI, 386 S. 31 Abb., 9 Tab.
(Objekttechnologie) Brosch.
DM 49,80; öS 364,-; sFr 46,- ISBN 3-540-63776-1

M. Schader, M. Rundshagen

Objektorientierte Systemanalyse

Eine Einführung

2. neubearb. u. erw. Aufl. 1996. X, 241 S. 124 Abb.
(Objekttechnologie) Brosch.
DM 39,80; öS 291,-; sFr 37,- ISBN 3-540-60726-9

M. Schader

Objektorientierte Datenbanken

Die C++-Anbindung des ODMG-Standards

1997. X, 219 S. 29 Abb. (Objekttechnologie) Brosch.
DM 38,-; öS 278,-; sFr 35,- ISBN 3-540-61918-6

Springer-Verlag, Postfach 14 02 01, D-14302 Berlin, Fax 0 30 / 827 87 - 3 01/4 48 e-mail: orders@springer.de

MIX
Papier aus verantwortungsvollen Quellen
Paper from responsible sources
FSC® C105338

If you have any concerns about our products,
you can contact us on
ProductSafety@springernature.com

In case Publisher is established outside the EU,
the EU authorized representative is:
**Springer Nature Customer Service Center GmbH
Europaplatz 3, 69115 Heidelberg, Germany**

Printed by Libri Plureos GmbH
in Hamburg, Germany